流域生物地球化学与环境效应丛书

珠江流域水体地球化学及其环境效应

韩贵琳　曾杰　柳满　李晓强　刘金科　著

中国环境出版集团·北京

图书在版编目（CIP）数据

珠江流域水体地球化学及其环境效应 / 韩贵琳等著 . —北京：中国环境出版集团，2022.1

（流域生物地球化学与环境效应丛书）

ISBN 978-7-5111-5015-8

Ⅰ. ①珠…　Ⅱ. ①韩…　Ⅲ. ①珠江流域—水文地球化学—研究　Ⅳ. ① X131.2

中国版本图书馆 CIP 数据核字（2022）第 017629 号

审图号：GS（2022）43 号

出 版 人　武德凯
责任编辑　宾银平
责任校对　任　丽
封面设计　宋　瑞

出版发行　中国环境出版集团
（100062　北京市东城区广渠门内大街 16 号）
网　　址：http：//www.cesp.com.cn.
电子邮箱：bjgl@cesp.com.cn.
联系电话：010-67112765（编辑管理部）
010-67112739（第二分社）
发行热线：010-67125803，010-67113405（传真）

印　　刷　北京中科印刷有限公司
经　　销　各地新华书店
版　　次　2022 年 1 月第 1 版
印　　次　2022 年 1 月第 1 次印刷
开　　本　787 × 1092　1/16
印　　张　14
字　　数　300 千字
定　　价　76.00 元

前　言

珠江是我国仅次于长江的第二大河流（以流量计），也是我国流入南海的最大河流。其流经滇、黔、桂、粤、湘、赣等六省（区）及港澳地区，以及越南东北部，在我国境内流域面积约为44.2万km^2。珠江流域东西横跨我国地形阶梯的两极，呈西高东低，西北为云贵高原，东部为珠江三角洲冲积平原，北靠五岭，南临南海，中部为流域的主体广西盆地。珠江流域地质背景复杂，地层从前震旦系至第四系均有出露，其中以泥盆、石炭、二叠、三叠等系最为广泛发育。岩性复杂且多样，岩浆岩、沉积岩和变质岩三大岩类均有分布。20世纪80年代以来，珠江流域内各省（区）国民经济持续快速增长，但经济发展很不平衡。上游云南、贵州及广西等省（区）属我国西部地区，经济基础条件较差，发展缓慢；下游珠江三角洲地区毗邻港澳，区位优势明显，是我国最早实施改革开放的地区，也是全国重要的经济中心之一。经济的快速发展和不同程度的城市化进程，极大地影响着珠江河流生态系统，改变了其水生环境。因此，研究珠江流域水体的水文地球化学特征及其环境效应十分必要，进而帮助人们更好地了解珠江流域的生态环境变化以及生态文明建设的重要性。

本书在生物地球化学作用的框架下，分章节详细介绍了珠江流域内水体（包括河水与悬浮物）中主量元素、微量元素、稳定同位素的生物地球化学循环过程与环境效应。本书主要由三部分共13章组成：第一部分主要介绍了珠江流域的情况与本研究采样和分析方法（第1～第2章），第二部分主要介绍了流域河水的地球化学特征（第3～第8章），第三部分主要介绍了珠江悬浮物的地球化学特征（第9～第13章）。具体为：第1章简要介绍了珠江流域特有的地质地理背景以及社会经济背景；第2章主要介绍了珠江流域内河水、悬浮物样品的采集和分析测试方法，分为样品采集和分析测试两部分；第 3 章主要阐述了珠江河水溶解态重金属的地球化学及环境风险；第 4 章主要阐述了珠江河水溶解态稀土元素的时空分布与环境行为；第 5 章主要介绍了珠江河水的氢、氧同位素组成及水源解析；第 6 章主要介绍了珠江河水无机碳同位素地球化学与二氧化碳逃逸；第 7 章阐述了珠江河水硫、氧同位素地球化学及硫酸盐来源；第 8 章对珠江河水溶解态钼同位素地球化学进行了初探；第 9 章讨论了珠江悬浮物重金属地球化学及环境风险评价；第 10 章介绍了珠江悬浮物稀土元素地球化学；第 11 章主要介绍了珠江悬浮物黑炭同位素组成及其环境意义；第 12 章和第 13 章分别阐述了珠江悬浮物的铜、锌同位素地球化学。

衷心感谢恩师——天津大学表层地球系统科学研究院刘丛强院士多年来的谆谆教导。衷心感谢国家自然科学基金委的课题［杰出青年科学基金项目：环境地质（41325010）］经费支持，让我们有机会对珠江开展系统、深入的研究，也让我们有机会把所学的专业知识运用到实际，为珠江流域的环境保护、治理提供参考。

全书由韩贵琳、曾杰、柳满、李晓强、刘金科撰写，此外张诗童、王迪、高熙、肖绪欢、申川、李毅凯、唐杨、侯祎亮、吴起鑫等均为珠江流域河流的系统研究和书稿的准备工作付出了辛勤劳动，在此一并表示感谢。

本书涉及范围广，限于时间仓促以及作者的专业和写作水平，可能理解不够全面，表述不够准确，因而只能说是给读者和研究者提供一个平台继续深入探讨，恳请同行专家学者和广大读者批评指正。

韩贵琳
2021 年 9 月 28 日

目 录

第1章

珠江流域概况

1.1 流域地理位置

珠江是我国仅次于长江的第二大河流（以流量计）、第三长河流，也是我国流入南海的最大河流[1]。珠江流经滇、黔、桂、粤、湘、赣等六省（区）及港澳地区，以及越南东北部①。珠江流域位于我国南方低纬度带（图1-1），东经102°14′～115°53′，北纬21°31′ ~ 26°49′，地处热带、亚热带。广东省水利厅最新数据显示，珠江干流全长约为2 214 km，在我国境内流域面积约为44.2万km^2。珠江流域东西横跨我国地形阶梯的两极，呈西高东低。珠江流域西北角以乌蒙山脉，北部以南岭、苗岭山脉与长江流域分界；西南角以乌蒙山脉与元江流域为界；南部以云雾、云开、六万大山、十万大山等山脉与桂、粤沿海诸河分界；东部以莲花山脉、武夷山脉与韩江流域分界；东南部为各水系汇集注入南海的珠江口[2]。珠江流域地貌特点是多山地和丘陵，共占珠江流域总面积的94.4%，东部海拔50 m以下的平原面积小而分散，仅占5.6%。

① 在越南称红河，本书仅讨论我国境内的情况。

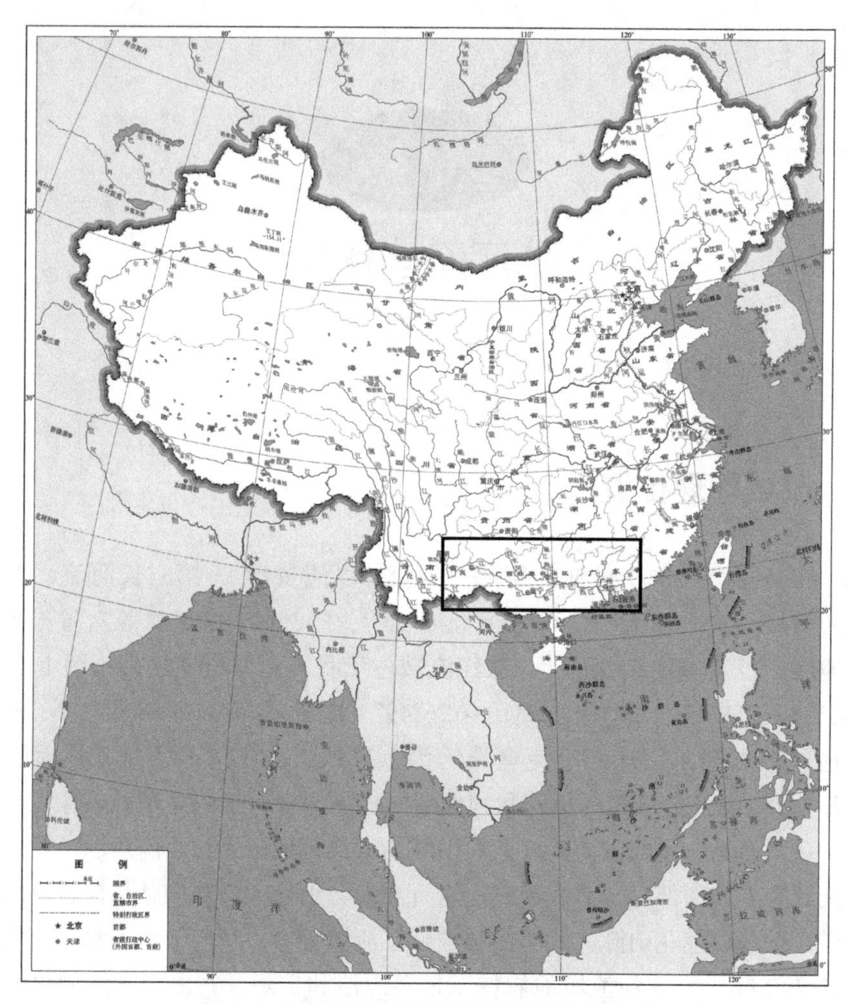

图 1-1 珠江流域地理位置示意（黑框所示）

1.2 水文气象特征

珠江流域地处湿热多雨的热带和亚热带季风气候区，北回归线横贯流域的中部，流域上游主要受印度洋西南季风的影响，而下游主要受太平洋东南季风的影响[2]。根据珠江水利委员会（PRWRC）网站（http：//www.pearlwater.gov.cn）的多年统计数据，流域内气候温和多雨，多年平均气温为 14～22℃，多年平均降水量为 1 200～2 000 mm，多年平均径流量为 3 381 亿 m^3（地表水资源量）。流域内雨水充沛，但年内分配不均匀，降水主要集中在 4—9 月，约占全年降水量的 80%[3, 4]。此外，珠江降水量地区分布差异明显[5]，由西向东呈增加趋势，一般山地降水多，平原河谷降水少[2, 6, 7]。上游区域降水量约为 800 mm，而在珠江三角洲区域降水量可达 2 000 mm。年际变化大和时空分布不均匀等特点致使珠江流域洪、涝、旱、咸等自然灾害频繁。珠江流域暴雨强度大、次数多、历时长，主要出现在 4—10 月，一次流域性暴雨过程一般历时 7 d 左右，主要雨量集中在 3 d 内。

珠江流域主要是由西江、北江、东江及珠江三角洲诸河组成的复合流域。西江是珠江流域内最大的水系（古称郁水、浪水和牂牁江），绝大部分在云南、贵州、广西等省（区）内，通常被称为珠江的主干[8]。西江发源于云南省曲靖市沾益区的马雄山东麓。西江干流上游称南盘江，至贵州省蔗香汇北盘江后称红水河，到广西壮族自治区石龙汇柳江后称黔江，到桂平汇郁江后称浔江，到梧州汇桂江后始称西江并流入广东，至三水区思贤滘与北江相通并进入珠江三角洲网河区[7]。西江干流至思贤滘长为 2 075 km，流域面积为 35.3 万 km^2[9]。西江水量丰沛，在全国各大河流之中仅次于长江。采样年 2014 年、2015 年珠江流域主要水文控制站实测水沙特征值与近 10 年平均值的比较如表 1-1 和图 1-2 所示。以 2015 年为例，西江流域主要水文控制站实测径流量与近 10 年平均值相比，小龙潭、迁江、柳州、南宁、大湟江口、梧州和高要各站分别偏大 43%、45%、51%、16%、35%、35% 和 32%；与 2014 年相比，2015 年南宁站减小 6%，而小龙潭、迁江、柳州、大湟江口、梧州和高要各站增大 24%、30%、42%、23%、22% 和 18%。同样以 2015 年为例，西江流域主要水文控制站实测输沙量与近 10 年平均值相比，南宁站偏小 12%，小龙潭、迁江、柳州、大湟江口、梧州和高要各站分别偏大 38%、136%、113%、34%、43% 和 17%；与 2014 年相比，2015 年小龙潭、南宁两站分别减小 39%、41%，大湟江口站基本持平，迁江、柳州、梧州和高要各站分别增大 347%、325%、31% 和 89%。

表 1-1 珠江流域主要水文控制站实测年度水沙特征值对比
（2015 年中国河流泥沙公报）

河流		南盘江	北盘江	红水河	柳江	郁江	浔江	桂江	西江		北江	东江
水文控制站		小龙潭	大渡口	迁江	柳州	南宁	大湟江口	平乐	梧州	高要	石角	博罗
控制流域面积 / 万 km^2		1.54	0.85	12.89	4.54	7.27	28.85	1.22	32.70	35.15	3.84	2.53
径流量 / 亿 m^3	近 10 年平均	23.70	29.15	539.6	375.5	332.6	1 591	153.6	1 879	2 042	409.0	231.8
	2014 年	27.26	—	602.5	400.6	410.6	1 747	—	2 077	2 272	399.5	218.0
	2015 年	33.92	—	783.9	568.0	385.7	2 148	—	2 541	2 690	451.0	180.2
输沙量 / 万 t	近 10 年平均	255	218	138	436	337	1 330	130	1 430	1 850	523	125
	2014 年	575	—	72.9	218	504	1 840	—	1 560	1 150	511	81.8
	2015 年	351	—	326	927	298	1 780	—	2 040	2 170	444	44.7
含沙量 /（kg/m^3）	近 50 年平均	1.20	2.34	0.55	0.13	0.22	0.30	0.11	0.28	0.27	0.13	0.09
	2014 年	2.11	—	0.01	0.05	0.12	0.11	—	0.08	0.05	0.13	0.04
	2015 年	1.03	—	0.04	0.16	0.08	0.08	—	0.08	0.08	0.10	0.03

北江是珠江流域第二大水系，其上游为浈江（古称东江、始兴大江，又名浈水），发源于江西省信丰县石碣大茅山，流入广东省境后经南雄、始兴、曲江等地在韶关市区与武江汇合后称为北江。至思贤滘与西江相通后汇入珠江三角洲，于广州市番禺区出珠江口。北江在三水区河口以上干流长为 468 km，流域面积为 4.7 万 km^2 [10]。计算至番禺区小虎山淹尾水道则北江干流长为 573 km，流域面积为 5.2 万 km^2。主要支流有武水、连江、绥江等。北江流域位于南岭山脉之南，背山面海，雨量丰沛，年平均降水量在 1 300～2 400 mm，流域中下游英德—清远一带存在一个较稳定的暴雨中心地带，加以河流水系呈对称的叶脉分布，洪水集流迅猛，常造成两岸泛滥成灾。北江石角站是北江中下游总控制站，其控制流域面积约 3.84 万 km^2，下游 52 km 处为西江和北江汇流的河口地区。据统计，石角站近 10 年平均径流量为 409.0 亿 m^3，平均输沙量为 523 万 t。

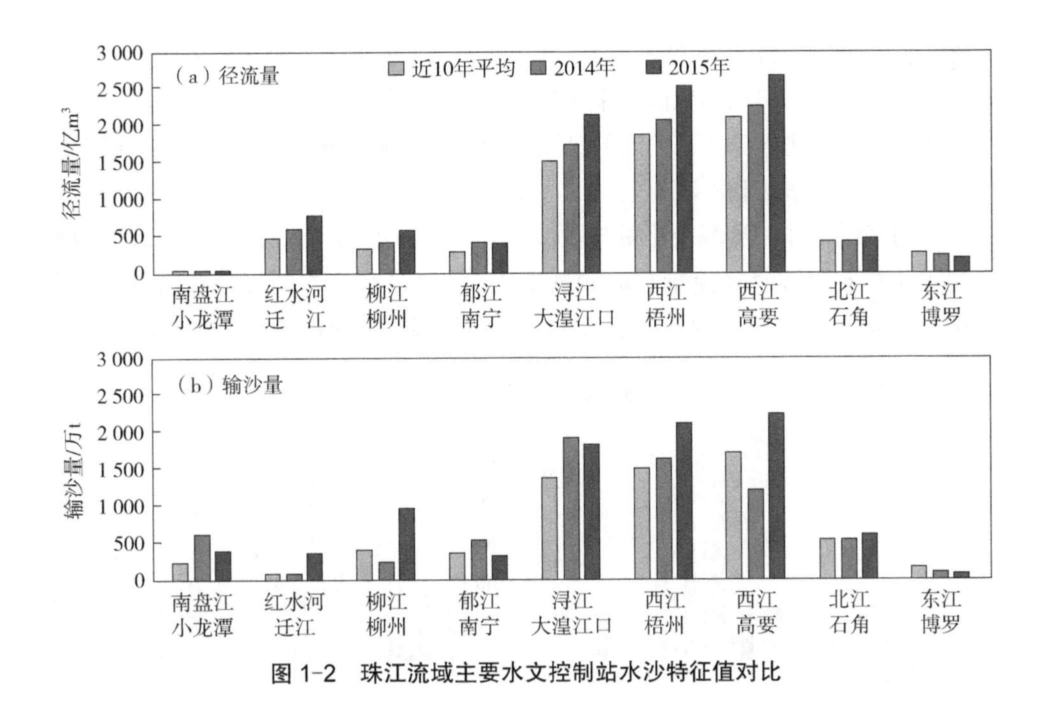

图 1-2　珠江流域主要水文控制站水沙特征值对比

东江是珠江水系的重要组成部分，古称湟水、循江、龙川江等，发源于江西省寻乌县[11，12]。上游称寻乌水，至广东龙川县合河坝汇安远水后称为东江，再经龙川、河源、紫金、惠阳、博罗等地，至东莞市石龙流入珠江三角洲。东江在石龙以上干流长为 520 km，流域面积为 2.7 万 km^2；在石龙以下分为南北两水道入网河区注入狮子洋，再经虎门入海，其间有增江、绥福水等支流汇入。若计算至狮子洋，则东江干流长为 562 km，流域面积为 3.5 万 km^2。寻乌水为东江干流上游段，长 138 km，全段处于山丘地带，河床陡峻窄浅。合河坝至博罗县观音阁为东江中游段，长 232 km，两岸逐渐宽展，在观音阁附近东江右岸出现平原，但左岸仍为丘陵。观音阁以下至石龙全长 150 km 河道为东江下游段。东江下游进入平原地区，河宽增大，流速降低，河中沙洲多且流动性大，但河岸稳定，两岸已筑有堤防。东江流域平均年降水量在 1 500～2 400 mm，一般西南多，东北少；年内分配不均，汛期占全年 80% 以上，枯水季节东江流量锐减。东江博罗站近 10 年平均径流量为 231.8 亿 m^3，平均输沙量为 125 万 t。

珠江三角洲由西北江三角洲、东江三角洲和注入三角洲的其他各河流流域所组成，集水面积约为 2.68 万 km^2。珠江三角洲河川径流量平均每年为 348 亿 m^3，另外东江、西江、北江每年平均有约 3 000 亿 m^3 水量注入。丰富的水资源和众多的水道，为珠江三角洲地区带来了灌溉、供水、航运的巨大利益。除西江、北江及东江以外，注入珠江三角洲的流域面积超过 1 000 km^2 以上的河流有流溪河、高明河、潭江、增江和沙河 5 条。

总的来说，珠江流域径流量与输沙量年内分布不均[13, 14]，2015 年珠江流域主要水文控制站逐月径流量与输沙量变化如图 1-3 所示。西江源头南盘江小龙潭站径流量与输沙量主要集中在 5—10 月，分别占全年的 76% 和 99%。红水河

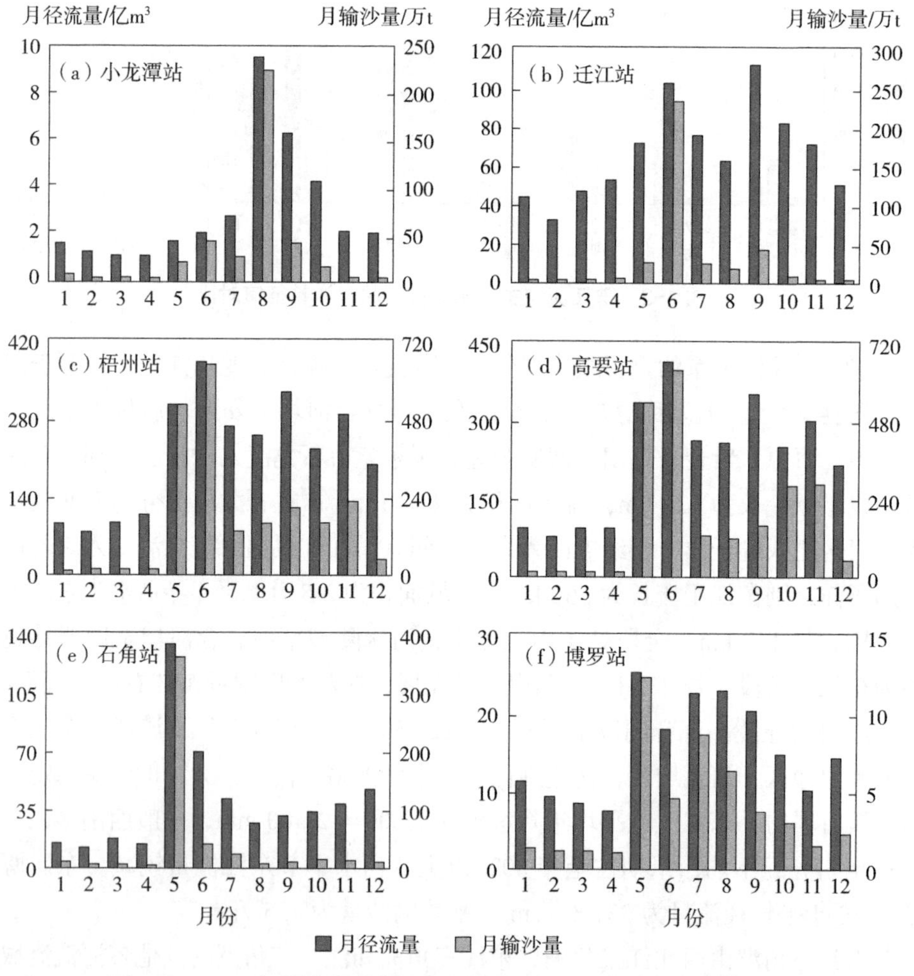

图 1-3　2015 年珠江流域主要水文控制站逐月径流量与输沙量变化

迁江站 5—11 月径流量和输沙量分别占全年的 72% 和 99%。其他站径流量与输沙量主要集中在 5—12 月，分别占全年的 81%～93% 和 91%～99.5%。各支流水量充沛，且中上游落差比较集中，水利资源相当丰富。来自珠江水利委员会网站的资料显示，西江上建有多座水库，其中有 24 座大型水库（容积 10^8 m^3 以上）和 212 座中型水库（容积 10^7～10^8 m^3）。在西江主干流中，多数位于中下游的水库建于 20 世纪 90 年代以后。

1.3　区域地质特征

珠江流域地质条件复杂，地层从前震旦系至第四系均有出露，其中以泥盆、石炭、二叠、三叠等系最为发育[6]。岩浆岩集中分布于流域东部，即广西东部和广东境内，以燕山期花岗岩为主。硅酸盐岩类主要有砂岩、页岩、火山岩、变质岩和玄武岩，占流域总面积的 60.4%。碳酸盐岩主要分布在西江上游地区，地层主要为古生界和中生界三叠系，以石灰岩和白云岩为主，约占流域总面积的 39.6%[2]。此外，珠江中、下游地区也有较大面积的碳酸盐岩分布[15]。

西江上游南盘江位于云贵高原和高原斜坡区，主要地层为古生界和中生界三叠系，碳酸盐岩占本区面积的 57.5%，岩溶发育。红水河和黔江位于高原斜坡和中低山丘陵盆地区，地层以石炭系、二叠系和三叠系出露最广，碳酸盐岩占该区面积的 61.1%，岩溶发育形成溶洼峰丛、峰林洼地和峰林平原。浔江、西江位于低山丘陵盆地区，广泛出露下古生界碎屑岩，碳酸盐岩仅占 15.1%，岩溶化为孤峰溶原。中生界、新生界红层分布于山间盆地，燕山期花岗岩以岩基状产出。西江下游河床冲积层较厚，达 30～40 m。

北江地处粤桂中低山丘陵区，干流河谷呈峡谷盆地相间地形，流域边缘和支流武水上游分布有元古宇和下古生界浅变质砂页岩和硅质岩，干流上游广布中生界、新生界红层，形成独特的“丹霞”地形，中游主要分布着古生界碎屑岩和碳酸盐岩。中下游河段第四系河床冲积层较厚，沉积相复杂。

东江位于中低山丘陵盆地区，上游寻乌水和中游上段出露古生界，多为变质岩；中游分布有中生界碎屑岩和火山岩，盆地区沉积中生界和新生界红层，碳酸盐岩所占比例极小；下游第四系冲积层较厚。

珠江三角洲边缘的山地丘陵以及散布的岛状残丘出露有下震旦系至下第三系的

各类沉积岩以及不同时期侵入的花岗岩。平原上广泛分布着第四系：三角洲顶部、边缘和丘陵地带为冲积洪积层，以粗颗粒的砂层和砂性土为主；中部及下部为河海交互相沉积，以黏性土和淤泥为主；海岸带为海相沉积，以淤泥和淤泥质土为主。

1.4 土地利用类型

土地利用变化直接体现人类与自然环境的相互作用，其不仅对区域可持续发展、生态系统、全球变化等一系列核心主题和问题有着重大影响，还在一定程度上反映了区域的社会经济发展状况[16]。我国土地利用类型可分为林地、草地、水域、农业用地、城镇用地和未利用地。珠江流域土地利用分类数据源自中国科学院资源环境科学数据中心（http：//www.resdc.cn），土地利用栅格数据的空间分辨率为 1 km。珠江流域土地利用类型主要以林地和草地为主[17]。当前研究表明，1990—2015 年，珠江流域土地利用变化明显[18]。其中，水田和有林地面积明显减少，城镇用地和其他建设用地面积急剧增加。在空间上，草地的减少主要发生在流域西北部，耕地的减少集中在流域中部以及沿海地区，城镇用地的增加主要集中在流域中下游地区。

珠江流域幅员辽阔，地形、气候、植被和成土母质等因素复杂，土壤类型繁多、性质各异，广泛分布着红壤、砖红壤、砖红壤性红壤、黄壤和石灰土等，耕作土壤主要为旱地土壤和水稻土壤两大类。红壤是潮湿热带和亚热带的特征土壤之一，分布于云贵高原海拔 600～800 m 的河谷、盆地，广西北部山地、岩溶洼地及砂页岩低山丘陵和广东北部山地。砖红壤多分布在横州市以上的郁江流域。砖红壤性红壤是我国南部亚热带的代表性土壤，分布于流域内的广西南部一带、柳江的柳城县、郁江的横州市及广东的西部。黄壤形成于湿润的亚热带气候条件下，主要分布于云贵高原海拔 600～800 m 及广西西北部 700～1 200 m 的山地。石灰土在流域内凡有石灰岩出露的地方都有分布[7]。

研究区内整体植被覆盖度较高，植被群落结构类型多样。在亚热带生物气候条件作用下，流域林地植被以常绿阔叶林为主，针阔叶混交林次之。阔叶林以常绿栋类、木兰科、安息香科较多；针叶林以马尾松、杉较多，还有云南松、福建柏等。流域自然植被森林覆盖率为 28% 左右，其中云南覆盖率为 32.7%，贵州为 30.0%，广西为 39.3%，广东为 43%。

1.5　社会经济文化

20 世纪 80 年代以来，珠江流域内各省（区）国民经济持续快速增长，但经济发展很不平衡，上游云南、贵州及广西等省（区）属我国西部地区，自然条件较差，经济发展缓慢，下游珠江三角洲地区毗邻港澳，区位条件优越，是我国最早实施改革开放的地区，全国重要的经济中心之一。

珠江流域内有滇、黔、桂、粤、湘、赣等六省（区）及港澳地区共 63 个地（州）、市。据 2020 年统计，珠江流域总人口约为 1.5 亿人（未计入香港、澳门），平均人口密度为 340 人 /km^2。

人口结构方面，农村人口和城市人口约各占一半。流域内民族众多，共有 50 多个民族。主要民族有汉族、壮族、苗族、瑶族、布依族、毛南族等，其中以汉族人口最多，其次是壮族。人口分布极不均衡，其中西部欠发达地区人口密度较小，东部经济发达地区人口密度大。

珠江流域自然条件优越，资源丰富。据统计，已探明矿产种类有 58 种，储量亿吨以上的有 25 种，主要有煤、锡、锰、钨、铝、磷等。西江流域蕴藏着丰富的矿产资源，其中云南、贵州和广西是中国有色金属资源最富有的省（区），而珠江流域下游的粤港澳大湾区是我国乃至世界最具有活力的经济区，已成为引领我国经济的重要力量。

参考文献

[1] 陈静生，何大伟 . 珠江水系河水主要离子化学特征及成因 [J]. 北京大学学报（自然科学版），1999（6）：61-68.

[2] 覃小群，蒋忠诚，张连凯，等 . 珠江流域碳酸盐岩与硅酸盐岩风化对大气 CO_2 汇的效应 [J]. 地质通报，2015，34（9）：1749-1757.

[3] 孙海龙，刘再华，杨睿，等 . 珠江流域水化学组成的时空变化特征及对岩石风化碳汇估算的意义 [J]. 地球与环境，2017，45（1）：57-65.

[4] ZHANG S R，LU X X，HIGGITT D L，et al. Water chemistry of the Zhujiang（Pearl River）：natural processes and anthropogenic influences[J]. Journal of Geophysical Research：Earth Surface，2007，112：1-17.

[5] LAI C，CHEN X，WANG Z，et al. Spatio-temporal variation in rainfall erosivity

during 1960–2012 in the Pearl River Basin，China. CATENA，2016，137：382-391.

［6］LIU J，HAN G. Controlling factors of riverine CO_2 partial pressure and CO_2 outgassing in a large karst river under base flow condition[J]. Journal of Hydrology，2021，593.

［7］黄婕，于奭，罗惠先，等 . 西江流域水文水化学因子对岩溶系统碳汇通量的影响分析 [J]. 岩矿测试，2016，35（6）：642-649.

［8］高全洲，沈承德，孙彦敏，等 . 珠江流域的化学侵蚀 [J]. 地球化学，2001（3）：223-230.

［9］XU Z，HAN G. Rare earth elements（REE）of dissolved and suspended loads in the Xijiang River，south China[J]. Applied Geochemistry，2009，24（9）：1803-1816.

［10］易灵，周庆欣，庞远宇，等 . 人类活动对珠江流域主要水文要素的影响 [J]. 水文，2019，39（4）：78-83.

［11］李姗迟，郑雄波，高全洲，等 . 东江流域河水电导率形成机制 [J]. 中山大学学报（自然科学版），2013，52（1）：142-146.

［12］魏秀国，卓慕宁，郭治兴，等 . 东江流域土壤、植被和悬浮物的碳、氮同位素组成 [J]. 生态环境学报，2010，19（5）：1186-1190.

［13］杨远东，王永红，蔡斯龙，等 . 珠江流域下游近 60 年输沙率年际与年内变化特征 [J]. 水土保持研究，2021，28（2）：155-162.

［14］WU C S，YANG S L，LEI Y P. Quantifying the anthropogenic and climatic impacts on water discharge and sediment load in the Pearl River（Zhujiang），China（1954–2009）[J]. Journal of Hydrology，2012，452-453：190-204.

［15］曹建华，杨慧，康志强 . 区域碳酸盐岩溶蚀作用碳汇通量估算初探：以珠江流域为例 [J]. 科学通报，2011，56（26）：2181-2187.

［16］刘纪远，张增祥，庄大方，等 . 20 世纪 90 年代中国土地利用变化时空特征及其成因分析 [J]. 地理研究，2003（1）：1-12.

［17］LIU J，HAN G. Tracing riverine particulate black carbon sources in Xijiang River Basin：insight from stable isotopic composition and bayesian mixing model[J]. Water Research，2021，194：116932.

［18］张诗晓，张淩茂，张文康，等 . 泛珠江流域土地利用时空变化特征及驱动因子 [J]. 应用生态学报，2020，31（2）：573-580.

第2章

样品采集与分析测试

地球化学样品采集与分析测试工作是流域地质与环境调查和研究中的关键环节。通过样品的采集、分析、测试及鉴定，获取相关的信息和数据，可以更好地研究珠江流域河水溶解态和悬浮态物质的物理化学组成特征及其控制机制。

2.1 样品采集

因为采样地点、采样时机、采样频率、采样持续时间、样品处理和分析方法的确定主要取决于采样目标，所以在设计采样方案之前，要首先确定采样目标。在设计采样方案时还要考虑采样方案的详尽程度、适宜的精密度以及分析结果的表达方式和提供结果的方式，如浓度或负荷、最大值、最小值、算术平均值、中位数等。确保设计的样品采样方案可以对采样和物理化学分析所引起的错误数据进行评价。此外，还要编制有定义参数的目录和确定相应的分析方法。这些对采样和运送样品具有指导意义。

采集的样品能真正反映样品的总体水平，也就是通过对具有代表性样本的检测能客观推测总体的质量。如为了取得具有代表性的水样，在采集样品之前，应根据被检测对象的特征拟定水样采集计划，确定采样地点、采样时间、水样数量和采样方法，并根据检测项目决定水样保存方法。力求做到所采集的水样，其组成成分的比例或浓度与被检测对象的所有成分一样，并在测试工作开展以前，各成分不发生显著的变化。

此外，采集能充分说明达到检测目的的典型样本，所有采样用具都应清洁、干燥、无异味、无污染样品的可能。采集的样品应及时送检，尤其是检测样品中水分、微生物等易受环境影响的指标。

2.1.1 采样前的准备工作

采样前需要对所使用的器皿和工具进行清洗和保存，包括：①清洗器皿：采样需要使用 1 L 聚丙烯（PP）塑料量杯、20 L 聚乙烯（PE）水袋、50 mL 聚丙烯（PP）离心管和 100 mL 高密度聚乙烯（HDPE）塑料瓶，以上器皿均先用洗洁剂进行清洗，用自来水将洗洁剂冲洗干净后，再用超纯水（18.2 MΩ）浸泡 24 h，晾干备用；②清洗滤膜：过滤河水所用 0.22 μm 的醋酸纤维滤膜，首先用 10% 硝酸浸泡 24 h，其次用超纯水将残留的硝酸冲洗干净，在烘箱中 45℃烘干，最后用十万分之一天平（Satorius 公司，型号 SQP）称量滤膜的质量；③调试便携式多参数水质仪（YSI 公司，型号 Pro Plus）和 GPS，以确保能在野外正常使用；④配制甲基红 - 溴甲酚绿混合指示剂和优级纯 0.02 mol/L 盐酸，用于碱度分析。

2.1.2 采样点的选取与布设

由于本研究的目的是研究珠江流域的河流水化学特征以及水环境效应，为保证采集的样品具有代表性，本研究的采样点选取与布设主要遵循以下原则：①采样前统筹布设样点，尽量使之在流域干支流上平均分布，并将采样点布设在靠近河道中线水面以下约 20 cm 以确保样品的代表性。考虑各支流及支流汇入后的影响，当有支流汇入时，分别采集汇入前和汇入后的样品。②采样时根据实际的资源、人口、城市、交通、社会经济等因素影响灵活调整样点布设。③对刚从山涧流下的小支流给予足够的重视，在野外发现时尽量采集并补充入已设计的样点表。

2.1.3 河水样品的采集方法

受季风气候影响，流域内雨季和干季分明。其中雨季水量丰富，延续时间长；干季水量较小，延续时间短。为宏观、全面地反映一个水文年内珠江的水质、水化学、微量元素和同位素变化特征，根据研究区的水文特点及其变化规律，将采样分为丰水期和枯水期两个时段。分别于 2014 年 7 月（丰水期）和 2015 年 1 月（枯水期），在珠江干流及支流上选择了 81 个点位进行河水采样

（图 2-1），丰水期和枯水期点位一一对应，其中 22 个点位在丰水期进行了悬浮物样品的采集。为避免上游来水对下游水样的影响，采用自下游到上游的顺序进行采样。两个季节共采集水样 162 个。

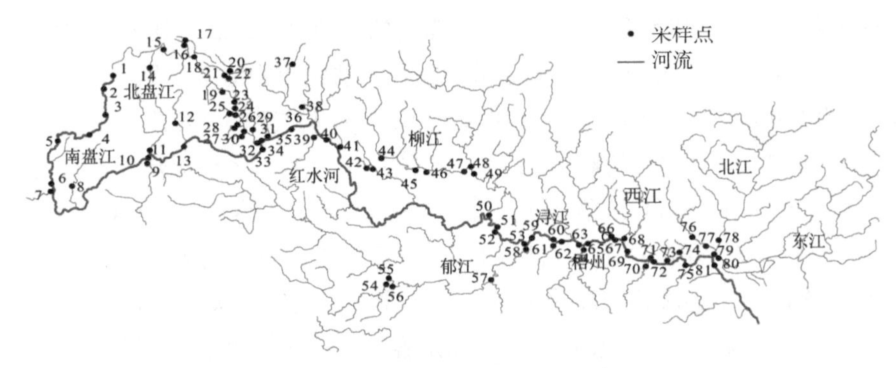

图 2-1　珠江流域采样点分布示意图

采样前用便携式全球定位系统 GPS 确定采样点的经纬度坐标和海拔并记录。采样时迎着水流方向采集水面以下 20 cm 的水样，对于水深较浅的溪流，采样时尽量避免搅动河床，以减少河底泥沙对水样的影响。现场使用美国 YSI 公司生产的 YSI Pro 型便携式电导率仪测定水样温度（T）、溶解氧（DO）、酸碱度（pH）、电导率（EC）和总溶解固体（TDS），每个采样点均采集不少于 20 L 河水，贮存于已在实验室清洗干净的 PE 水袋中。本次过滤所用的过滤器是平板过滤器，所用的滤膜是孔径为 0.22 μm、直径为 200 mm 的醋酸纤维滤膜。过滤后的水样分装在 HDPE 塑料瓶中，待测定阳离子的样品添加优级纯浓盐酸使其 pH<2，并用封口膜进行密封。河水的碱度使用甲基红 - 溴甲酚绿混合指示剂和优级纯 0.02 mol/L 盐酸进行滴定。过滤后的滤膜放入离心管中密封保存，运回实验室后在烘箱中 55℃烘干，再进行称重，然后用干净的塑料小铲将悬浮物从滤膜上刮下。

2.2　样品分析测试

2.2.1　主、微量元素

河水溶解态和悬浮态物质的主、微量元素的浓度测试工作均在中国科学院地理科学与资源研究所完成。悬浮物质的消解工作在中国地质大学（北京）表生环境与水文地球化学实验室（SEHGL）的超净实验室内完成。消解过程所用的B Ⅷ级硝酸、盐酸和氢氟酸在使用前均经过亚沸蒸馏器二次纯化。颇尔公司的Cascada系列实验室纯水系统提供实验所需要的超纯水（18.2 MΩ）。实验用聚四氟乙烯（PFA）烧杯均经过严格的硝酸和超纯水清洗流程清洗。悬浮物质待烘干后称取约100 mg于PFA烧杯中，加入1 mL浓氢氟酸和3 mL浓硝酸，旋紧盖子，置于加热板上140℃消解12 h后，在加热板上90℃蒸至湿热状态。再加入3 mL王水溶液和0.5 mL浓氢氟酸，旋紧盖子，置于加热板上140℃消解48 h。对于含有较高有机质的样品，可以加入少量双氧水，直至消解液变得澄清、透明。将清澈的样品溶液置于加热板90℃蒸至半干，反复3次加入浓硝酸并蒸干，转为硝酸介质。最后，用3%硝酸将样品定容至100 mL，等待仪器测试。

河水溶解质阳离子（Na^+、K^+、Mg^{2+}和Ca^{2+}）和悬浮物主量元素（Fe、Al、Ti、K、Na、Ca、Mg）使用电感耦合等离子体发射光谱仪（ICP-OES）进行测定，阴离子（F^-、Cl^-、NO_3^-和SO_4^{2-}）使用美国戴安（Dionex）ICS-900离子色谱仪进行测定。溶解性硅采用硅钼蓝分光光度计法测定，吸光度为810 nm。以上分析测试精度均优于±5%。微量元素（包括重金属和稀土元素）浓度利用电感耦合等离子体质谱仪（ICP-MS，Elan DRC-e）进行测试，质量控制标准参照物为GSB 04-1767-2004，不确定度在±0.7%。回收率介于90.0%和110.4%，表明测定的元素与标准物质之间有很好的一致性。每10个样本之间插入空白和重复样本来控制方法的精度，随机选取的重复样本的相对标准偏差（RSD）为±5%。

2.2.2 氢、氧同位素

过滤后的河水样品可以用于直接测定氢、氧同位素组成。野外需要将过滤后的河水装入洗净烘干的HDPE瓶中密封保存，同时去掉气泡，并尽快送回实验室进行测定。河水氢、氧同位素组成采用TIWA-45-EP分析仪（Triple-Isotopic Water Analyzers，Los Gatos Research公司，美国）进行测试，测试在中国科学院地理科学与资源研究所完成。TIWA-45-EP分析仪采用激光光谱技术，可以同时测量水中的δ^2H、$\delta^{17}O$和$\delta^{18}O$，无须化学前处理，分析精度和准确性与传统的同位素质谱仪相同，具有分析成本低和分析速度快等特点[1]。

氢有两种稳定同位素 ^{1}H 和 ^{2}H，氧有三种稳定同位素 ^{16}O、^{17}O 和 ^{18}O。通常不直接测量 $^{1}H/^{2}H$ 比值和 $^{16}O/^{18}O$ 比值，而是测量样品相对于标准物质的变化，即用 $\delta^{2}H$ 和 $\delta^{18}O$ 来表示样品的氢同位素组成和氧同位素组成，单位为千分之一（‰）。$\delta^{2}H$ 和 $\delta^{18}O$ 的计算过程分别见式（2-1）和式（2-2）。

$$\delta^{2}H\ (‰) = [\ (^{2}H/^{1}H)_{样品} / (^{2}H/^{1}H)_{标准} - 1\ ] \times 10^{3} \tag{2-1}$$

$$\delta^{18}O\ (‰) = [\ (^{18}O/^{16}O)_{样品} / (^{18}O/^{16}O)_{标准} - 1\ ] \times 10^{3} \tag{2-2}$$

氢、氧同位素组成均以标准平均大洋水（standard mean ocean water，SMOW）作为标准物质进行报道，$\delta^{2}H$ 和 $\delta^{18}O$ 分别表示样品中氢、氧同位素比值相对于 SMOW 对应比值的千分偏差。SMOW 是一个假想的标准，实际上是使用维也纳 - 标准平均大洋水（Vienna-SMOW，简称 V-SMOW）作为标准物质来标定水样的同位素比值。$\delta^{2}H$ 的测试精度为 ±0.5‰，$\delta^{18}O$ 的测试精度为 ±0.1‰。在分析样品前，多次测定氢、氧同位素标准物质 LGR 4C（$\delta^{2}H$ = −51.6‰ ± 0.5‰，$\delta^{18}O$ = −7.94‰ ± 0.15‰），以检验其准确性和精度。每个样本分析 6 次，为了避免记忆效应去掉前两个结果，取后四个结果的平均值作为最终结果。

2.2.3 无机碳同位素

河水无机碳同位素的前处理和测试流程修改自前人的方法[2]。首先，用注射器将 10 mL 的水样注入装有 1 mL 85% 磷酸的玻璃搅拌柱中，磷酸与水发生反应产生二氧化碳气体，然后将其保存在一个液氮冷阱中以进行下一步的同位素测试。水中溶解的无机碳（$\delta^{13}C$）样品分析采用 Finnigan MAT 252 同位素质谱仪。碳同位素分析标准为 PDB（Pee Dee Belemnite），它是来自美国南卡罗来纳州白垩纪皮狄组拟箭石化石，定义其 $\delta^{13}C$ = 0‰。尽管 PDB 标准样品已经用完，但对任何样品的碳同位素组成测定结果仍以 PDB 为标准进行报道。悬浮物黑炭的碳同位素前处理和分析测试见参考文献[3]，其测试结果也以 PDB 为标准进行报道。$\delta^{13}C$ 的计算过程见式（2-3）。

$$\delta^{13}C\ (‰) = [\ (^{13}C/C^{12})_{样品} / (^{13}C/C^{12})_{标准} - 1\ ] \times 10^{3} \tag{2-3}$$

本次实验所用的国际标准是 IAEA-C3（$\delta^{13}C$ = −24.9‰ ± 0.1‰）。所有数据均用国际原子能机构（IAEA）提供的纤维素标样 IAEA-C3 在同样条件下获得的碳同位素比值及其标准值进行校正，实验室长期的精度优于 ±0.1‰。在分析样品前，多次测定了 GBW04407（$\delta^{13}C = -22.3‰$）的碳同位素组成，以检查其准确性和精度。

2.2.4 硫、氧同位素

河水中硫酸根离子中的硫、氧稳定同位素（$\delta^{34}S$ 和 $\delta^{18}O$）的前处理以及测试方法见参见文献[4]。前处理方法为：往过滤后的河水样品中加入 10% 的氯化钡溶液（$BaCl_2$），确保河水样品中的硫酸根离子转换为硫酸钡沉淀（$BaSO_4$）。静置 48 h 之后，将此固－液混合物使用 0.22 μm 滤膜过滤。将收集到的沉淀物使用超纯水缓缓进行冲洗，除去可能附着的氯离子。将沉淀转移至坩埚中，在 800℃的条件下烘烤 40 min。干燥的硫酸钡中的 $\delta^{34}S$ 和 $\delta^{18}O$ 使用 Finnigan Delta-C 同位素质谱仪进行测试。硫同位素测试结果以与国际标样 VCDT（Vienna-Canyon Diablo Troilite）的千分偏差 $\delta^{34}S$ 的形式给出（式 2-4），而氧同位素测试结果以标准平均大洋水作为标准物质进行报道（式 2-2）。

$$\delta^{34}S\ (‰) = [\,({}^{34}S/{}^{32}S)_{样品} / ({}^{34}S/{}^{32}S)_{标准} - 1\,] \times 10^3 \qquad (2\text{-}4)$$

测试时同时测定了 S 同位素标样 NBS 127 与 IAEA-SO-5（$BaSO_4$）中 S 同位素组成，测试结果均在推荐值范围内，样品测试的两倍标准差（2SD）均在 0.02‰ 范围内。

2.2.5 溶解态钼同位素

河水溶解态钼（Mo）同位素测试采用多接收电感耦合等离子体质谱仪（MC-ICP-MS）结合双稀释剂方法测定[5]。河水溶解态 Mo 元素的纯化工作在中国地质大学（北京）表生环境与水文地球化学实验室完成，仪器测试在中国科学院地球化学研究所完成。Mo 同位素纯化和仪器分析中所用的酸均为两次蒸馏得到的高纯酸。根据河水样品中 Mo 元素含量的不同，量取 25～100 mL 河水（保证 Mo 的含量约为 50 ng），然后置于 PFA 烧杯中，加入 3 mL 浓盐酸和 1 mL 浓硝酸，旋紧盖子，置于加热板上 140℃加热 12 h。待有机质完全分解后，打开盖子蒸干。样品中加入 97Mo/100Mo 双稀释剂，并溶解在 1 mL 7 mol/L HCl 中。

分离纯化过程中所用到的 AG MP-1M 阴离子交换树脂和 AG50W-X8 阳离子交换树脂在使用前需依次通过超纯水、7 mol/L HCl 及超纯水反复清洗，每步需重复 3 次。两步分离过程中所用到的淋洗液分别是 7 mol/L HCl 和 1.4 mol/L

HCl。在整个纯化过程中，Mo 的回收率均在 99% 以上，所有的程序空白均小于 0.2 ng。Mo 同位素组成通常以相对于国际标准物质 NIST SRM 3134 的千分偏差 $\delta^{98/95}$Mo 来表示。

$$\delta^{98/95}\mathrm{Mo}\ (‰)=[(^{98}\mathrm{Mo}/^{95}\mathrm{Mo})_{样品}/(^{98}\mathrm{Mo}/^{95}\mathrm{Mo})_{标准}-1]\times 10^{3} \quad (2\text{-}5)$$

标准溶液与样品溶液的浓度差异在 ±5% 以内。通过标准溶液的重复测量来监测分析精度，$\delta^{98/95}$Mo 的长期重现性为 ±0.07‰（2SD）。

2.2.6　悬浮物铜同位素

悬浮物中铜（Cu）的分离纯化采用与前人研究相似的流程[6-8]。悬浮物 Cu 元素的纯化和仪器分析工作均在中国地质大学（北京）表生环境与水文地球化学实验室完成。0.2 mL 含 Cu 的 7 mol/L HCl 溶液被加载到已清洗和平衡的 AG MP-1M 阴离子交换树脂上部，此后使用 7 mL 7 mol/L HCl 淋洗液去洗脱基质元素，最后使用 24 mL 7 mol/L HCl 淋洗液去接收 Cu 元素。回收液被蒸干并重新溶解在 0.2 mL 7 mol/L HCl 中，重复上述化学分离过程。将二次化学分离得到的 Cu 溶液蒸干，加入 0.1 mL 浓 HNO_3，然后蒸干，如此重复 3 次。最后加入 2% 的 HNO_3 溶液定容样品，从而获得 0.5 ppm① 纯 Cu 溶液，准备用于 MC-ICP-MS 测试。在整个纯化过程中，Cu 的回收率高于 98.9%，所有的程序空白均小于 Cu 加载量的 0.2%。

Cu 同位素组成通过 Nu Plasma 3 MC-ICP-MS 进行测定。为了减小仪器分馏漂移效应，本实验采用样品 - 标样间插法对悬浮物的 Cu 同位素组成进行分析。仪器分析时使用湿等离子体和低分辨模式。Cu 同位素组成通常以相对于国际标准物质 NIST SRM 976 的千分偏差 δ^{65}Cu 来表示。

$$\delta^{65}\mathrm{Cu}\ (‰)=[(^{65}\mathrm{Cu}/^{63}\mathrm{Cu})_{样品}/(^{65}\mathrm{Cu}/^{63}\mathrm{Cu})_{标准}-1]\times 10^{3} \quad (2\text{-}6)$$

标准溶液与样品溶液的浓度差异在 ±5% 以内。通过标准溶液的重复测量来监测分析精度，δ^{65}Cu 的长期重现性为 ±0.06‰（2SD）。

2.2.7　悬浮物锌同位素

悬浮物中锌（Zn）的分离纯化采用与上述纯化 Cu 相似的流程[6, 9]。悬浮物 Zn 元素的纯化和仪器分析工作均在中国地质大学（北京）表生环境与

① 1 ppm=10^{-6}，全书同。

水文地球化学实验室完成。0.2mL 含 Zn 的 7 mol/L HCl 溶液被加载到已清洗和平衡的 AG MP-1M 阴离子交换树脂上部，此后使用 60 mL 7 mol/L HCl 和 2 mL 0.5 mol/L HNO_3 去洗脱基质元素，最后使用 11 mL 0.5 mol/L HNO_3 去接收 Zn 元素。回收液被蒸干并重新溶解在 0.2 mL 7 mol/L HCl 中，重复上述化学分离过程。将二次化学分离得到的 Zn 溶液蒸干，加入 0.1 mL 浓 HNO_3，然后蒸干，如此重复 3 次。最后加入 2% 的 HNO_3 溶液定容样品，从而获得 0.5 ppm 的纯 Zn 溶液，准备用于 MC-ICP-MS 测试。在整个纯化过程中，Zn 的回收率高于 97.2%，所有的程序空白均小于上样量的 0.3%。

Zn 同位素组成通过 Nu Plasma 3 MC-ICP-MS 进行测定。为了减小仪器分馏漂移效应，本实验采用样品 - 标样间插法对悬浮物中的 Zn 同位素组成进行分析。仪器分析时使用湿等离子体和低分辨模式。Zn 同位素组成通常以相对于标准物质 JMC 3-0749C（通常叫作 JMCLyon）的千分偏差 $\delta^{66}Zn$ 来表示。

$$\delta^{66}Zn\ (‰) = [\ (^{66}Zn/^{64}Zn)_{样品} / (^{66}Zn/^{64}Zn)_{标准} - 1\ ] \times 10^3 \qquad (2\text{-}7)$$

标准溶液与样品溶液的浓度差异在 ±5% 以内。通过标准溶液的重复测量来监测分析精度，$\delta^{66}Zn$ 的长期重现性为 ±0.06‰（2SD）。

参考文献

[1] YANG K，HAN G. Controls over hydrogen and oxygen isotopes of surface water and groundwater in the Mun River catchment，northeast Thailand：implications for the water cycle[J]. Hydrogeology Journal，2020，28：1021-1036.

[2] ATEKWANA E A，KRISHNAMURTHY R V. Seasonal variations of dissolved inorganic carbon and $\delta^{13}C$ of surface waters：application of a modified gas evolution technique[J]. Journal of Hydrology，1998，205（3）：265-278.

[3] LIU J，HAN G. Tracing riverine particulate black carbon sources in Xijiang River Basin：insight from stable isotopic composition and Bayesian mixing model[J]. Water Research，2021，194.

[4] HAN G，TANG Y，WU Q，et al. Assessing contamination sources by using sulfur and oxygen isotopes of sulfate ions in Xijiang River Basin，southwest China[J]. Journal of Environmental Quality，2019，48（5）：1507-1516.

[5] LI J，LIANG X R，ZHONG L F，et al. Measurement of the isotopic composition of

molybdenum in geological samples by MC-ICP-MS using a novel chromatographic extraction technique[J]. Geostandards and Geoanalytical Research，2014，38（3）：345-354.

[6] MARCHAL C N，TELOUK P，ALBAREDE F. Precise analysis of copper and zinc isotopic compositions by plasma-source mass spectrometry[J]. Chemical Geology，1999，156（1）：251-273.

[7] LIU S A，LI D，LI S，et al. High-precision copper and iron isotope analysis of igneous rock standards by MC-ICP-MS[J]. Journal of Analytical Atomic Spectrometry，2014，29（1）：122-133.

[8] ZENG J，HAN G. Preliminary copper isotope study on particulate matter in Zhujiang River，southwest China：application for source identification[J]. Ecotoxicology and Environmental Safety，2020，198：110663.

[9] ZENG J，HAN G. Tracing zinc sources with Zn isotope of fluvial suspended particulate matter in Zhujiang River，southwest China[J]. Ecological Indicators，2020，118：106723.

第3章

珠江河水溶解态重金属地球化学及环境风险评价

重金属具有毒性、持久性、生物累积性等特点，以及对生物体具有负面影响[1-4]，其环境污染水平和对人类健康的威胁已引起了全世界的极大关注。环境中重金属的主要来源有两类，它们对重金属的生物地球化学循环具有重要影响[5]。其一是自然源，如基岩风化作用、受地质和岩性控制的火山活动等[5, 6]；其二是人为活动，包括采矿、金属冶炼和精炼、能源生产和消费以及垃圾焚烧等[7, 8]。通过检测重金属在生态系统中的含量和分布，可以对环境中的重金属来源进行有效识别。

生态环境系统中的重金属研究由来已久[9]，之前的研究主要侧重于不同规模和不同生态系统，特别是河流系统的重金属研究[5, 10, 11]。迄今为止，包括中国在内的不同国家都开展了大量关于重金属（或微量元素）组成及其对河流环境影响的研究[10-17]。珠江作为中国第二大河流（以流量计），也是流入中国南海最大的河流[18]，我国学者对珠江流域河水及沉积物的重金属组成进行了大量研究[19-23]。然而，从全流域角度对珠江溶解态重金属的时空分布、来源、健康风险和输出通量的研究还未系统开展。

本章从全流域角度，基于多元统计分析方法对珠江河水溶解态重金属的水文地球化学特征进行了研究，以期查明珠江流域10种溶解态重金属的时空分布；探讨重金属的人为和/或自然来源；评价珠江流域的水质和溶解态重金属的健康风险；估算珠江溶解态重金属对中国南海的输出通量。

3.1 河水溶解态重金属含量及其时空分布

3.1.1 柯尔莫哥洛夫 - 斯米尔诺夫检验

柯尔莫哥洛夫 - 斯米尔诺夫（Kolmogorov-Smirnov，K-S）检验作为一种非参数检验，常用于样本量较小时的环境样品数据分析。我们首先采用 K-S 检验对珠江河水的溶解态重金属含量数据与水体基本理化参数进行了正态分布检验（表 3-1）。检验结果表明，在枯水期 V、Cr、pH、EC、DO 呈正态分布，在丰水期 V、Cr、Mo、pH、EC、DO 和温度呈正态分布。K-S 检验和其余溶解态重金属极大的标准差表明各重金属的平均浓度可能受到异常值的严重影响，与水样异常高值或异常低值有关。因此，本章的相关计算公式中使用重金属的中位值浓度，而非平均浓度。

3.1.2 河水基本理化参数

珠江河水水质参数（pH、EC、DO、T）的统计值如表 3-1 所示。枯水期 pH 均值为 7.9（7.0～8.8），丰水期 pH 均值为 7.7（6.4～8.4），呈现弱碱性。枯水期的 EC 值为 76.0～602.0 μS/cm，均值为 354.6 μS/cm；丰水期的 EC 值为 90.0～533.0 μS/cm，均值为 307.7 μS/cm。枯水期 DO 均值为 8.7 mg/L，丰水期 DO 均值为 7.5 mg/L。总体上，枯水期的 pH、EC 和 DO 均高于丰水期。然而，由于太阳辐射强度的差异，丰水期的水温（均值 26.5℃）高于枯水期的水温（均值 16.4℃）。同一时期的水温变化主要是每日采样时间的不同造成的，即上午水温普遍低于中午。

3.1.3 河水溶解态重金属浓度

珠江流域 10 种溶解态重金属的浓度统计结果如表 3-1 所示。枯水期重金属的浓度（中位值）按如下顺序依次降低：Ba（14.72 μg/L）、Cr（6.85 μg/L）、Ni（2.39 μg/L）、V（2.13 μg/L）、Cu（0.90 μg/L）、Mo（0.63 μg/L）、Mn（0.45 μg/L）、Co（0.11 μg/L）、Pb（0.06 μg/L）、Cd（0.04 μg/L）；而丰水期则按 Ba（12.50 μg/L）、Cr（7.52 μg/L）、V（2.59 μg/L）、Ni（2.08 μg/L）、Cu（0.77 μg/L）、Mo（0.44 μg/L）、Mn（0.40 μg/L）、Co（0.11 μg/L）、Pb（0.04 μg/L）、Cd（0.03 μg/L）的顺序降低。在两个采样期

中，Ba 和 Cr 始终是浓度较高的重金属。

表 3-1 对珠江河水溶解态重金属含量与中国、世界卫生组织、美国饮用水标准中相应重金属的含量限值进行了比较[24-26]，表 3-2 给出了中国地表水标准[27]。所有重金属的浓度（中位值）均在三个饮用水标准限值之内（除了 V，各饮用水标准中无相应限值，后同），并且 Cr、Cu、Cd、Pb 浓度在地表水Ⅰ类水范围，这表明珠江整体水质优良、无重金属污染。此外，Mn 和 Ni 的最大值虽然低于世界卫生组织饮用水标准的限值，但却是中国饮用水标准的 2 倍左右，而 Mo 在枯水期的最大值也高于中国饮用水标准。这些最大值超过标准限值的重金属可以认定为污染物，可能由相应采样点相对较强的人为输入所致。例如，虽然所有采样点的 Cu 浓度均远低于标准限值，但沿干流南盘江河段的两个采样点（沾义县）的 Cu 浓度明显高于其他采样点，表明了沾义县人为输入的显著影响（如城市污水）。与长江源区背景值相比（表 3-1）[15]，珠江水体中 V、Cr、Ni、Cu、Cd 的浓度（中位数）明显较高，而 Mn、Co、Mo、Pb 浓度低于长江源区。枯水期，V、Cr、Ni、Cu、Cd 分别是长江背景值的 9.3 倍、26.3 倍、13.3 倍、1.4 倍、2 倍；而丰水期，V、Cr、Ni、Cu、Cd 分别是长江背景值的 11.3 倍、28.9 倍、11.6 倍、1.2 倍、1.5 倍。

在全球范围内，我们将珠江河水样品与来自中国及世界其他国家或地区的河流的溶解态重金属浓度数据进行了比较[13]（表 3-3）。珠江流域河水的 V、Cr 和 Ni 浓度高于世界范围内的河流（受人类活动严重影响的塞纳河除外）；Co、Mo 浓度与世界河流平均浓度相当，但 Co 浓度远高于我国黄河的 Co 浓度；Cu、Cd、Ba、Pb 浓度略低于世界河流平均水平，Mn 的浓度远低于世界河流平均水平。

3.1.4 河水溶解态重金属质量浓度空间变化

3.1.4.1 干流溶解态重金属质量浓度变化

干流各重金属质量浓度呈现出极大的变化（图 3-1）。总体上 V 质量浓度呈现由上游向下游增加的趋势，在南盘江河段中部有较高的浓度。相比之下，Cr 和 Co 的质量浓度从上游到下游呈下降趋势，但在南盘江河段中部浓度较高。Cu 的质量浓度维持在较低的水平，只有少数几个采样点的 Cu 质量浓度非常高（10 倍于其他采样点）。Mo 质量浓度在南盘江河段呈升高趋势，进入红水河河段后开始下降，直至黔江河段趋于稳定。Ba 的质量浓度上游河段波动较大，

表 3-1　珠江流域河水溶解态重金属的质量浓度（μg/L）、pH、电导率（μS/cm）、溶解氧（mg/L）和温度（℃）

	枯水期						丰水期						饮用水标准			长江源
	最小值	最大值	均值	标准差	中位值	K-S检验	最小值	最大值	均值	标准差	中位值	K-S检验	中国[a]	世界卫生组织[b]	美国[c]	
V	1.51	3.00	2.11	0.32	2.13	0.758	1.96	3.53	2.66	0.36	2.59	0.469				0.23
Cr	2.51	12.00	6.78	1.79	6.85	0.864	1.82	14.96	7.45	2.84	7.52	0.709	50	50	100	0.26
Mn	0.15	267.33	8.47	39.99	0.45	0.000	0.11	134.49	5.84	17.95	0.40	0.000	100	400		2.53
Co	0.03	1.57	0.15	0.18	0.11	0.000	0.04	0.51	0.12	0.08	0.11	0.001	1 000			0.24
Ni	0.47	37.35	4.10	6.33	2.39	0.000	0.47	49.03	4.43	7.50	2.08	0.000	20	70		0.18
Cu	0.33	115.73	3.93	13.83	0.90	0.000	0.24	136.80	8.24	23.34	0.77	0.000	1 000	2 000	1 300	0.63
Mo	0.11	95.75	1.89	10.58	0.63	0.000	0.13	0.96	0.49	0.21	0.44	0.134	70			0.72
Cd	0.02	2.09	0.09	0.23	0.04	0.000	0.02	1.36	0.06	0.15	0.03	0.000	5	3	5	0.02
Ba	7.99	46.79	16.59	7.12	14.72	0.000	4.00	48.40	14.22	7.59	12.50	0.001	700	700	2 000	
Pb	0.03	0.60	0.07	0.07	0.06	0.000	0.02	0.45	0.06	0.06	0.04	0.000	10	10	15	0.76
pH	7.0	8.8	7.9	0.4	7.9	0.546	6.4	8.4	7.7	0.4	7.7	0.659	6.5～8.5			
EC	76.0	602.0	354.6	123.3	353.0	0.606	90.0	533.0	307.7	114.2	319.0	0.627				
DO	6.1	11.8	8.7	1.0	8.8	0.976	4.9	12.4	7.5	1.3	7.3	0.316				
T	10.2	26.6	16.4	2.7	16.8	0.096	18.0	36.0	26.5	4.2	27.3	0.425				

注：[a] 中国的标准为《生活饮用水卫生标准》（GB 5749—2006），其中 Co 的限值来自参考文献[11]；

[b] 世界卫生组织的标准为《饮用水水质准则》（*Guidelines for Drinking Water Quality*）；

[c] 美国的标准为《国家饮用水水质标准》（*National Primary Drinking Water Regulations*）。

表 3-2 《地表水环境质量标准》（GB 3838—2002）中几种重金属质量浓度（μg/L）、pH 和 DO（mg/L）分级

分级	Cr	Cu	Cd	Pb	pH	DO
Ⅰ	10	10	1	10	6～9	7.5
Ⅱ	50	1 000	5	10		6
Ⅲ	50	1 000	5	50		5
Ⅳ	50	1 000	5	50		3
Ⅴ	100	1 000	10	100		2

表 3-3　珠江与国内外河流溶解态重金属质量浓度（μg/L）对比

河流	V	Cr	Mn	Co	Ni	Cu	Mo	Cd	Ba	Pb
珠江枯水期	2.13	6.85	0.45	0.11	2.39	0.90	0.63	0.04	14.72	0.06
珠江丰水期	2.59	7.52	0.40	0.11	2.08	0.77	0.44	0.03	12.50	0.04
长江，中国			1.00		0.15	1.66		0.003		0.05
黄河，中国			0.55～2.2	0.01～0.03	0.30～0.59	0.96～1.60		0.001～0.006		0.01～4.10
塞纳河，法国	2.85	11.46	3.76	0.18	5.06	3.53		0.06	32.00	0.22
哈尔茨山河，德国	0.4	<0.85	48	0.26	0.92	0.82		0.42	13.00	3.80
渥太华河，加拿大	0.341		14.86	0.074 6	0.83	1.144	0.199	0.020 7	15.00	0.11
密西西比河河口，美国	0.82～1.84		0.66～1.82		1.12～1.77	1.60～2.24	1.63～2.69		62.00	0.011～0.016
亚马孙河，南美洲	0.70	0.72	50.73	0.18	0.74	1.46	0.18	0.18	21.00	0.06
世界河流均值	0.71	0.70	34.00	0.15	0.80	1.48	0.42	0.08	23.00	0.08

注：珠江数据来自本书，其他河流数据来自 Gaillardet 等[13]。

南盘江河段中部最高，随后黔江河段下降至最低，下游河段（浔江和西江）呈上升趋势。Pb 质量浓度在南盘江和红水河河段波动幅度较大，在黔江至西江河段趋于稳定。Mn、Ni、Cd 沿干流有明显的波动，但没有明显的分布规律。此外，珠江干流下游有 24 座大型水库（坝）[28]，当水库（坝）中的水流减缓时，吸附重金属的悬浮颗粒和砾石会从水中分离出来[29]。这是溶解态重金属空间变化的潜在因素，并可能导致中、下游部分溶解态重金属浓度的变化。

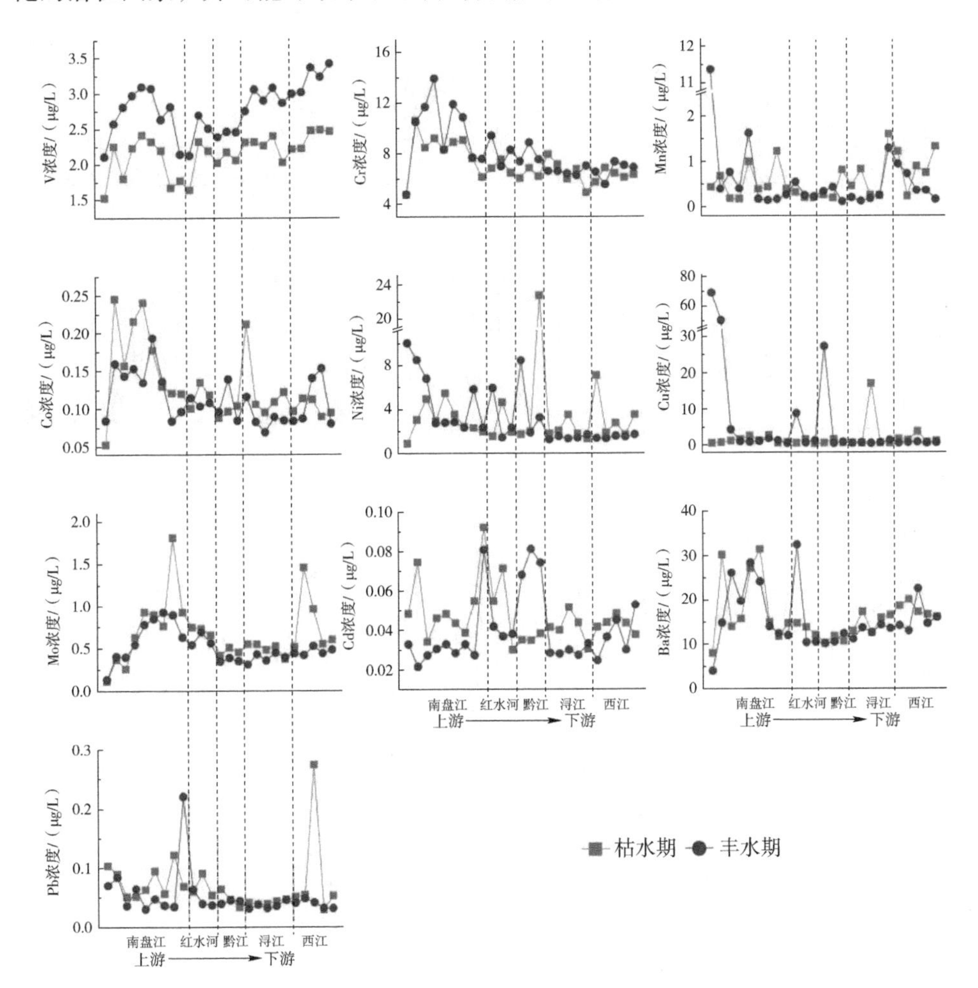

图 3-1　珠江干流河水 10 种溶解态重金属质量浓度的时空变化

3.1.4.2 支流溶解态重金属浓度变化

图 3-2 为不同河段支流中各重金属浓度的变化情况。对比各支流重金属的质量浓度，除南盘江段支流外，上游支流的 V 质量浓度均低于下游支流，而上游支流的 Cr 和 Co 均高于下游支流。这与干流中 V、Cr、Co 浓度分布一致。不同于干流，Ni 浓度在各河段支流中与 Cr、Co 呈相似的分布规律，上游支流高于下

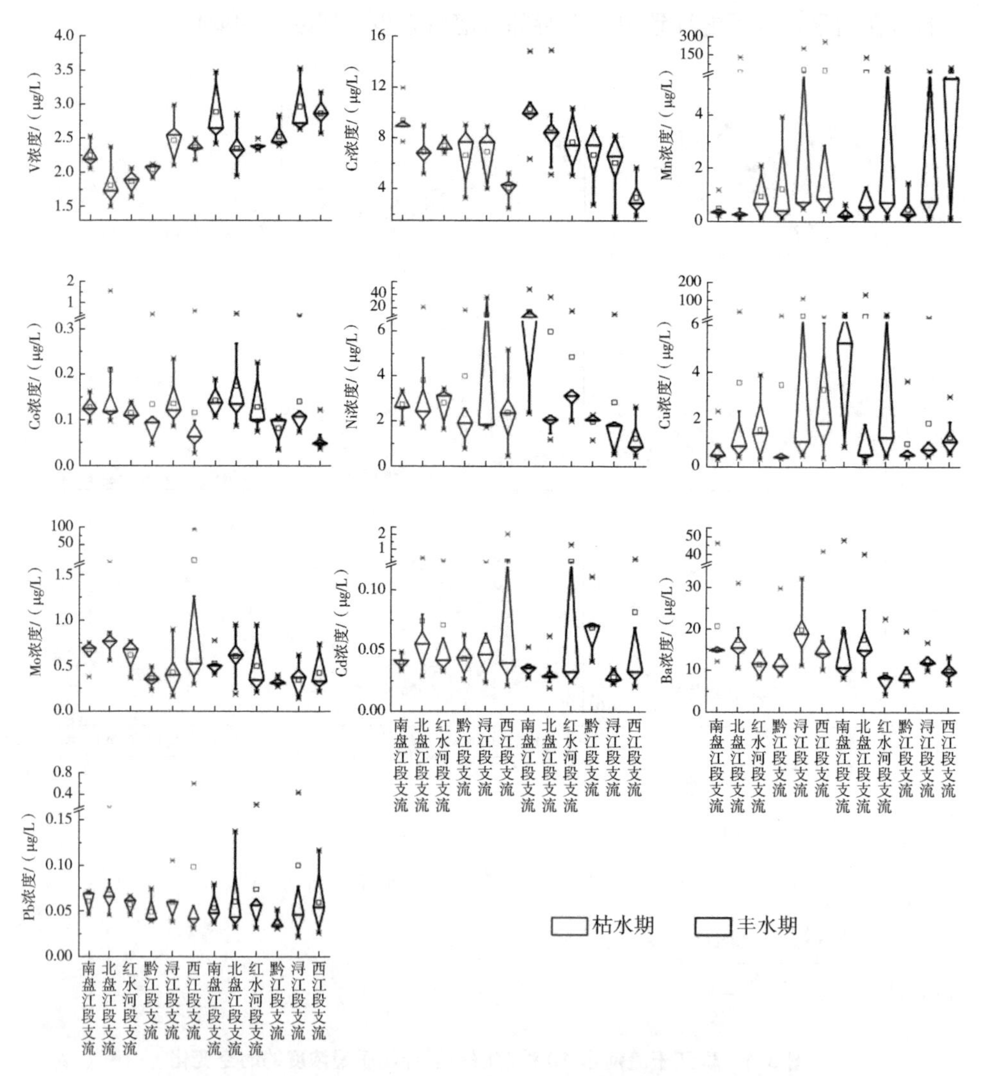

图 3-2 珠江流域支流河水 10 种溶解态重金属质量浓度的时空变化

游支流。此外，Mn 质量浓度表现为上游支流低于下游支流，下游支流的波动幅度明显增大。其余重金属（Cu、Mo、Ba、Pb、Cd）在各河段支流中表现出较大的变化，但没有明显规律。

3.1.5 河水溶解态重金属质量浓度的季节性变化

在季节尺度上，只有 V 质量浓度在干流和支流中均表现出显著的季节变化，丰水期始终高于枯水期（图 3-1 和图 3-2）。沿干流，除中下游少数采样点外，丰水期的 Cr 质量浓度也高于枯水期（图 3-1）。相比之下，在大多数采样点，Co、Mo、Ba、Pb 和 Cd 的质量浓度在枯水期高于丰水期。但 Mn、Ni、Cu 质量浓度沿干流的季节变化规律不明显（图 3-1）。各支流重金属浓度（V 除外）的季节变化规律也不明显（图 3-2）。通常，丰水期河流流量控制的稀释效应会降低溶解态重金属的质量浓度[5, 30]。因此，在干流的大部分采样点，枯水期 Co、Mo、Ba、Pb、Cd 质量浓度高于丰水期（图 3-1），可能主要受稀释效应的影响。

3.2 河水溶解态重金属源解析及风险评价

3.2.1 河水溶解态重金属源解析

采用相关性分析和主成分分析（PCA）等统计方法对数据进行分析，获得描述性统计数据，探讨珠江河水 10 种溶解态重金属的潜在来源。PCA 是研究重金属相关性和来源最常用的多元统计方法[31]。PCA 在对数据进行降维的同时尽可能地保持了原始数据间的关系，广泛应用于水化学的研究中[11, 17]。通过 Kaiser-Meyer-Olkin（KMO）检验和巴特利特球度检验两种方法检验了主成分分析的适用性[17]。在进行主成分分析之前，对各变量进行了标准化处理，以避免原始变量的数值变化[11, 32]，然后采用最大方差旋转法提取主成分，即提取旋转后特征值大于 1 的成分作为主成分。相关性分析和主成分分析均使用 SPSS 21.0 软件执行。

3.2.1.1 相关性分析

相关性矩阵通过给出数据集的整体一致性，可解释研究变量之间的相互关联程度[32]。珠江流域两个采样期内 10 种溶解态重金属间的相关性如表 3-4 所示。枯水期 Co 与 Mn（0.591）、Pb 与 Mn（0.673）、Cu 与 Ni（0.650）呈显著正相关

表 3-4 珠江流域河水溶解态重金属浓度与水质参数（pH、EC、DO、T）的相关系数

	V	Cr	Mn	Co	Ni	Cu	Mo	Cd	Ba	Pb	pH	EC	DO	T
V	1	**−0.176**	**−0.144**	**−0.254***	**0.126**	**−0.146**	**0.085**	**−0.069**	**0.124**	**−0.012**	**−0.462****	**−0.187**	**−0.625****	**0.316****
Cr	−0.017	1	**−0.241***	**0.477****	**0.308****	**0.081**	**0.209**	**−0.094**	**0.421****	**0.006**	**0.563****	**0.852****	**0.117**	**−0.552****
Mn	0.021	−0.290**	1	**0.520****	**−0.059**	**0.077**	**0.215**	**0.227***	**−0.119**	**0.079**	**−0.129**	**−0.081**	**−0.028**	**−0.076**
Co	−0.177	0.014	0.591**	1	**0.122**	**0.046**	**0.215**	**0.040**	**0.252***	**0.006**	**0.280***	**0.481****	**0.082**	**−0.372****
Ni	−0.050	−0.148	0.312**	0.041	1	**0.538****	**0.178**	**−0.040**	**0.303****	**0.012**	**0.235***	**0.323****	**0.029**	**−0.316****
Cu	−0.025	−0.176	−0.005	−0.009	0.650**	1	**0.103**	**−0.055**	**0.086**	**0.050**	**0.206**	**0.182**	**0.082**	**−0.328****
Mo	0.034	−0.172	−0.028	−0.063	−0.048	0.017	1	**0.079**	**0.274***	**−0.006**	**0.493****	**0.498****	**0.243***	**−0.190**
Cd	0.143	−0.159	−0.028	−0.036	−0.029	−0.025	0.114	1	**−0.117**	**0.279***	**0.018**	**0.084**	**−0.001**	**0.075**
Ba	0.287**	0.219*	0.059	−0.011	0.155	0.021	−0.016	0.008	1	**−0.035**	**0.216**	**0.446****	**0.001**	**−0.216**
Pb	0.008	−0.130	0.673**	0.284*	−0.001	−0.008	−0.036	−0.044	−0.050	1	**0.049**	**0.018**	**0.173**	**0.082**
pH	−0.494**	0.594**	−0.241*	0.086	−0.280*	−0.319**	−0.032	−0.148	0.123	−0.089	1	**0.702****	**0.668****	**−0.400****
EC	−0.360**	0.773**	−0.237*	0.202	−0.100	−0.130	−0.154	−0.084	0.203	−0.111	0.771**	1	**0.215**	**−0.660****
DO	−0.125	−0.186	0.008	0.070	−0.015	−0.065	0.166	0.071	−0.013	−0.010	0.068	0.003	1	**−0.040**
T	0.202	−0.326**	0.053	−0.235*	0.136	0.154	0.016	−0.029	−0.147	0.057	−0.567**	−0.532**	−0.108	1

注：* 在 0.05 水平显著相关（双侧），** 在 0.01 水平显著相关（双侧）。加粗字体为丰水期相关系数，正常字体为枯水期相关系数。

（p<0.01），Pb 与 Co 也呈正相关（0.284）。相较之下，丰水期 Co 与 Cr（0.477）、Co 与 Mn（0.520）、Cu 与 Ni（0.538）呈显著正相关（p<0.01）。水体中相关系数较高的重金属可能具有相似的来源、迁移过程和水化学行为[11]。因此，在枯水期，Mn、Co、Pb 可能有着相似的来源，并经过相似的化学过程后进入水体，而在丰水期，Co、Cr、Mn 的来源相似。Cu 和 Ni 在两个采样期均呈强正相关，这表明 Cu 和 Ni 的来源和迁移过程极为相似。但其余重金属之间呈弱正相关、不同程度负相关或无显著相关关系（表 3-4），说明这些重金属的来源具有很强的时空异质性。

3.2.1.2　主成分分析

采用主成分分析法对珠江干流的溶解态重金属浓度进行分析，探讨溶解态重金属间的关系及其潜在来源。主成分分析共提取了三个主成分（PC，特征值>1），包括特征值、方差和共同度等，如表 3-5 所示。PC1 解释了总方差的 22.59%，主要载荷为 V、Cr、Co 和 Ba；PC2 解释了总方差的 20.91%，主要载荷是 Mn、Ni、Cu；PC3 解释了总方差的 18.23%，主要由 Mo、Cd 和 Pb 贡献。这三个主成分共占总方差的 61.73%，其三维空间表现如图 3-3 所示。珠江流域水体 10 种溶解态重金属主成分分析载荷解释的总方差（61.73%）相对低于其他研究，如汉江 14 种溶解态重金属和淮河 13 种溶解态重金属的主成分解释的总方差分别为 86.36% 和 79.31%[8, 11]。前人的研究对不同水系的重金属元素也进行了 PCA 分析，均得到了不同的结果[5, 11, 16]，我们把这些变化归因于不同的流域环境（流域面积、流量、土地利用）和不同的重金属变量。

在珠江流域河水中，Cr、Co、Ba 和 Mo 通常来自岩石风化和随后的成土作用等自然源[5]，V 受人为活动如采矿和农业过程的影响很大[29]。考虑到珠江流域高浓度的 V 和 Cr（远高于长江背景值，表 3-1），且 PC1 中大部分元素（V、Cr、Co、Ba）为亲石元素[6]。因此，我们将 PC1 归因于流域地质源和人为成因的混合来源贡献。珠江河水的 Cu 和 Ni（PC2）浓度相对较高（与背景值相比），且 Cu 是金属工业的标志[5]，而 Ni 是电镀工业和金属冶炼中常见的污染物。结合 PC1 中 Cu 和 Ni 的负载荷或弱的正载荷以及 Cu 和 Ni 之间的正相关（表 3-4），PC2 可归因于流域的人为源贡献。此外，虽然 Cd 和 Pb 是工业废物和汽车尾气排放的主要污染物[6, 33]，但珠江中这两种重金属和 Mo 的浓度并不高，甚至低于长江的背景值。因此，PC3 中的 Cd、Pb 和 Mo 在很大程度上是由自然源贡献的。

尽管主成分分析的结果表明，一些重金属（V、Cr、Ni、Cu）可能是人为输入或地质和人为来源混合的结果，但其余浓度低于背景值的重金属受自然源控制，或受景观环境的变化和相对较弱的岩石风化作用的缓冲影响。与重金属污染的河流如淮河（Cu 28.61 μg/L，Pb 97.83 μg/L，Ni 16.00 μg/L，Cr 19.7 μg/L）相比[11]，珠江流域溶解态重金属浓度相当的低（表3-1）。因此，我们认为稀释作用对珠江流域范围内的人为源重金属（V、Cr、Ni、Cu）有很大的影响。珠江流域河水溶解态重金属主要表现为自然源的特征。

表 3-5　珠江干流河水溶解态重金属 PCA 载荷矩阵

变量	PC1	PC2	PC3	共同度
V	**0.18**	−0.22	−0.73	0.60
Cr	**0.85**	−0.02	−0.12	0.74
Mn	−0.20	**0.81**	−0.01	0.71
Co	**0.84**	0.04	0.12	0.72
Ni	0.10	**0.67**	0.03	0.46
Cu	−0.08	**0.89**	−0.04	0.80
Mo	0.32	−0.29	**0.47**	0.40
Cd	−0.03	−0.14	**0.71**	0.53
Ba	**0.79**	−0.15	−0.04	0.66
Pb	0.05	0.05	**0.74**	0.55
特征值	2.26	2.09	1.82	
方差 /%	22.59	20.91	18.23	
累积方差 /%	22.59	43.50	61.73	

注：提取方法为主成分分析；旋转方法为最大方差旋转法；检验方法为 KMO 检验和巴特利特球度检验，$p<0.001$。

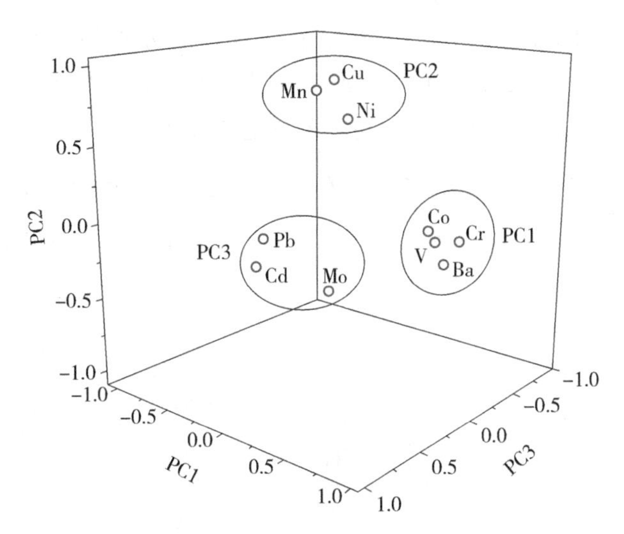

图 3-3　珠江干流河水溶解态重金属 PCA 载荷

3.2.2　河水重金属水质风险评价

水质指数（WQI）是反映不同水质参数（本研究中的重金属）综合影响的有力工具，可全面反映河流的水质状况[11, 16]。由于 V 的相关饮用水标准未有发布，因此 V 未进行 WQI 计算。WQI 的计算方法如下：

$$WQI=\sum\left[w_i\times(\rho_i/S_i)\right]\times 100 \tag{3-1}$$

式中，w_i 为第 i 种重金属的权重，表示不同重金属在水质评价中的相对重要性，取决于各主成分特征值和主成分分析结果中各参数的因子载荷；ρ_i 是水样中重金属的质量浓度，μg/L；S_i 是中国饮用水标准——《生活饮用水卫生标准》（GB 5749—2006）中各重金属的质量浓度限值，μg/L。

WQI 可分为五类，即水质优异（0≤WQI<50），水质良好（50≤WQI<100），水质不良（100≤WQI<200），水质极差（200≤WQI<300），WQI>300 表示不适合饮用的水[8, 11]。

鉴于饮用水的 pH 允许范围为 6.5～8.5（表 3-1），研究期内 95.7% 的水样 pH 符合这一限值，因此未将 pH 纳入水质指数的计算中。根据 PCA 结果，得到各溶解态重金属的权重 w_i，如表 3-6 所示，进而按式（3-1）计算 WQI。枯水期和丰水期水样的 WQI 分别为 1.5～43.9 和 1.3～27.9。基于两个采样期重金属中位值质量浓度计算的 WQI 分别为 3.3 和 3.2。仅枯水期的两个采样点有着相对较高的 WQI（43.9 和 33.5）。所有的河水样品都可定义为水质优异（WQI＜50），说明珠江流域河水从重金属污染的角度来看是适宜饮用的。

表 3-6　珠江流域河水 10 种溶解态重金属的水质指数权重

PC	特征值	相对特征值	变量	载荷值	相对载荷值	权重
1	2.26	0.37	V	0.18	0.07	0.02
			Cr	0.85	0.32	0.12
			Co	0.84	0.32	0.12
			Ba	0.79	0.30	0.11
			合计	2.66	1.00	
2	2.09	0.34	Mn	0.81	0.34	0.12
			Ni	0.67	0.28	0.10
			Cu	0.89	0.38	0.13
			合计	2.37	1.00	
3	1.82	0.30	Mo	0.47	0.24	0.07
			Cd	0.71	0.37	0.11
			Pb	0.74	0.39	0.11
			合计	1.92	1.00	

为定量评价珠江溶解态重金属的健康风险，采用了由美国国家环保局提出并在以往研究中被广泛用于河水风险评估的危险熵值（HQ）和危险指数（HI）[8, 11]。直接摄入和皮肤吸收是人类暴露于水体重金属的两种主要途径[34]。HQ 是通过各种途径暴露的量与参考剂量（RfD）的比值。HI 是每种重金属直接摄入和皮肤吸收的 HQ 值的总和，用于评估每种重金属的总体潜在非致癌风险。如果某重金属 HQ 或 HI 大于 1，则该重金属对人体健康的非致癌风险 / 不良影响亟须关注，需要进一步研究。反之，当 HQ 或 HI 小于 1 时，则没有负面影响[11]。HQ 和 HI

计算如下：

$$ADD_{直接摄入}=(\rho_w \times IR \times EF \times ED)/(BW \times AT) \tag{3-2}$$

$$ADD_{皮肤吸收}=(\rho_w \times SA \times K_p \times ET \times EF \times ED \times 10^{-3})/(BW \times AT) \tag{3-3}$$

$$HQ=ADD/RfD \tag{3-4}$$

$$RfD_{皮肤吸收}=RfD_{直接摄入} \times ABS_{GI} \tag{3-5}$$

$$HI=HQ_{直接摄入}+HQ_{皮肤吸收} \tag{3-6}$$

式中，$ADD_{直接摄入}$和 $ADD_{皮肤吸收}$是直接摄入和皮肤吸收的每日平均剂量，μg/（kg·d）；ρ_w 是水样中重金属的质量浓度，μg/L；BW 是成年人和儿童的平均体重，kg；IR 是摄入率，L/d；EF 是暴露频率，d/a；ED 是暴露持续时间，a；AT 为平均时间，d；SA 是皮肤暴露面积，cm^2；ET 是日暴露时间，h/d；K_p 是水体中各重金属的皮肤渗透系数，cm/h；RfD 是相应的参考剂量，μg/（kg·d）；ABS_{GI} 是胃肠吸收因子，量纲一。相关参数来自美国国家环保局[11, 35]。

基于珠江河水溶解态重金属浓度，分别计算了成人和儿童直接摄入重金属和皮肤吸收重金属的 HQ 和 HI。如表 3-7 所示，无论是成人还是儿童，所有重金属的 $HQ_{直接摄入}$、$HQ_{皮肤吸收}$及 HI 均小于 1，表明珠江流域的 10 种溶解态重金属均低于危害水平（通过直接摄入和皮肤吸收），这些重金属对人体健康的影响十分有限。值得注意的是，儿童的 $HQ_{直接摄入}$和 $HQ_{皮肤吸收}$均相对高于成人，表明儿童的重金属暴露风险更大。此外，在枯水期某些重金属浓度最大的采样点，Mo 的 HI（成年人 0.539，儿童 0.827）和 Mn（儿童 0.573）也较大，相对接近 1。因此，Mo 和 Mn 可能是潜在的非致癌健康风险，特别是在枯水期。

尽管风险评估与 WQI 的结果相似，表明珠江流域没有显著的重金属污染。但大量研究报道了重金属的副作用，如 Pb 对人体神经和内分泌系统的毒性[36]，Cd 对肾脏系统和骨损伤的危害[37]，Mo 对生殖系统和胎儿发育的影响[38]。因此，应采取相应措施，防止过量重金属进入珠江，以保护其优良的水质，并为整个流域的社会经济发展提供水资源保障。

表 3-7 珠江流域河水溶解态重金属的危险熵值（HQ）、危险指数（HI）、皮肤渗透系数（K_p）、参考剂量（RfD）

	$HQ_{直接摄入}$		$HQ_{皮肤吸收}$		HI		K_p/（cm/h）	$RfD_{直接摄入}$/［μg/（kg·d）］	$RfD_{皮肤吸收}$/［μg/（kg·d）］
	成人	儿童	成人	儿童	成人	儿童			
枯水期									
V	5.83×10^{-2}	8.70×10^{-2}	6.08×10^{-2}	1.80×10^{-1}	1.19×10^{-1}	2.67×10^{-1}	2.00×10^{-3}	1	0.01
Cr	6.26×10^{-2}	9.34×10^{-2}	1.31×10^{-2}	3.85×10^{-2}	7.57×10^{-2}	1.32×10^{-1}	1.00×10^{-3}	3	0.075
Mn	5.10×10^{-4}	7.62×10^{-4}	6.66×10^{-5}	1.96×10^{-4}	5.77×10^{-4}	9.58×10^{-4}	1.00×10^{-3}	24	0.96
Co	1.02×10^{-2}	1.53×10^{-2}	1.07×10^{-4}	3.15×10^{-4}	1.03×10^{-2}	1.56×10^{-2}	4.00×10^{-4}	0.3	0.06
Ni	3.27×10^{-3}	4.89×10^{-3}	8.55×10^{-5}	2.52×10^{-4}	3.36×10^{-3}	5.14×10^{-3}	2.00×10^{-4}	20	0.8
Cu	6.16×10^{-4}	9.19×10^{-4}	1.61×10^{-5}	4.74×10^{-5}	6.32×10^{-4}	9.66×10^{-4}	1.00×10^{-3}	40	8
Mo	3.45×10^{-3}	5.15×10^{-3}	9.47×10^{-5}	2.79×10^{-4}	3.54×10^{-3}	5.43×10^{-3}	2.00×10^{-3}	5	1.9
Cd	2.40×10^{-3}	3.58×10^{-3}	2.51×10^{-4}	7.39×10^{-4}	2.65×10^{-3}	4.32×10^{-3}	1.00×10^{-3}	0.5	0.025
Ba	2.02×10^{-3}	3.01×10^{-3}	1.50×10^{-4}	4.44×10^{-4}	2.17×10^{-3}	3.45×10^{-3}	1.00×10^{-3}	200	14
Pb	1.10×10^{-3}	1.65×10^{-3}	1.92×10^{-6}	5.66×10^{-6}	1.10×10^{-3}	1.66×10^{-3}	1.00×10^{-4}	1.4	0.42
丰水期									
V	7.09×10^{-2}	1.06×10^{-1}	7.40×10^{-2}	2.18×10^{-1}	1.45×10^{-1}	3.24×10^{-1}	2.00×10^{-3}	1	0.01
Cr	6.87×10^{-2}	1.03×10^{-1}	1.43×10^{-2}	4.23×10^{-2}	8.30×10^{-2}	1.45×10^{-1}	1.00×10^{-3}	3	0.075
Mn	4.54×10^{-4}	6.78×10^{-4}	5.93×10^{-5}	1.75×10^{-4}	5.13×10^{-4}	8.53×10^{-4}	1.00×10^{-3}	24	0.96
Co	9.86×10^{-3}	1.47×10^{-2}	1.03×10^{-4}	3.04×10^{-4}	9.96×10^{-3}	1.50×10^{-2}	4.00×10^{-3}	0.3	0.06
Ni	2.84×10^{-3}	4.25×10^{-3}	7.43×10^{-5}	2.19×10^{-4}	2.91×10^{-3}	4.47×10^{-3}	2.00×10^{-3}	20	0.8
Cu	5.27×10^{-4}	7.87×10^{-4}	1.38×10^{-5}	4.06×10^{-5}	5.41×10^{-4}	8.28×10^{-4}	1.00×10^{-3}	40	8

续表

	$HQ_{直接摄入}$		$HQ_{皮肤吸收}$		HI		K_p/(cm/h)	$RfD_{直接摄入}$/[μg/(kg·d)]	$RfD_{皮肤吸收}$/[μg/(kg·d)]
	成人	儿童	成人	儿童	成人	儿童			
Mo	2.41×10^{-3}	3.60×10^{-3}	6.63×10^{-5}	1.95×10^{-4}	2.48×10^{-3}	3.80×10^{-3}	2.00×10^{-3}	5	1.9
Cd	1.80×10^{-3}	2.69×10^{-3}	1.88×10^{-4}	5.55×10^{-4}	1.99×10^{-3}	3.25×10^{-3}	1.00×10^{-3}	0.5	0.025
Ba	1.71×10^{-3}	2.56×10^{-3}	1.28×10^{-4}	3.77×10^{-4}	1.84×10^{-3}	2.94×10^{-3}	1.00×10^{-3}	200	14
Pb	8.50×10^{-4}	1.27×10^{-3}	1.48×10^{-6}	4.37×10^{-6}	8.51×10^{-4}	1.27×10^{-3}	1.00×10^{-3}	1.4	0.42
枯水期，Mn 和 Mo 的最大值计算结果									
Mn	3.05×10^{-1}	4.56×10^{-1}	3.98×10^{-2}	1.17×10^{-1}	3.45×10^{-1}	5.73×10^{-1}	1.00×10^{-3}	24	0.96
Mo	5.25×10^{-1}	7.84×10^{-1}	1.44×10^{-2}	4.25×10^{-2}	5.39×10^{-1}	8.27×10^{-1}	2.00×10^{-3}	5	1.9

3.3 珠江溶解态重金属输出通量

基于枯水期（10月—次年3月）和丰水期（4—9月）的溶解态重金属浓度及两个采样期珠江河口的流量数据（《中国河流与沉积物公报》），2014—2015年，珠江的重金属输出通量为8.5（Pb）～3 713.5（Ba）t/a（表3-8）。值得注意的是80%、76%、25%、71%、58%、63%、70%、80%、74%和63%的V、Cr、Mn、Co、Ni、Cu、Mo、Cd、Ba和Pb的输出主要发生在丰水期，主要受控于丰水期的高流量（1.72×10^{11} m^3，全年流量的74.1%）。基于前人的研究[20]及相应年份的流量，表3-8还给出了2002年珠江流域重金属通量。除V外，珠江流域重金属的输出通量在2002—2015年呈下降趋势（表3-8）。因此，近10年的环境政策对削减珠江的人为重金属输入有着积极的作用。根据文献报道的世界平均值[13]，珠江流域V、Cr、Mn、Co、Ni、Cu、Mo、Cd、Ba、Pb的年输出通量占相应元素全球河流总输出通量的比例分别为2.7%、6.0%、0.01%、0.4%、1.7%、0.3%、0.7%、0.4%、0.4%、0.3%，而珠江流域的年流量却为世界河流总流量的0.6%[18]。珠江V、Cr、Ni、Mo的输出通量占全球河流总输出通量的比重超过0.6%，说明珠江V、Cr、Ni、Mo对海洋系统的贡献高于世界平均水平。鉴于大多数重金属输出主要发生在雨季，而我们的两期采样时间间隔较大，对时间尺度的重金属浓度的反映可能不甚完整。因此，进一步的高频采样（月采、周采乃至日采）是必要的，对于准确量化从陆地河流到海洋的重金属年通量估算具有重要意义。

表3-8 珠江河水溶解态重金属输出通量及其与世界河流均值的对比 单位：t/a

通量	V	Cr	Mn	Co	Ni	Cu	Mo	Cd	Ba	Pb
枯水期	148.3	380.0	79.5	5.7	210.1	65.1	36.1	2.3	968.1	3.1
丰水期	587.3	1 181.1	26.4	13.8	288.1	108.9	82.8	9.1	2 745.4	5.4
珠江2014—2015年	735.6	1561.1	105.9	19.5	498.2	174.0	118.9	11.4	3 713.5	8.5
珠江2002年	257.3	2 860.9	11 178.5	35.3	1 904.8	1 455.6	339.3	12.6	6 007.6	99.0
世界河流均值	27.0	26.0	1 270.0	5.5	30.0	55.0	16.0	3.0	860.2	3.0

注：珠江2002年数据来自欧阳婷萍等[20]；世界河流数据来自Gaillardet等[13]。

3.4　小结

本章对珠江流域内丰水期和枯水期的 162 个河水样品的 10 种溶解态重金属（V、Cr、Mn、Co、Ni、Cu、Mo、Cd、Ba、Pb）进行了研究，分析了这些重金属的时空分布、来源、输出通量，并进行了水质和健康风险评价。总的来说，珠江流域河水溶解态重金属浓度在季节尺度上变化不大，但空间异质性显著。在两个采样期中，Ba 和 Cr 始终是含量较高的重金属。除个别采样点外，所有重金属浓度均在中国饮用水标准的限值范围内，水质和健康风险评价也显示，珠江河水溶解态重金属浓度低于危害水平，风险较低。主成分分析结果表明珠江河水溶解态重金属主要体现了自然来源的特征，而人为源重金属（V、Cr、Ni、Cu）受稀释效应严重影响。此外，输出通量估算表明，珠江河水的 V、Cr、Ni、Mo 对海洋系统的贡献高于世界平均水平。总之，珠江流域水质较好，但也应采取相应的措施，为全流域的社会经济发展提供更好的水资源保障。

参考文献

[1] FARAHAT E，LINDERHOLM H W. The effect of long-term wastewater irrigation on accumulation and transfer of heavy metals in cupressus sempervirens leaves and adjacent soils[J]. Science of the Total Environment，2015，512-513：1-7.

[2] WILBERS G J，BECKER M，NGA L T，et al. Spatial and temporal variability of surface water pollution in the Mekong Delta，Vietnam[J]. Science of the Total Environment，2014，485-486：653-665.

[3] ZARIC N M，DELJANIN I，ILIJEVIĆ K，et al. Assessment of spatial and temporal variations in trace element concentrations using honeybees（apis mellifera）as bioindicators[J]. PeerJ，2018，6.

[4] CAMERON H，MATA M T，RIQUELME C. The effect of heavy metals on the viability of Tetraselmis marina AC16-MESO and an evaluation of the potential use of this microalga in bioremediation[J]. PeerJ，2018，6.

[5] LI S，ZHANG Q. Spatial characterization of dissolved trace elements and heavy metals in the upper Han River（China）using multivariate statistical techniques[J]. Journal of Hazardous Materials，2010，176（1）：579-588.

[6] KRISHNA A K, SATYANARAYANAN M, GOVIL P K. Assessment of heavy metal pollution in water using multivariate statistical techniques in an industrial area: a case study from Patancheru, Medak District, Andhra Pradesh, India[J]. Journal of Hazardous Materials, 2009, 167 (1): 366-373.

[7] LIU G, TAO L, LIU X, et al. Heavy metal speciation and pollution of agricultural soils along Jishui River in non-ferrous metal mine area in Jiangxi Province, China[J]. Journal of Geochemical Exploration, 2013, 132: 156-163.

[8] MENG Q, ZHANG J, ZHANG Z, et al. Geochemistry of dissolved trace elements and heavy metals in the Dan River Drainage (China): distribution, sources, and water quality assessment[J]. Environmental Science & Pollution Research, 2016, 23 (8): 8091-8103.

[9] ZHANG W, FENG H, CHANG J, et al. Heavy metal contamination in surface sediments of Yangtze River intertidal zone: an assessment from different indexes[J]. Environmental Pollution, 2009, 157 (5): 1533-1543.

[10] IWASHITA M, SHIMAMURA T. Long-term variations in dissolved trace elements in the Sagami River and its tributaries (upstream area), Japan[J]. Science of The Total Environment, 2003, 312 (1): 167-179.

[11] WANG J, LIU G, LIU H, et al. Multivariate statistical evaluation of dissolved trace elements and a water quality assessment in the middle reaches of Huaihe River, Anhui, China[J]. Science of the Total Environment, 2017, 583: 421-431.

[12] THVENOT D R, MOILLERON R, LESTEL L, et al. Critical budget of metal sources and pathways in the Seine River basin (1994–2003) for Cd, Cr, Cu, Hg, Ni, Pb and Zn[J]. Science of the Total Environment, 2007, 375 (1): 180-203.

[13] GAILLARDET J, VIERS J, DUPR B. Trace elements in river waters[M]// HOLLAND H D, TUREKIAN K K. Treatise on geochemistry. 2nd ed. Elsevier: Oxford, 2014: 195-235.

[14] TRIPATHEE L, KANG S, SHARMA C M, et al. Preliminary health risk assessment of potentially toxic metals in surface water of the Himalayan Rivers, Nepal[J]. Bulletin of Environmental Contamination & Toxicology, 2016, 97 (6): 855-862.

[15] ZHANG L C, ZHOU K H. Backgroud values of trace elements in the source area of

the Yangtze River[J]. Science of the Total Environment，1992，125：391-404.

[16] XIAO J，JIN Z，WANG J. Geochemistry of trace elements and water quality assessment of natural water within the Tarim River Basin in the extreme arid region，NW China[J]. Journal of Geochemical Exploration，2014，136：118-126.

[17] LI S，LI J，ZHANG Q. Water quality assessment in the rivers along the water conveyance system of the Middle Route of the South to North Water Transfer Project（China）using multivariate statistical techniques and receptor modeling[J]. Journal of Hazardous Materials，2011，195：306-317.

[18] XU Z，HAN G. Rare earth elements（REE）of dissolved and suspended loads in the Xijiang River，south China[J]. Applied Geochemistry，2009，24（9）：1803-1816.

[19] LIU J，LI S L，CHEN J B，et al. Temporal transport of major and trace elements in the upper reaches of the Xijiang River，SW China[J]. Environmental Earth Sciences，2017，76（7）：299.

[20] 欧阳婷萍，匡耀求，谭建军，等 . 珠江三角洲经济区河水中微量元素的空间分布 [J]. 水文地质工程地质，2004，31（4）：66-69.

[21] ZHANG J，YAN Q，JIANG J，et al. Distribution and risk assessment of heavy metals in river surface sediments of middle reach of Xijiang River basin，China[J]. Human and Ecological Risk Assessment，2018，24（2）：347-361.

[22] ZHEN G，LI Y，TONG Y，et al. Temporal variation and regional transfer of heavy metals in the Pearl（Zhujiang）River，China[J]. Environmental Science and Pollution Research，2016，23（9）：8410-8420.

[23] NIU H，DENG W，WU Q，et al. Potential toxic risk of heavy metals from sediment of the Pearl River in south China[J]. J. Environ. Sci.，2009，21（8）：1053-1058.

[24] 中华人民共和国卫生部 . 生活饮用水卫生标准：GB 5749—2006[S]. 北京：中国标准出版社，2006.

[25] WHO. Guidelines for drinking water quality[S]. 3rd ed. 2004.

[26] US EPA. National primary drinking water standards[S]. 2003.

[27] 国家环境保护总局 . 地表水环境质量标准：GB 3838—2002[S]. 北京：中国环境科学出版社，2002.

[28] HAN G，LV P，TANG Y，et al. Spatial and temporal variation of H and O isotopic compositions of the Xijiang River system，southwest China[J]. Isotopes in Environmental and Health Studies，2018，54（2）：137-146.
[29] LI S，XU Z，CHENG X，et al. Dissolved trace elements and heavy metals in the Danjiangkou Reservoir，China[J]. Environmental Geology，2008，55（5）：977-983.
[30] OLÍAS M，NIETO J M，SARMIENTO A M，et al. Seasonal water quality variations in a river affected by acid mine drainage：the Odiel River（south west Spain）[J]. Science of the Total Environment，2004，333（1）：267-281.
[31] LOSKA K，WIECHULA D. Application of principal component analysis for the estimation of source of heavy metal contamination in surface sediments from the Rybnik Reservoir[J]. Chemosphere，2003，51（8）：723-733.
[32] CHEN K，JIAO J J，HUANG J，et al. Multivariate statistical evaluation of trace elements in groundwater in a coastal area in Shenzhen，China[J]. Environmental Pollution，2007，147（3）：771-780.
[33] PEKEY H，KARAKASD，BAKOGLU M. Source apportionment of trace metals in surface waters of a polluted stream using multivariate statistical analyses[J]. Marine Pollution Bulletin，2004，49（9）：809-818.
[34] MIGUEL E D，IRIBARREN I，CHACON E，et al. Risk-based evaluation of the exposure of children to trace elements in playgrounds in Madrid（Spain）[J]. Chemosphere，2007，66（3）：505-513.
[35] WU B，ZHAO D Y，JIA H Y，et al. Preliminary risk assessment of trace metal pollution in surface water from Yangtze River in Nanjing Section，China[J]. Bulletin of Environmental Contamination and Toxicology，2009，82（4）：405-409.
[36] FANG T，LIU G，ZHOU C，et al. Lead in Chinese coals：distribution，modes of occurrence，and environmental effects[J]. Environmental Geochemistry and Health，2014，36（3）：563-581.
[37] BERTIN G，AVERBECK D. Cadmium：cellular effects，modifications of biomolecules，modulation of DNA repair and genotoxic consequences（a review）[J]. Biochimie，2006，88（11）：1549-1559.
[38] VYSKOCIL A，VIAU C. Assessment of molybdenum toxicity in humans[J]. Journal of Applied Toxicology，1999，19（3）：185-192.

第4章

珠江河水溶解态稀土元素的时空分布与环境行为

稀土元素（REE）具有相似的原子结构、相近的离子半径，通常表现出相似而又有系统差异的化学性质[1]。稀土元素在自然界密切共生，表现出相似的地球化学行为，在示踪物质来源、识别风化过程和环境研究等方面有着广泛的应用[2]。根据地球化学行为特征，稀土元素通常分为轻稀土（LREE，La～Nd）、中稀土（MREE，Sm～Ho）和重稀土（HREE，Er～Lu）三类。河流水的稀土元素分配具有源区特征（岩石风化），且受水文地球化学过程影响，可作为水/粒相互作用过程的指示手段[3]。此外，河水稀土元素浓度是自然过程和人类活动的综合结果[4-6]。由于稀土在农业和工业中的广泛应用，河流系统中的稀土元素受人为干扰严重，稀土元素的环境风险不断增加[7]。例如，美国北卡罗来纳州纽斯河中异常高的钆（Gd）浓度主要是人为活动造成的，而其他稀土元素的浓度主要由水文地球化学过程决定[8]。

河流水是稀土元素从陆地向海洋运输的重要载体，也是稀土元素迁移转化的重要场所[9, 10]。因此，探索河流系统中稀土元素的浓度、分布和来源至关重要。一方面，水环境条件会极大地影响溶解态与颗粒态稀土元素之间的转化过程，影响生物有效性[11]；另一方面，稀土元素被认为是水圈中潜在的微污染物，影响饮水安全[12, 13]。因此，监测河流体系中的稀土元素浓度水平和赋存形态以及区分自然和人为来源对评估稀土元素环境行为至关重要[14-16]。

本章对珠江流域丰水期和枯水期河水溶解态稀土元素进行了系统的调查，以期查明珠江流域溶解态稀土元素的时空分布特征，辨析自然过程和人为活动对其分布影响，并确定影响稀土分馏和异常的因素。

4.1 河水溶解态稀土元素质量浓度及时空分布特征

丰水期和枯水期珠江上游、中游、下游河水溶解态总稀土元素浓度的分布特征如图 4-1 所示。丰水期河水溶解态总稀土元素（∑REE）质量浓度为 0.05～0.97 μg/L［均值（0.12 ± 0.15）μg/L］，枯水期∑REE 质量浓度为0.05～0.82 μg/L［均值（0.10 ± 0.11）μg/L］。总体来看，丰水期和枯水期河水溶解态的∑REE 质量浓度较为接近，丰水期略高。在丰水期珠江上游河水溶解态的∑REE 质量浓度为（0.10 ± 0.08）μg/L，中游的∑REE 质量浓度为（0.12 ± 0.19）μg/L，下游的∑REE 质量浓度为（0.18 ± 0.19）μg/L；而在枯水期，上游、中游、下游的∑REE 质量浓度分别为（0.08 ± 0.01）μg/L、（0.11 ± 0.16）μg/L 和（0.15 ± 0.16）μg/L。丰水期和枯水期的河水均表现出随流向溶解态的∑REE 质量浓度升高的趋势。此外，不同季节和河段河水溶解态的总轻稀土元素（∑LREE）、总中稀土元素（∑MREE）和总重稀土元素（∑HREE）质量浓度的差异与∑REE 质量浓度的差异相似。干流与支流的河水溶解态的∑REE、∑LREE、∑MREE 和∑HREE 质量浓度差异不显著，所以没有区分干流和支流来分析稀土元素的空间分布特征。大部分河流溶解态稀土元素质量浓度较低，但不同河流间的差异较为巨大。例如，巴拉那河溶解态稀土元素总质量浓度为（1.15 ± 0.26）μg/L（范围 0.56～1.46 μg/L）[17]，而密西西比河河口地区溶解态稀土总质量浓度为（0.07 ± 0.02）μg/L（范围 0.04～0.12 μg/L）[18]。

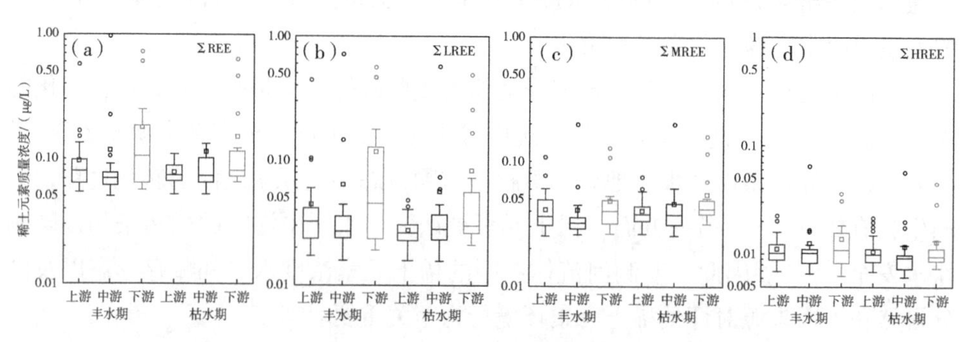

图 4-1 珠江河水溶解态总稀土元素质量浓度的分布特征

珠江和世界其他河流溶解态的 La～Lu（除 Pm）元素质量浓度如图 4-2 所示。从平均结果来看，珠江丰水期和枯水期溶解态的各稀土元素质量浓度没有明显的差异。珠江河水溶解态的 LREE 质量浓度与 2009 年的报道结果较为接近[19]，但 MREE 和 HREE 的质量浓度略有升高。与世界其他河流相比，奥迪尔河溶解态稀土元素浓度远高于珠江[20]，可能与酸性矿山废水输入大量稀土元素有关。另外，珠江溶解态稀土元素质量浓度略低于黄河[21]和亚马孙河[22]，而略高于长江[23]。

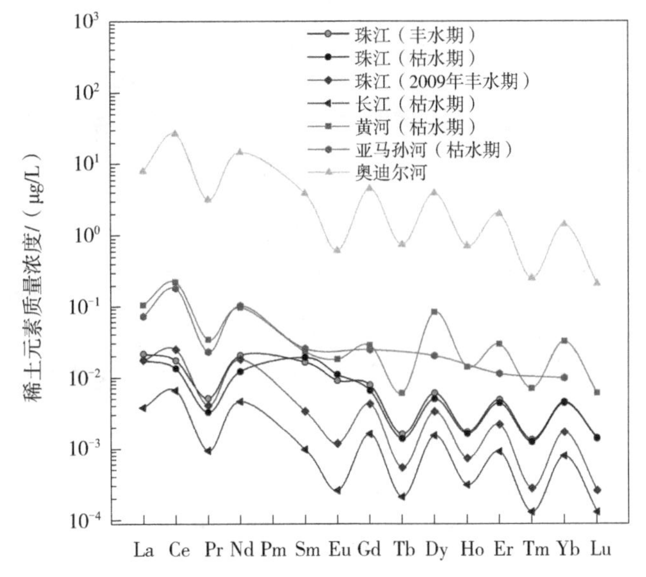

图 4-2　珠江与其他河流河水溶解态稀土元素质量浓度对比

注：2009 年珠江丰水期的数据来源于 Xu 等[19]，长江（枯水期）的数据来源于 Wang 等[23]，黄河（枯水期）的数据来源于 He 等[21]，亚马孙河（枯水期）的数据来源于 Barroux 等[22]，奥迪尔河的数据来源于 Manuel 等[20]。

4.2　澳大利亚后太古代页岩标准化的河水溶解态 REE 组成模式

标准化的稀土元素模式是避免相邻稀土元素之间的奇偶效应（质子数为偶数元素的丰度高于相邻质子数为奇数元素的丰度）的有效手段[10, 24, 25]。REE 组成模式是识别稀土元素富集或亏损的有效工具[26]，通常使用澳大利亚后太古代页岩（PAAS）的 REE 组成作为参比来进行标准化[27]。PAAS 标准化的 REE 组成模式的计算方法为样品的RRE浓度除以PAAS中相应REE的浓度。丰水期和枯水期珠江上游、中游、下游河水溶解态PASS标准化REE组成模式如图4-3所示。不同季节和不同河段标准化的REE组成模式具有一些共同的特征，即轻稀土亏损和Eu富集，而其他中稀土和重稀土元素分布模式趋于平缓。另外，下游标准化的REE组成模式比上游和中游的更平缓。所有河段枯水期比丰水期的标准化REE组成模式更平缓。

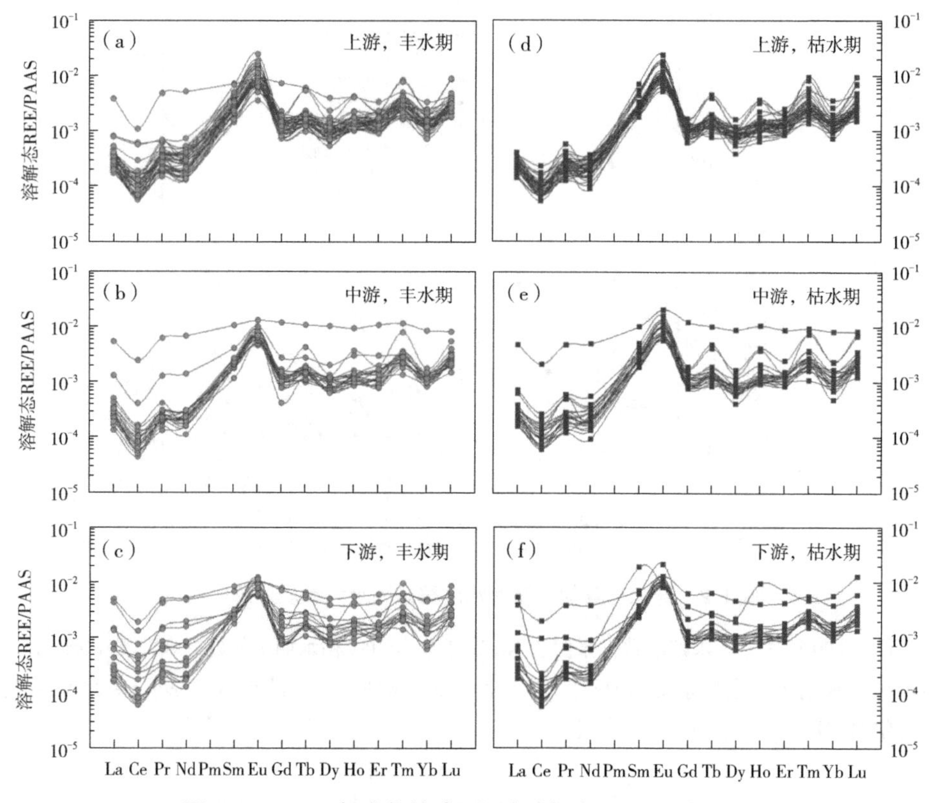

图4-3 PAAS标准化的珠江河水溶解态REE组成模式

珠江与其他河流PAAS标准化河水溶解态REE组成模式如图4-4所示。与2009年珠江河水的报道结果相比[19]，除了Ce更亏损，轻稀土元素的亏损程度几乎一致，而中稀土和重稀土元素更富集，尤其是Eu。与世界其他河流相比，中国境内河流的标准化REE模式显示溶解态的轻稀土元素亏损而中稀土和重稀土元素富集[19, 21, 23]，并且在珠江和黄河出现较为明显的Eu富集。而欧洲的奥迪尔河和南美洲的亚马孙河的标准化 REE 模式呈现出轻微的中间凸两边凹的形态，即微弱的中稀土元素富集[20, 22]。

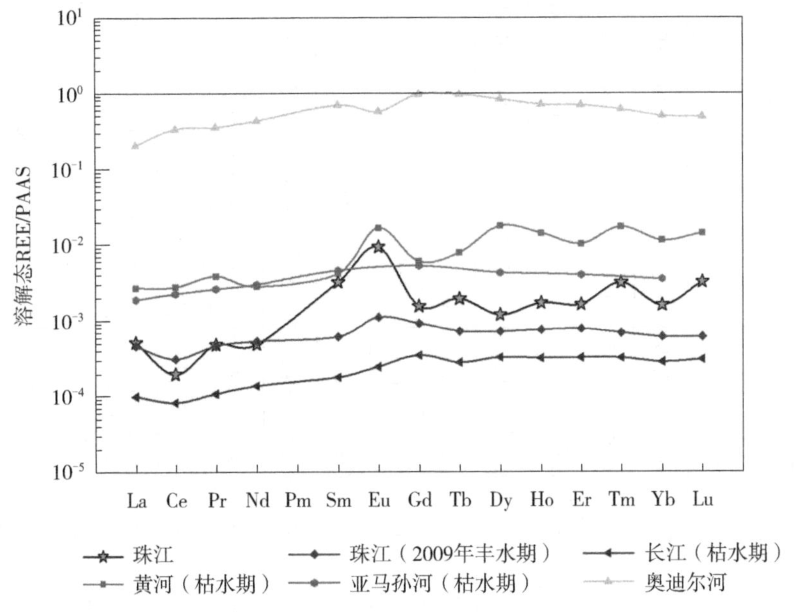

图 4-4　珠江与其他河流 PAAS 标准化河水溶解态 REE 组成模式

注：2009 年珠江丰水期的数据来源于 Xu 等[19]，长江（枯水期）的数据来源于 Wang 等[23]，黄河（枯水期）的数据来源于 He 等[21]，亚马孙河（枯水期）的数据来源于 Barroux 等[22]，奥迪尔河的数据来源于 Manuel 等[20]。

4.3　河水溶解态稀土元素的环境控制因素

对于不同的稀土元素组，轻稀土元素的浓度最高，因为轻稀土元素的溶解度大于重稀土和中稀土元素。不同稀土元素在河水中的浓度差异主要由风化过程和人为活动决定[4-6]。除此之外，水 - 固相之间的吸附 - 解吸的过程能显著影响溶解态稀土元素浓度，并且该过程通常受到水化学性质和其他环境因素的影响[28]。因此，为探究河水溶解态稀土元素的环境控制因素，我们对 REE 浓度与河水 pH、HCO_3^-、δ^2H、$\delta^{18}O$、SO_4^{2-}、Al^{3+}、Mn^{2+} 和降水量进行斯皮尔曼秩相关分析（δ^2H 和 $\delta^{18}O$ 数据详见第 5 章），结果如表 4-1 和表 4-2 所示。

表 4-1　珠江丰水期河水溶解态 REE 浓度与 pH、HCO_3^-、δ^2H、$\delta^{18}O$、SO_4^{2-}、Al^{3+}、Mn^{2+} 和降水量的斯皮尔曼秩相关系数

		La	Ce	Pr	Nd	Sm	Eu	Gd	Tb	Dy	Ho	Er	Tm	Yb	Lu
上游	pH	−0.35*	−0.29	−0.49**	−0.56**	−0.23	−0.17	−0.49**	−0.11	−0.35*	−0.20	−0.38*	−0.13	−0.46**	−0.12
	HCO_3^-	0.17	0.14	0.24	0.30	0.24	0.32*	0.20	−0.32*	0.04	0.01	0.26	−0.14	0.21	−0.02
	δ^2H	−0.09	0.12	−0.25	−0.26	−0.35*	−0.48**	−0.15	−0.05	−0.19	−0.22	−0.26	−0.29	−0.33*	−0.28
	$\delta^{18}O$	−0.12	0.15	−0.30	−0.26	−0.34*	−0.44**	−0.17	−0.02	−0.15	−0.16	−0.23	−0.19	−0.25	−0.23
	SO_4^{2-}	0.07	−0.19	0.06	0.09	−0.04	0.09	0.01	0.17	0.01	0.15	−0.07	−0.01	0.00	0.14
	Al^{3+}	0.13	−0.05	0.30*	0.24	−0.11	−0.07	0.16	0.42**	0.23	0.17	0.02	0.26	0.24	0.30*
	Mn^{2+}	0.51**	0.37*	0.30	0.30*	0.11	−0.16	0.37*	0.29	0.14	0.37*	0.06	0.11	0.16	0.11
	降水量	−0.04	−0.13	0.06	−0.06	−0.22	−0.16	−0.15	0.36*	−0.02	0.09	−0.31*	0.05	−0.24	0.06
中游	pH	−0.47*	−0.44*	−0.39	−0.19	−0.74**	−0.76**	−0.32	−0.56**	−0.25	−0.51*	−0.07	−0.21	−0.17	−0.33
	HCO_3^-	−0.42	−0.48*	−0.41	−0.17	−0.77**	−0.81**	−0.31	−0.51*	−0.13	−0.54**	−0.06	−0.27	−0.07	−0.33
	δ^2H	−0.19	0.08	0.22	0.17	−0.16	−0.14	0.04	−0.1	0.05	−0.06	−0.03	0.01	−0.16	0.12
	$\delta^{18}O$	−0.09	0.18	0.33	0.25	−0.05	0.01	0.15	0.06	0.15	0.05	0.09	0.07	−0.13	0.25
	SO_4^{2-}	−0.09	−0.15	0.01	0.13	−0.35	−0.44*	0.08	−0.13	0.08	−0.04	0.27	0.17	0.08	0.09
	Al^{3+}	−0.28	−0.25	−0.14	−0.1	−0.54**	−0.55**	−0.11	−0.37	−0.06	−0.33	0.16	−0.38	−0.13	−0.22
	Mn^{2+}	0.46*	0.61**	0.57**	0.40	0.52*	0.69**	0.49*	0.48*	0.27	0.40	0.27	0.48*	0.22	0.42
	降水量	−0.25	−0.18	−0.02	−0.21	−0.46*	−0.53*	−0.01	−0.26	−0.09	−0.28	−0.07	−0.07	−0.16	−0.05

续表

		La	Ce	Pr	Nd	Sm	Eu	Gd	Tb	Dy	Ho	Er	Tm	Yb	Lu
下游	pH	-0.78**	-0.77**	-0.76**	-0.78**	-0.49	0.04	-0.81**	-0.52*	-0.78**	-0.67**	-0.60*	-0.33	-0.61*	-0.45
	HCO_3^-	-0.65**	-0.76**	-0.71**	-0.71**	-0.22	0.39	-0.74**	-0.47	-0.72**	-0.64**	-0.62*	-0.28	-0.71**	-0.40
	δ^2H	0.13	0.19	0.25	0.22	-0.17	-0.51*	0.27	0.20	0.31	0.31	0.33	0.11	0.56*	0.14
	$\delta^{18}O$	0.19	0.29	0.29	0.28	-0.03	-0.54*	0.38	0.22	0.38	0.35	0.38	0.10	0.61*	0.24
	SO_4^{2-}	-0.22	-0.09	-0.10	-0.16	0.14	0.42	0.01	0.37	0.06	0.15	0.26	0.38	0.00	0.47
	Al^{3+}	-0.43	-0.44	-0.50*	-0.51*	-0.34	0.31	-0.53*	-0.38	-0.51*	-0.54*	-0.29	-0.21	-0.66**	-0.29
	Mn^{2+}	0.74**	0.76**	0.66**	0.77**	0.42	-0.27	0.76**	0.43	0.68**	0.47	0.64**	0.17	0.49	0.35
	降水量	0.42	0.21	0.25	0.41	0.26	0.05	0.17	-0.02	0.12	0.02	-0.04	-0.09	-0.03	-0.18

注：* 在 $p<0.05$ 水平显著相关（双侧）；** 在 $p<0.01$ 水平显著相关（双侧）；降水量数据取自珠江流域内采样点附近的城市。

表 4-2　珠江枯水期河水溶解态 REE 浓度与 pH、HCO_3^-、δ^2H、$\delta^{18}O$、SO_4^{2-}、Al^{3+}、Mn^{2+} 和降水量的斯皮尔曼秩相关系数

		La	Ce	Pr	Nd	Sm	Eu	Gd	Tb	Dy	Ho	Er	Tm	Yb	Lu
上游	pH	0.47**	0.24	0.02	0.56**	0.23	0.40**	0.00	-0.29	0.20	-0.01	0.03	-0.29	-0.04	-0.38*
	HCO_3^-	0.03	-0.13	-0.31*	0.07	0.30	0.43**	0.02	-0.20	0.05	-0.13	-0.15	-0.16	0.04	-0.17
	δ^2H	0.01	0.18	0.17	-0.09	-0.44**	-0.52**	-0.17	0.08	-0.01	0.08	0.09	0.06	-0.06	0.09
	$\delta^{18}O$	-0.03	0.16	0.11	-0.08	-0.41**	-0.51**	-0.20	0.03	-0.04	0.01	0.03	0.02	-0.03	0.06
	SO_4^{2-}	0.47**	0.24	0.21	0.45**	0.01	0.13	0.04	0.01	0.19	0.12	0.24	-0.10	-0.01	-0.07
	Al^{3+}	0.32*	0.29	0.42**	0.26	0.01	0.07	0.03	0.07	0.19	0.16	0.22	0.05	-0.04	0.10
	Mn^{2+}	0.22	0.41**	0.03	0.17	0.08	0.05	0.06	0.01	-0.08	0.08	0.10	0.18	-0.08	0.02
	降水量	-0.33*	-0.15	-0.23	-0.19	0.30	0.30	0.10	-0.06	-0.15	-0.16	-0.28	0.08	0.03	0.00

续表

		La	Ce	Pr	Nd	Sm	Eu	Gd	Tb	Dy	Ho	Er	Tm	Yb	Lu
中游	pH	−0.46*	−0.4	−0.39	−0.28	−0.29	−0.34	−0.35	−0.38	−0.18	−0.02	−0.15	−0.15	−0.4	−0.15
	HCO_3^-	−0.07	−0.24	−0.15	−0.16	−0.27	−0.26	−0.03	0.01	0.20	−0.1	0.01	−0.1	−0.15	−0.09
	δ^2H	0.11	0.06	−0.04	0.14	0.08	0.11	−0.21	0.017	−0.08	−0.18	−0.16	−0.08	0.07	−0.14
	$\delta^{18}O$	0.29	0.21	0.10	0.31	0.25	0.23	−0.16	0.06	0.05	−0.05	0.01	0.06	0.11	−0.04
	SO_4^{2-}	−0.45*	−0.51*	−0.36	−0.36	−0.60**	−0.42	−0.24	−0.15	−0.11	−0.25	−0.22	−0.33	−0.3	−0.32
	Al^{3+}	0.07	−0.03	0.32	−0.05	0.23	0.23	0.22	0.35	0.38	0.53*	0.36	0.57**	0.18	0.51*
	Mn^{2+}	0.47*	0.40	0.08	0.29	0.32	0.24	0.27	0.03	0.03	−0.01	−0.07	−0.04	0.15	0.11
	降水量	0.01	−0.07	0.12	0.10	−0.12	0.11	−0.12	0.17	−0.24	0.07	−0.04	0.10	−0.07	−0.06
下游	pH	−0.26	−0.49	−0.19	−0.41	0.36	0.60*	−0.07	−0.15	−0.09	−0.31	−0.15	0.04	−0.35	−0.02
	HCO_3^-	−0.11	−0.58*	−0.23	−0.42	0.34	0.26	−0.13	−0.29	−0.20	−0.37	−0.19	−0.08	−0.18	−0.04
	δ^2H	−0.23	0.26	−0.38	−0.10	−0.52*	−0.04	−0.40	−0.27	−0.19	−0.28	−0.12	−0.25	−0.12	−0.01
	$\delta^{18}O$	−0.37	0.19	−0.39	−0.10	−0.65**	−0.19	−0.23	−0.20	−0.27	−0.21	−0.14	−0.16	−0.13	−0.10
	SO_4^{2-}	−0.14	−0.36	−0.31	−0.68**	0.23	0.07	−0.18	−0.22	−0.27	−0.38	−0.11	−0.20	0.21	0.22
	Al^{3+}	0.55*	0.30	0.50*	0.04	0.59*	0.19	0.48	0.43	0.16	0.28	0.50*	0.25	0.62*	0.39
	Mn^{2+}	0.52*	0.65**	0.46	0.48	0.30	−0.01	0.50*	0.51*	0.37	0.37	0.30	0.29	0.43	0.34
	降水量	0.28	0.08	0.37	0.42	0.32	0.27	0.11	0.34	0.55*	0.38	0.21	0.33	−0.11	−0.02

注：* 在 $p<0.05$ 水平显著相关（双侧）；** 在 $p<0.01$ 水平显著相关（双侧）；降水量数据取自珠江流域内采样点附近的城市。

珠江丰水期各河段的较多溶解态稀土元素与河水 pH 呈负相关，与 Mn^{2+} 浓度呈正相关（表 4-1），而枯水期大部分稀土元素与 Al^{3+} 和 Mn^{2+} 浓度呈正相关（表 4-2）。结果表明，珠江丰水期溶解态稀土元素的浓度随河水 pH 的降低和 Mn^{2+} 浓度的升高而升高，在枯水期随 Al^{3+} 和 Mn^{2+} 浓度升高而升高，这种结果可能与 Al 和 Mn 的胶体物质对稀土元素的吸附和解吸有关[28]。另外，不同河段的溶解性稀土元素浓度与其他水化学参数具有相关性。例如，上游河水中溶解态 Sm 和 Eu 浓度与 δ^2H 和 $\delta^{18}O$ 呈负相关，与降水量无显著相关性，而在中游河段溶解态 Sm 和 Eu 浓度与 δ^2H 和 $\delta^{18}O$ 无显著相关性。河水 δ^2H 和 $\delta^{18}O$ 越低通常表明降水输入的占比越大[29]。河水越富集轻的氢、氧同位素意味着降水对河水溶解态稀土元素的稀释作用越明显，理论上溶解态稀土元素与 δ^2H 和 $\delta^{18}O$ 呈正相关关系。然而实际结果相反，表明降水量并不是影响河水溶解态稀土元素浓度的主要因素。珠江上游和下游的溶解态 Sm 和 Eu 浓度高于中游，这可能与溶解态稀土元素花岗岩的分布有关，长石矿物风化为水体提供了更多的 Sm 和 Eu，而碳酸盐矿物中的稀土元素浓度很低[30]。相较于 2009 年珠江溶解态稀土元素浓度的报告结果（图 4-2），2014—2015 年珠江河水的 Sm 和 Eu 浓度明显升高，而河水 pH 降低了 0.3，河水酸碱度的变化影响了稀土元素的水 / 粒相互作用过程。通常河水中溶解态稀土元素浓度与 pH 呈负相关[20]。

4.4　河水溶解态稀土元素分馏

为了量化不同稀土元素组之间的分馏程度，常以 PAAS 标准化的 La/Yb 比值作为轻稀土元素和重稀土元素之间的分馏程度的评估指标，其计算公式如下：

$$(\mathrm{La/Yb})_N=\left(\frac{\mathrm{La}_{样品}}{\mathrm{La}_{PAAS}}\right)/\left(\frac{\mathrm{Yb}_{样品}}{\mathrm{Yb}_{PAAS}}\right) \tag{4-1}$$

当 $(\mathrm{La/Yb})_N > 1$ 时表示轻稀土元素富集，$(\mathrm{La/Yb})_N < 1$ 时表示重稀土元素富集。珠江丰水期河水溶解态 $(\mathrm{La/Yb})_N$ 比值的范围是 0.09～1.14（均值 0.29 ± 0.21），枯水期河水溶解态 $(\mathrm{La/Yb})_N$ 比值的范围是 0.07～1.00（均值 0.24 ± 0.16）（图 4-5），结果表明河水溶解态稀土元素的分馏具有重稀土元素富集的特征。重稀土元素的富集主要受水 / 粒相互作用、岩石风化和硫酸盐的络合

作用控制。珠江河水中络合的无机阴离子以碳酸根和重碳酸根为主[31]。所以硫酸盐的络合作用不是影响重稀土元素富集的主要因素。在相似的水 / 粒相互作用条件下河水重稀土元素的富集主要由风化岩石的稀土元素组成决定。磷酸盐矿物中的重稀土元素在风化过程中通常被优先溶解，表现出强烈的溶解态重稀土元素富集[19]。因此，珠江上、中游河段河水溶解态重稀土的富集程度较大，可能与广泛分布的磷矿有关。

珠江河水 pH 与（La/Yb）$_N$ 之间的关系彩图

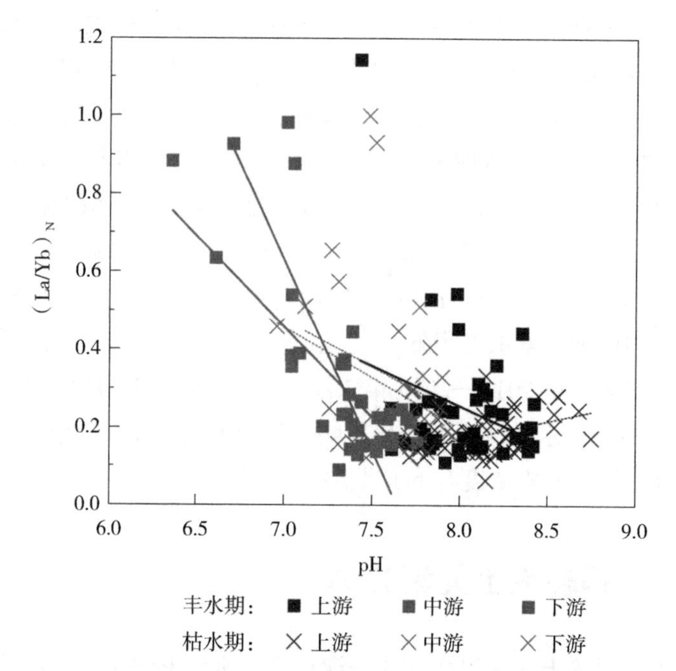

图 4-5 珠江河水 pH 与（La/Yb）$_N$ 之间的关系

河水溶解态（(La/Yb）$_N$ 比值与 pH 之间的线性关系如图 4-5 所示。丰水期下游的河水溶解态（La/Yb）$_N$ 比值（0.09～0.98）与 pH（6.7～7.6）呈显著负相关（r=-0.78，p<0.01），表明了河水酸碱度对稀土元素分馏的影响。在自然水体中重稀土元素的溶解度通常显著高于轻稀土元素，因此河水溶解态（La/Yb）$_N$ 比值一般小于 1。但是，随着水体酸化，颗粒态的轻稀土元素溶解量增加[4]，导致溶解态（La/Yb）$_N$ 的比值升高。因此，当河水 pH 较低时，轻稀土元素和重稀土元素之间的分馏程度较小。

4.5　Ce 和 Eu 异常及其环境效应

除 Ce 和 Eu 外，其他的稀土元素几乎都以三价的形式存在。Ce 和 Eu 由于其独特的电子构型，也可能以 Ce^{4+} 和 Eu^{2+} 的形式存在[32]。在特定的条件下异常浓度的 Ce 和 Eu 可用于源区岩石风化过程、人为污染和水化学效应的示踪剂[24, 33, 34]。例如，密西西比河河口溶解态 Ce 负异常的强度随盐度升高而增加，因为盐分导致的胶体凝固会移除部分溶解态 Ce[18]。地表水或海水中的较显著的 Ce 和 Eu 异常通常是由水文地球化学过程和人为污染共同引起的[35, 36]。Ce 和 Eu 异常的计算公式如下：

$$Ce^*=2\times\left(\frac{Ce_{样品}}{Ce_{PAAS}}\right)/\left(\frac{La_{样品}}{La_{PAAS}}+\frac{Pr_{样品}}{Pr_{PAAS}}\right) \tag{4-2}$$

$$Eu^*=2\times\left(\frac{Eu_{样品}}{Eu_{PAAS}}\right)/\left(\frac{Sm_{样品}}{Sm_{PAAS}}+\frac{Gd_{样品}}{Gd_{PAAS}}\right) \tag{4-3}$$

珠江溶解态 Ce^* 和 Eu^* 的空间和季节变化特征如图 4-6 所示。丰水期 Ce^* 的范围是 0.21～0.81（均值 0.37），Eu^* 的范围是 1.23～6.53（均值 4.13）。枯水期 Ce^* 的范围是 0.07～0.84（均值 0.40），Eu^* 的范围是 0.80～6.72（均值 4.68）。当河水氧化还原电位（Eh）>−350 mV、pH<8.8 时，Eu 主要以溶解态的 Eu^{3+} 形式存在[30]。在中等 pH 和 Eh 条件下，溶解态的 Ce^{3+} 容易氧化成四价的 CeO_2（固体）。珠江河水 pH 在 6.4～8.8，所以溶解态的稀土元素存在明显的正 Eu 异常和负 Ce 异常。

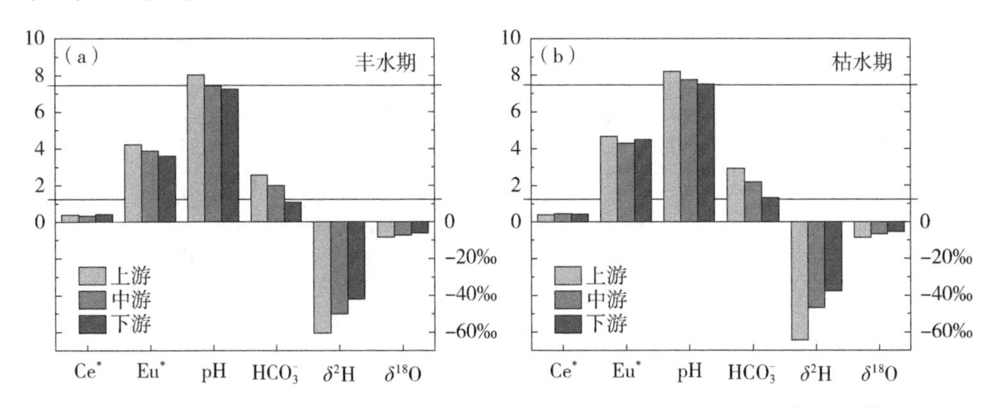

图 4-6　珠江不同河段河水 Ce^*、Eu^*、pH、HCO_3^- 浓度（单位为 mmol/L）、δ^2H 和 $\delta^{18}O$ 的对比

不同季节和不同河段的溶解态 Ce 和 Eu 异常强度存在细微的差别。为探究造成这种差异的影响因素，分析了 Ce*、Eu* 和降水量与水化学参数（pH、HCO_3^-、δ^2H、$\delta^{18}O$、SO_4^{2-}、Al^{3+} 和 Mn^{2+}）之间的斯皮尔曼秩相关系数（表 4-3）。珠江丰水期下游河水 pH 与 Eu* 呈显著正相关（ρ=0.81，$p<0.01$），在枯水期的上游也显示出显著正相关（ρ=0.39，$p<0.05$）。结果表明，Eu^{3+} 的溶解度随河水 pH 的增加而升高。两季节不同河段河水 pH 与 Ce* 之间均无显著相关性，说明河水酸碱度不是影响珠江河水溶解态 Ce 异常的重要因素，Ce 异常可能源于风化岩石。珠江丰水期上游河水 δ^2H 和 Ce* 呈显著正相关（ρ=0.50，$p<0.01$），在枯水期的下游也显示出显著正相关（ρ=0.62，$p<0.05$），结果表明，河水 Ce 异常可能受降水的影响[37, 38]。珠江流域上游的贵阳市雨水的 Ce* 为 0.50～0.87（均值 0.73）[39]，表明雨水比河水更易富集 Ce。此外，珠江河口的表层水中出现溶解态的 Ce 负异常和重稀土元素的富集，但中稀土元素并没有明显的富集，特别是未出现 Eu 异常[19]。这个结果反映了河口环境的强大缓冲能力，由于盐度升高而引起的河流溶质胶体絮凝，吸附了大量溶解态的中稀土元素。

表 4-3 珠江河水 Ce*、Eu* 和降水量与水化学参数（pH、HCO_3^-、δ^2H、$\delta^{18}O$、SO_4^{2-}、Al^{3+} 和 Mn^{2+}）之间的斯皮尔曼秩相关系数

		丰水期			枯水期		
		Ce*	Eu*	降水量	Ce*	Eu*	降水量
上游	pH	0.19	0.19	0.42**	0.11	0.39*	−0.16
	HCO_3^-	0.01	0.14	−0.32*	0.10	0.342*	0.31*
	δ^2H	0.50**	−0.29	0.20	0.17	−0.40**	−0.52**
	$\delta^{18}O$	0.55**	−0.23	0.11	0.21	−0.40**	−0.39**
	SO_4^{2-}	−0.24	0.16	0.53**	−0.015	0.21	−0.36*
	Al^{3+}	−0.33*	−0.01	0.54**	−0.14	0.26	−0.19
	Mn^{2+}	−0.08	−0.40**	0.14	0.36*	−0.08	0.10

续表

		丰水期			枯水期		
		Ce*	Eu*	降水量	Ce*	Eu*	降水量
中游	pH	−0.20	0.16	0.57**	−0.07	−0.12	−0.36
	HCO_3^-	−0.29	0.09	0.29	−0.19	−0.15	−0.28
	δ^2H	0.20	−0.18	0.55**	0.11	0.15	0.59**
	$\delta^{18}O$	0.21	−0.16	0.48*	0.08	0.16	0.55**
	SO_4^{2-}	−0.18	−0.27	0.48*	−0.19	−0.03	0.13
	Al^{3+}	−0.09	0.08	0.33	0.33	0.17	−0.20
	Mn^{2+}	0.35	−0.07	−0.21	0.25	−0.03	0.17
下游	pH	−0.10	0.81**	−0.05	−0.43	0.12	0.19
	HCO_3^-	−0.14	0.93**	0.00	−0.71**	−0.02	−0.09
	δ^2H	−0.16	−0.56*	−0.25	0.62*	0.53*	−0.33
	$\delta^{18}O$	−0.03	−0.68**	−0.37	0.61*	0.44	−0.37
	SO_4^{2-}	−0.11	0.18	−0.62*	−0.21	−0.03	−0.47
	Al^{3+}	0.04	0.67**	−0.02	0.25	0.26	−0.36
	Mn^{2+}	0.31	−0.83**	0.16	0.48	−0.42	−0.03

注：* 在 $p<0.05$ 水平显著相关（双侧）；** 在 $p<0.01$ 水平显著相关（双侧）；降水量数据取自珠江流域内采样点附近的城市。

4.6　小结

本章分析了珠江河水溶解态稀土元素的空间和季节分布特征，并探讨了影响稀土元素质量浓度和分馏的环境因素。丰水期溶解态的 ∑REE 质量浓度为（0.12 ± 0.15）μg/L，上游、中游和下游河水中的质量浓度分别为（0.10 ± 0.08）μg/L、（0.12 ± 0.19）μg/L 和（0.18 ± 0.19）μg/L；而枯水期的 ∑REE 质量浓度为（0.10 ± 0.11）μg/L，上游、中游和下游河水中的质量浓度分别为（0.08 ± 0.01）μg/L、（0.11 ± 0.16）μg/L 和（0.15 ± 0.16）μg/L。丰水期和枯水期的河水均表现出随流向溶解态的 ∑REE 浓度升高的趋势，但不同季节间没有明显的差异。多数溶解态稀土元素浓度与 Al^{3+}、Mn^{2+} 呈显著正相关，结果可能与 Al 和 Mn 的胶体物质对稀土元素的吸附和解吸有关。上游河水中溶解态 Sm 和 Eu 浓度与 δ^2H 和 $\delta^{18}O$ 呈显著负相关，表明降水稀释作用不是影响溶解态稀土元素浓度的主要因素。PAAS 标准化的稀土元素模式显示我国河流轻稀土元素亏损。在丰水期河水溶解态（La/Yb）$_N$ 比值为 0.29 ± 0.21，而枯水期的（La/Yb）$_N$ 比值为 0.24 ± 0.16。珠江中游、下游河水（La/Yb）$_N$ 比值较高，受河水 pH 影响。河水溶解态 Eu 异常与 pH 有关，Ce 异常受降水的影响。

参考文献

[1] BERGLUND J L，TORAN L，HERMAN E K. Deducing flow path mixing by storm-induced bulk chemistry and REE variations in two karst springs：with trends like these who needs anomalies?[J] Journal of Hydrology，2019，571：349-364.

[2] PERETO C，COYNEL A，LERAT-HARDY A，et al. Corbicula fluminea：a sentinel species for urban rare earth element origin[J]. Science of the Total Environment，2020，732.

[3] STETZENBACH K J，HODGE V F，GUO C，et al. Geochemical and statistical evidence of deep carbonate groundwater within overlying volcanic rock aquifers/aquitards of southern Nevada，USA[J]. Journal of Hydrology，2001，243（3）：254-271.

[4] BROOKINS D G. Aqueous geochemistry of rare earth elements[J]. Reviews in Mineralogy and Geochemistry，1989，21（1）：201-225.

[5] KRITSANANUWAT R，SAHOO S K，FUKUSHI M，et al. Distribution of rare earth elements，thorium and uranium in Gulf of Thailand's sediments[J]. Environmental Earth Sciences，2015，73（7）：3361-3374.

[6] TANG Y，HAN G. Investigation of sources of atmospheric dust in Guiyang City，southwest China using rare earth element patterns[J]. Journal of Earth System Science，2019，129（1）：18.

[7] GWENZI W，MANGORI L，DANHA C，et al. Sources，behaviour，and environmental and human health risks of high-technology rare earth elements as emerging contaminants[J]. Science of the Total Environment，2018，636：299-313.

[8] SMITH C，LIU X M. Spatial and temporal distribution of rare earth elements in the

Neuse River，north Carolina[J]. Chemical Geology，2018，488：34–43.

[9] ALTOMARE A J，YOUNG N A，BEAZLEY M J. A preliminary survey of anthropogenic gadolinium in water and sediment of a constructed wetland[J]. Journal of Environmental Management，2020，255.

[10] DAI S，REN D，CHOU C L，et al. Geochemistry of trace elements in Chinese coals：a review of abundances，genetic types，impacts on human health，and industrial utilization[J]. International Journal of Coal Geology，2012，94：3–21.

[11] QUINN K A，BYRNE R H，SCHIJF J. Sorption of Yttrium and rare earth elements by amorphous ferric hydroxide：influence of temperature[J]. Environmental science & technology，2007，41（2）：541–546.

[12] ATINKPAHOUN C N H，PONS M N，LOUIS P，et al. Rare earth elements（REE）in the urban wastewater of Cotonou（Benin，West Africa）[J]. Chemosphere，2020，251.

[13] PETELET-GIRAUD E，KLAVER G，NEGREL P. Natural versus anthropogenic sources in the surface-and groundwater dissolved load of the Dommel River（Meuse basin）：constraints by boron and strontium isotopes and gadolinium anomaly[J]. Journal of Hydrology，2009，369（3）：336–349.

[14] KOTOWSKI T，CHUDZIK L，NAJMAN J. Application of dissolved gases concentration measurements，hydrochemical and isotopic data to determine the circulation conditions and age of groundwater in the central Sudetes Mts[J]. Journal of Hydrology，2019，569：735–752.

[15] LEE J，NEZ V E，FENG X，et al. A study of solute redistribution and transport in seasonal snowpack using natural and artificial tracers[J]. Journal of Hydrology，2008，357（3）：243–254.

[16] LU X，TODA H，DING F，et al. Effect of vegetation types on chemical and biological properties of soils of karst ecosystems[J]. European Journal of Soil Biology，2014，61：49–57.

[17] CAMPODONICO V A，GARC A M G，PASQUINI A I. The dissolved chemical and isotopic signature downflow the confluence of two large rivers：the case of the Parana and Paraguay rivers[J]. Journal of Hydrology，2015，528：161–176.

[18] ADEBAYO S B，CUI M，HONG T，et al. Rare earth elements geochemistry and

Nd isotopes in the Mississippi River and Gulf of Mexico Mixing Zone[J]. Frontiers in Marine Science，2018，5：166.

[19] XU Z，HAN G. Rare earth elements（REE）of dissolved and suspended loads in the Xijiang River，south China[J]. Applied Geochemistry，2009，24（9）：1803-1816.

[20] MANUEL O，CÁNOVAS C R，BASALLOTE M D，et al. Geochemical behaviour of rare earth elements（REE）along a river reach receiving inputs of acid mine drainage[J]. Chemical Geology，2018，493：468-477.

[21] HE J，LUE C W，XUE H X，et al. Species and distribution of rare earth elements in the Baotou section of the Yellow River in China[J]. Environmental Geochemistry and Health，2010，32（1）：45-58.

[22] BARROUX G，SONKE J E，BOAVENTURA G，et al. Seasonal dissolved rare earth element dynamics of the Amazon River main stem，its tributaries，and the Curuaí floodplain[J]. Geochemistry，Geophysics，Geosystems，2006，7（12）.

[23] WANG Z L，LIU C Q. Geochemistry of rare earth elements in the dissolved，acid-soluble and residual phases in surface waters of the Changjiang Estuary[J]. Journal of Oceanography，2008，64（3）：407-416.

[24] PÉREZ-LÓPEZ R，Nieto J M，Rosa J，et al. Environmental tracers for elucidating the weathering process in a phosphogypsum disposal site：implications for restoration[J]. Journal of Hydrology，2015，529：1313-1323.

[25] RÖNNBACK P，ÅSTRÖM M. Hydrochemical patterns of a small lake and a stream in an uplifting area proposed as a repository site for spent nuclear fuel，Forsmark，Sweden[J]. Journal of Hydrology，2007，344（3）：223-235.

[26] HAN G，XU Z，TANG Y，et al. Rare earth element patterns in the karst terrains of Guizhou Province，China：implication for water/particle interaction[J]. Aquatic Geochemistry，2009，15（4）：457.

[27] TAYLOR S R，MCLENNAN S M. The continental crust：its composition and evolution[J]. Journal of Geology，1985，94（4）：632-633.

[28] LI X，WU P. Geochemical characteristics of dissolved rare earth elements in acid mine drainage from abandoned high-As coal mining area，southwestern China[J]. Environmental Science and Pollution Research，2017，24（25）：20540-20555.

[29] HAN G, LV P, TANG Y, et al. Spatial and temporal variation of H and O isotopic compositions of the Xijiang River system, southwest China[J]. Isotopes in Environmental and Health Studies, 2018, 54 (2): 137–146.

[30] MIGASZEWSKI Z M, GALUSZKA A. The characteristics, occurrence, and geochemical behavior of rare earth elements in the environment: a review[J]. Critical Reviews in Environmental Science and Technology, 2015, 45 (5): 429–471.

[31] HAN G, TANG Y, WU Q, et al. Assessing contamination sources by using sulfur and oxygen isotopes of sulfate ions in Xijiang River basin, southwest China[J]. Journal of environmental quality, 2019, 48 (5): 1507–1516.

[32] LEYBOURNE M I, GOODFELLOW W D, BOYLE D R, et al. Rapid development of negative Ce anomalies in surface waters and contrasting REE patterns in groundwaters associated with Zn–Pb massive sulphide deposits[J]. Applied Geochemistry, 2000, 15 (6): 695–723.

[33] INGRI J, WIDERLUND A, LAND M, et al. Temporal variations in the fractionation of the rare earth elements in a boreal river: the role of colloidal particles[J]. Chemical Geology, 2000, 166 (1): 23–45.

[34] NACCARATO A, TASSONE A, CAVALIERE F, et al. Agrochemical treatments as a source of heavy metals and rare earth elements in agricultural soils and bioaccumulation in ground beetles[J]. Science of the Total Environment, 2020, 749: 141438.

[35] WANG Z L, LIU C Q, ZHU Z Z. Rare earth element geochemistry of waters and suspended particles in alkaline lakes using extraction and sequential chemical methods[J]. Geochemical Journal, 2013, 47 (6): 639–649.

[36] ATIBU E K, LACROIX P, SIVALINGAM P, et al. High contamination in the areas surrounding abandoned mines and mining activities: an impact assessment of the Dilala, Luilu and Mpingiri Rivers, Democratic Republic of the Congo[J]. Chemosphere, 2018, 191: 1008–1020.

[37] CHIARENZELLI J R, SKEELS M C. End-member river water composition in the acidified Adirondack Region, northern New York, USA[J]. Journal of Hydrology: Regional Studies, 2014, 2: 97–118.

[38] HAN G, SONG Z, TANG Y, et al. Ca and Sr isotope compositions of rainwater

from Guiyang city，southwest China：implication for the sources of atmospheric aerosols and their seasonal variations[J]. Atmospheric Environment，2019，214：116854.

[39] ZHU Z，LIU C Q，WANG Z L，et al. Rare earth elements concentrations and speciation in rainwater from Guiyang，an acid rain impacted zone of southwest China[J]. Chemical Geology，2016，442：23-34.

第5章

珠江河水氢、氧同位素地球化学及水源解析

河水是城市和沿江生态系统的主要水源，它主要来源于流域内的冰雪融化、大气降水和地下水补给[1]。河水来源的差异决定了其地球化学成分和同位素组成的差异。前人研究表明，稳定同位素可作为传统的示踪剂指示水文过程[2-6]。河水的稳定氢、氧同位素（δ^{2}H 和 δ^{18}O）组成与水汽来源、大气环流过程和不同水体混合作用都有关联，导致不同河流和河段河水的氢、氧同位素特征存在较明显的差异性。因此，河水 δ^{2}H 和 δ^{18}O 组成可作为河水来源的示踪剂，并且广泛用于追踪气候变化和人为活动对流域水文循环的影响[5, 7-11]。

2002—2005 年国际原子能机构（IAEA）收集了世界大河河水稳定同位素和氚浓度数据，建成全球河流同位素观测网（GNIR）[12]。河水通常与降水有关，降水的氢、氧同位素特征受海拔、纬度、温度、大陆效应和水蒸气来源等地理和气象因素的显著影响[13-17]。因此，河水 δ^{2}H 和 δ^{18}O 的分布存在高度的时空变异性，可用于揭示流域内水汽循环过程的变化。雪 / 冰川融化和地下水补给等水文过程也可以通过河水氢、氧同位素进行追踪[18]。此外，人为活动会影响河流系统的水循环过程，并造成河水氢、氧同位素组成的变化[19, 20]。例如，梯级大坝对澜沧江河水的截流作用改变了原有水文循环过程，在全球气候变化方面有深远影响[21, 22]。梯级大坝会增加河水的滞留时间，并造成水库浅层水、深层水以及排放水之间氢、氧同位素组成的差异[23]。Li 等研究发现水库效应造成了河水 δ^{18}O 对降雨响应的滞后[24]。

许多研究分析了河水稳定同位素组成及其控制因素，如黄河、长江、雅鲁藏布江、新疆的塔里木河和焉耆盆地的开都河等[5, 25]。但是，对珠江河水稳定同

位素数据缺乏系统的报道。本章探讨了珠江河水 δ^2H 和 δ^{18}O 组成的时空变化特征，并与中国其他大河的同位素数据进行了比较，分析了大气降水、蒸发效应和水库效应等因素对珠江水文循环过程的影响。该研究在指导合理开发利用珠江水资源，保障流域内生态环境安全等方面具有重要的现实意义。

5.1 珠江流域大气降水线

降水的稳定氢、氧同位素组成受纬度、海拔、温度、大陆效应及水蒸气的数量和来源等因素的影响[13-17]，这些因素也是影响河水 δ^2H 和 δ^{18}O 组成的决定性因素。降水稳定同位素特征可提供有关水分来源和大气环流模式的信息。从全球尺度来看，降水的稳定氢、氧同位素组成表现为纬度效应、高度效应、大陆效应、温度效应及雨量效应[14]。其中，温度效应指降水的 δ^2H 和 δ^{18}O 与当地气温呈正相关关系，温度效应在中高纬度的内陆地区已有广泛报道[14, 26]。雨量效应指降水的 δ^2H 和 δ^{18}O 与降雨量之间呈负相关关系，雨量效应在中低纬度的沿海地区有广泛报道[25]。珠江流域处于低纬度带，受亚热带季风气候影响，降水稳定同位素组成主要受雨量效应影响。

全球降水的 δ^2H 和 δ^{18}O 呈线性分布，方程为 δ^2H=8δ^{18}O+10，该线称为全球大气降水线（GMWL）[27]。GMWL 的斜率和截距包含了水汽起源和运移等方面的信息。由于地理因素和气候条件方面的不同，水的蒸发和凝聚过程中所产生的氢、氧同位素分馏作用存在地域性差异。因此，有必要建立局部的大气降水线。前人根据中国部分气象站的数据库建立了中国大气降水线（CMWL），其线性方程为 δ^2H=7.9δ^{18}O+8.2。根据 IAEA 在珠江流域内昆明、贵阳、柳州、桂林和广州五个观测点的降水稳定同位素数据，本书建立了珠江流域的局部大气降水线（LMWL），其线性方程为 δ^2H=7.8δ^{18}O+9.3。GMWL、CMWL 和 LMWL 的分布如图 5-1 所示。

当河水主要来源于大气降水时，其 δ^2H 与 δ^{18}O 的分布符合 GMWL[27]。珠江流域的局部降水应该是珠江的主要水源，因此可以利用 LMWL 来跟踪水源，而河水的 δ^2H 与 δ^{18}O 可作为水文地质过程的示踪剂[17]。珠江、黄河和长江的河水 δ^2H 与 δ^{18}O 分布都非常靠近 GMWL 和 CMWL（图 5-1），表明中国这三条河流的河水主要来源于大气降水。珠江丰水期和枯水期的河水 δ^2H 与 δ^{18}O 分布都非常靠近 LMWL（图 5-1），结果表明不论是丰水期还是枯水期，珠江河水的主要来源都是大气降水。LMWL 和 CMWL 的差异表明，不同的华南地区的空气湿度和蒸发过程对局部水汽来源产生了影响[1]。珠江丰水期河水氢、氧同位素方程为 $\delta^2H=7.9\delta^{18}O+6.3$，其斜率与 CMWL 的斜率（7.9）一致；而在枯水期河水氢、氧同位素方程为 $\delta^2H=8.3\delta^{18}O+9.8$，其斜率大于 GMWL 的斜率（8）和 CMWL 的斜率。虽然丰水期和枯水期珠江河水稳定同位素组成的范围没有显著差异，但枯水期河水氢、氧同位素方程的斜率高于丰水期的斜率。可能是珠江枯水期的气温较低，造成河流表面的蒸发量也较低[28]。相较于高温的丰水期，枯水期河流表面的蒸发强度偏低。

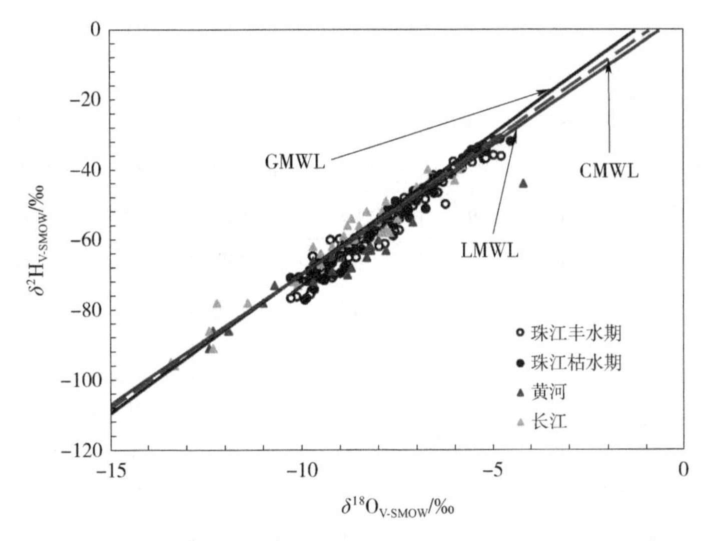

图 5-1　不同河流河水的 $\delta^{18}O$ 与 δ^2H 分布

5.2　河水 δ^2H 和 $\delta^{18}O$ 的季节变化特征

珠江丰水期和枯水期河水 δ^2H 和 $\delta^{18}O$ 组成如表 5-1 所示。丰水期河水 δ^2H 的范围是 −77%～−35‰，平均值为 −54‰；$\delta^{18}O$ 的范围是 −10.3%～−4.8‰，平均值为 −7.6‰。枯水期河水 δ^2H 的范围是 −77%～−31‰，平均值为 −54‰；$\delta^{18}O$ 的范围是 −10.3%～−4.5‰，平均值为 −7.7‰。

表 5-1 珠江丰水期和枯水期河水 δ^2H、$\delta^{18}O$ 和氘盈余（*d*-excess） 单位：‰

采样点	季节	δ^2H	$\delta^{18}O$	*d*-excess	季节	δ^2H	$\delta^{18}O$	*d*-excess
1	丰水期	−69	−9.5	6.7	枯水期	−68	−9.60	9.10
2	丰水期	−71	−9.2	2.8	枯水期	−68	−9.34	6.98
3	丰水期	−72	−9.9	7.25	枯水期	−70	−9.69	7.42
4	丰水期	−76	−10.1	4.82	枯水期	−72	−9.8	6.75
5	丰水期	−77	−10.3	5.62	枯水期	−70	−9.15	3.19
6	丰水期	−76	−9.8	2.62	枯水期	−74	−9.67	3.2
7	丰水期	−77	−9.9	2.16	枯水期	−77	−9.87	2.33
8	丰水期	−75	−9.7	3.37	枯水期	−71	−9.40	4.30
9	丰水期	−65	−8.6	3.6	枯水期	−71	−9.50	4.87
10	丰水期	−67	−8.8	3.36	枯水期	−71	−9.69	6.21
11	丰水期	−66	−9.5	9.68	枯水期	−72	−9.41	3.69
12	丰水期	−67	−9.3	7.69	枯水期	−70	−9.26	4.29
13	丰水期	−62	−8.0	1.95	枯水期	−63	−8.70	6.74
14	丰水期	−71	−10.1	9.45	枯水期	−71	−10.29	11.43
15	丰水期	−69	−9.8	9.5	枯水期	−71	−10.07	9.85
16	丰水期	−60	−8.6	9.26	枯水期	−61	−8.77	8.43
17	丰水期	−65	−9.7	12.95	枯水期	−70	−9.79	9.16
18	丰水期	−60	−9.0	12.2	枯水期	−71	−9.65	6.41
19	丰水期	−63	−8.6	6.54	枯水期	−56	−8.06	8.93
20	丰水期	−60	−9.3	13.93	枯水期	−54	−7.19	3.76
21	丰水期	−62	−7.8	1.48	枯水期	−60	−8.22	6.42
22	丰水期	−62	−8.6	6.8	枯水期	−69	−9.62	8.08
23	丰水期	−56	−7.9	7.39	枯水期	−58	−8.46	9.31
24	丰水期	−60	−8.3	6.55	枯水期	−65	−9.01	7.43
25	丰水期	−51	−7.4	7.5	枯水期	−67	−9.2	7.0
26	丰水期	−60	−8.4	7.0	枯水期	−67	−9.3	7.9
27	丰水期	−49	−7.4	9.5	枯水期	−62	−9.0	9.6

续表

采样点	季节	δ^2H	$\delta^{18}O$	d-excess	季节	δ^2H	$\delta^{18}O$	d-excess
28	丰水期	−48	−6.8	5.7	枯水期	−56	−7.9	7.5
29	丰水期	−58	−8.1	7.2	枯水期	−64	−9.0	8.3
30	丰水期	−52	−7.3	7.3	枯水期	−64	−9.0	8.0
31	丰水期	−50	−7.1	6.4	枯水期	−52	−7.4	6.8
32	丰水期	−57	−7.6	3.5	枯水期	−68	−8.9	3.4
33	丰水期	−57	−7.6	3.5	枯水期	−69	−9.3	5.1
34	丰水期	−50	−6.2	0.0	枯水期	−70	−9.0	2.4
35	丰水期	−57	−7.5	2.4	枯水期	−68	−8.9	2.7
36	丰水期	−55	−7.6	5.9	枯水期	−67	−9.6	10.2
37	丰水期	−54	−7.9	9.9	枯水期	−49	−7.6	11.4
38	丰水期	−54	−7.9	8.8	枯水期	−51	−7.6	9.6
39	丰水期	−47	−6.4	5.0	枯水期	−56	−8.9	7.8
40	丰水期	−54	−7.5	5.6	枯水期	−64	−9.0	8.1
41	丰水期	−48	−7.3	10.4	枯水期	−63	−8.4	4.7
42	丰水期	−42	−6.6	10.7	枯水期	−47	−7.0	9.3
43	丰水期	−44	−6.6	8.6	枯水期	−46	−6.7	7.4
44	丰水期	−43	−6.5	8.7	枯水期	−45	−6.8	9.2
45	丰水期	−42	−6.5	9.3	枯水期	−44	−6.6	8.8
46	丰水期	−43	−6.6	9.8	枯水期	−43	−6.4	8.8
47	丰水期	−41	−6.4	9.4	枯水期	−41	−6.1	7.2
48	丰水期	−38	−6.0	10.5	枯水期	−34	−5.6	10.0
49	丰水期	−40	−6.0	8.4	枯水期	−42	−6.3	8.5
50	丰水期	−39	−5.9	7.6	枯水期	−38	−5.8	8.7
51	丰水期	−46	−6.7	8.0	枯水期	−56	−8.1	8.7
52	丰水期	−45	−6.6	7.4	枯水期	−56	−8.2	8.8
53	丰水期	−44	−6.6	8.2	枯水期	−53	−7.8	8.9
54	丰水期	−61	−8.9	10.0	枯水期	−51	−6.8	2.9

续表

采样点	季节	δ^2H	$\delta^{18}O$	d-excess	季节	δ^2H	$\delta^{18}O$	d-excess
55	丰水期	−56	−8.06	8.8	枯水期	−59	−7.6	2.1
56	丰水期	−58	−7.6	2.9	枯水期	−56	−7.6	4.9
57	丰水期	−62	−8.4	5.1	枯水期	−53	−7.5	6.8
58	丰水期	−65	−8.8	5.0	枯水期	−50	−7.3	8.6
59	丰水期	−63	−8.9	7.9	枯水期	−52	−7.8	10.6
60	丰水期	−60	−8.4	6.9	枯水期	−51	−7.3	7.6
61	丰水期	−38	−5.8	8.3	枯水期	−34	−5.4	8.9
62	丰水期	−58	−8.2	7.6	枯水期	−52	−7.4	7.0
63	丰水期	−58	−8.2	7.1	枯水期	−52	−7.2	6.2
64	丰水期	−44	−6.3	6.8	枯水期	−36	−5.6	9.5
65	丰水期	−59	−8.2	6.8	枯水期	−34	−5.4	9.3
66	丰水期	−36	−5.6	8.8	枯水期	−32	−4.9	7.9
67	丰水期	−54	−7.8	8.7	枯水期	−46	−7.1	10.5
68	丰水期	−37	−5.7	8.0	枯水期	−34	−5.2	7.9
69	丰水期	−54	−7.9	9.6	枯水期	−48	−7.1	9.2
70	丰水期	−40	−5.8	6.7	枯水期	−36	−5.7	9.2
71	丰水期	−36	−5.3	6.5	枯水期	−34	−5.3	7.9
72	丰水期	−53	−7.8	8.7	枯水期	−49	−7.0	7.0
73	丰水期	−37	−5.2	4.9	枯水期	−34	−5.3	7.8
74	丰水期	−38	−5.5	6.4	枯水期	−37	−5.8	9.4
75	丰水期	−53	−7.5	6.7	枯水期	−46	−6.6	7.0
76	丰水期	−36	−5.0	4.0	枯水期	−31	−4.8	7.2
77	丰水期	−37	−5.2	4.6	枯水期	−32	−4.5	4.3
78	丰水期	−36	−4.8	2.0	枯水期	−33	−5.3	9.1
79	丰水期	−35	−5.3	7.1	枯水期	−33	−5.2	9.0
80	丰水期	−41	−6.1	7.8	枯水期	−35	−5.2	6.6
81	丰水期	−52	−7.5	7.6	枯水期	−47	−6.5	5.6

珠江河水稳定同位素特征表现出明显的季节性差异。在上游，丰水期和枯水期的河水 δ^2H 和 $\delta^{18}O$ 差异不明显；在中游，丰水期的河水 δ^2H 和 $\delta^{18}O$ 均较高，而枯水期的较低；在下游，丰水期的河水 δ^2H 和 $\delta^{18}O$ 较低，而枯水期的较高（图 5-2）。珠江流域的降水主要来自东亚季风和印度季风[29]。受东亚季风的影响，华南地区夏季降雨中的 δ^2H 和 $\delta^{18}O$ 较冬季降雨的偏低[30]。在雨季（丰水期），大气降水是珠江河水的重要补给来源。东亚季风带来大量亏损 ^2H 和 ^{18}O 的降水补充到河水，导致珠江河水 δ^2H 和 $\delta^{18}O$ 较低，即雨量效应[31]。而在枯水期，河水主要来源于地下水。地下水的存储环境较为封闭，因此地下水的同位素

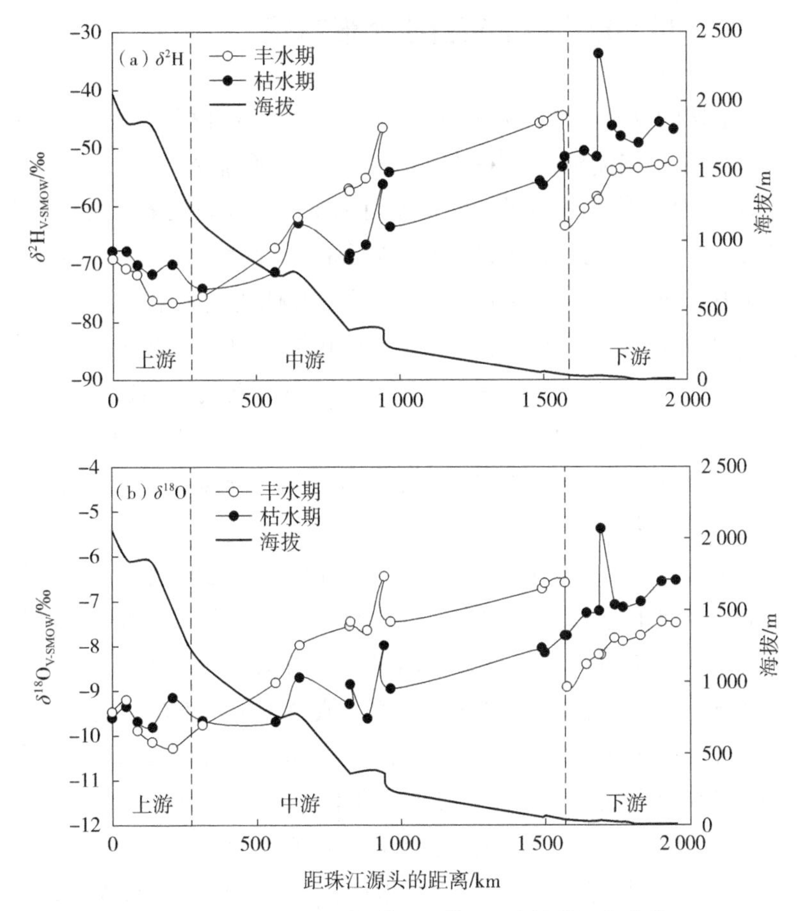

图 5-2　珠江干流河水 δ^2H、$\delta^{18}O$ 和海拔的沿程变化

组成较地表水偏负。例如，桂江（珠江支流）流域的桂林地下水 $\delta^{18}O$ 为 -6.6%～-5.8‰，雨水 $\delta^{18}O$ 为 -6.3‰，而相应河水的 $\delta^{18}O$ 为 -4.9‰（66 号采样点）。由此可见，枯水期较高的 $\delta^{2}H$ 和 $\delta^{18}O$ 与蒸发效应有关。冬季华南陆地上空的冷空气和南海上空的暖空气接触形成的气压梯度，造成干燥的东北风席卷华南地区，增加了珠江河水的蒸发量[31, 32]。在枯水期，珠江河水很少得到降雨补充（亏损 ^{2}H 和 ^{18}O），同时河水蒸发带走了大量贫 ^{2}H 和 ^{18}O 的水蒸气，此消彼长之下河水 $\delta^{2}H$ 和 $\delta^{18}O$ 偏高。

5.3 河水 $\delta^{2}H$ 和 $\delta^{18}O$ 的空间分布特征

珠江枯水期的河水 $\delta^{2}H$ 和 $\delta^{18}O$ 从上游到下游呈现升高的趋势（图 5-2）。在云贵高原上的珠江支流河水 $\delta^{18}O$ 在 -9%～-6‰，而流入珠江干流河水 $\delta^{18}O$ 偏重，在 -7%～-6‰[33]。该结果表明支流河水易富集轻同位素。支流位于高海拔地带，降水 $\delta^{2}H$ 和 $\delta^{18}O$ 随山地海拔的升高而降低（高度效应），导致山地流出的地表水和地下水通常是亏损 ^{2}H 和 ^{18}O 的，这与其他研究结果相似[1, 28]。上游高海拔地区的河水 $\delta^{2}H$ 和 $\delta^{18}O$ 最低，与富集轻同位素的山区支流汇入有关。在中游，河水 $\delta^{2}H$ 和 $\delta^{18}O$ 呈上升趋势，主要归结于山区支流（$\delta^{2}H$ 和 $\delta^{18}O$ 较低）的补给贡献降低。在下游，由于没有其他支流进入干流，河水 $\delta^{2}H$ 和 $\delta^{18}O$ 趋于稳定。综上结果表明，在枯水期富集轻同位素的支流汇入是造成珠江干流河水 $\delta^{2}H$ 和 $\delta^{18}O$ 空间变化的主要原因。

丰水期河水 $\delta^{2}H$ 和 $\delta^{18}O$ 从上游到下游呈折线式升高的趋势（图 5-2）。上游河水 $\delta^{2}H$ 和 $\delta^{18}O$ 是非常接近枯水期的，同样与富集轻同位素的支流汇入有关。丰水期下游河水 $\delta^{2}H$ 和 $\delta^{18}O$ 较低，与雨量效应有关。而丰水期中游的河水 $\delta^{2}H$ 和 $\delta^{18}O$ 比较异常。在中游，丰水期的河水 δ 值高于枯水期的 δ 值，违背雨量效应；在丰水期，中游河水的 δ 值高于下游的河水 δ 值，违背支流汇入的规律。丰水期中游的河水稳定同位素异常可能与人类活动的影响有关。珠江干流中游河段修建了多座大型水库 / 大坝。大坝拦截造成河水滞留时间延长，水库效应会导致水库表层水的重同位素富集。在中游地区，蒸发效应会导致表层河水重同位素富集，水库拦截造成河水蒸发时间延长，河水 $\delta^{2}H$ 和 $\delta^{18}O$ 也随之增加。与冬季（枯水期）不同，夏季（丰水期）较高的气温和较强的蒸发作用使得中游河水重同位素的富集更显著。另外，水库的调节功能要求汛期（丰水期）蓄水削减洪峰，而枯水期排放蓄水用于各种水利需求，也就是说，只有丰水期才有明显的水库效应。因此，在夏季（丰水期）水库效应是影响中游河水重同位素富集的重要原因。

5.4　河水氘盈余的变化特征

氘盈余（*d*-excess）定义为水在蒸发过程中的动力分馏作用使氢和氧稳定同位素的平行分馏被破坏，在降水中 δ^2H、$\delta^{18}O$ 之间的关系中出现一个差值。从数学意义上来讲，氘盈余是大气降水线斜率为 8 时的截距，即 $d\text{-excess}=\delta^2H-8\delta^{18}O$，它用以表示蒸发过程的不平衡程度[14]。由于水分子的 ^{18}O 扩散速度比 ^2H 慢[6, 34]，在全球尺度上，大气降水的氘盈余接近 10。但是，由于水循环过程的差异，不同地理区域降水的氘盈余之间存在显著差异。例如，由于水汽再循环，美国五大湖地区降水的氘盈余通常高于 10[35, 36]。长江河水的氘盈余为 -2.2%～10‰（均值 4.5‰）；黄河河水的氘盈余为 -11.8%～17.3‰（均值 9.6‰）；松花江河水的氘盈余为 -2.9%～19.7‰（均值 8.5‰）[1]。降水较高的氘盈余和 $\delta^{18}O$ 与 δ^2H 回归线的低斜率小于 8 时，反映出蒸发动力学影响了低湿度源区的同位素迁移。随着水汽来源地的大气相对湿度的降低，降水中氘盈余会升高。

珠江河水的氘盈余表现出明显的空间变异性（图 5-3）。上游河水主要来源于山区支流的汇入，河水同位素数据显示出河水没有受到显著的蒸发作用影响，因此氘盈余较大。水库效应对中游河水的氘盈余有显著影响。另外，由于较强的蒸发作用，珠江中游河段（海拔 500～1 500 m）的大部分河水氘盈余较低（小于 8）。而下游河水的氘盈余的变化范围较大，与蒸发强度的空间变异性有关。影响珠江河水氘盈余的季节变化的因素稍有不同。丰水期河水氘盈余的范围是 0～13.9‰（均值 6.9‰），枯水期河水氘盈余的范围是 2%～11.4‰（均值 7.3‰），该差异主要与两季节空气的相对湿度和温度有关。丰水期河水较低氘盈余归结为较高的温度增加了河水蒸发量。

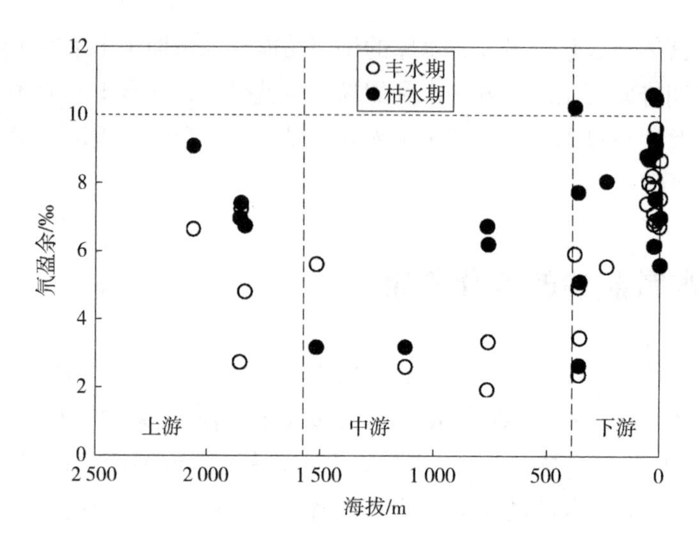

图 5-3 珠江干流丰水期和枯水期河水氘盈余的沿程变化

5.5 小结

本章研究了珠江丰水期和枯水期河水稳定同位素组成（δ^2H 和 δ^{18}O）和氘盈余的时空变化特征。丰水期和枯水期的河水氢、氧同位素方程表明两季节河水都主要来自大气降水。丰水期和枯水期的河水同位素值随河水流向呈升高的趋势。在枯水期，富集轻同位素的支流汇入是造成珠江干流河水 δ^2H 和 δ^{18}O 空间变化的主要原因。在丰水期，水库效应是影响中游河水重同位素富集的重要原因，而雨量效应造成下游河水 δ^2H 和 δ^{18}O 偏低。上游河水的氘盈余较高，与山区支流较弱的蒸发作用有关，而中游较低的河水氘盈余归结于水库效应造成的强烈蒸发。河水氘盈余的季节变化与空气的相对湿度和温度有关。在丰水期，较高的温度增加了河水的蒸发量，导致较低氘盈余。将河水稳定氢、氧同位素研究与常规气象水文调查相结合，有助于了解珠江水资源的变化趋势，为合理分配使用水资源提供科学依据。

参考文献

[1] LI S L，YUE F J，LIU C Q，et al. The O and H isotope characteristics of water from

major rivers in China[J]. Chinese Journal of Geochemistry，2015，34（1）：28-37.

[2] DUTTON A，WILKINSON B H，WELKER J M，et al. Spatial distribution and seasonal variation in 18O/16O of modern precipitation and river water across the conterminous USA[J]. Hydrological Processes，2005，19（20）：4121-4146.

[3] MACHAVARAM M V，WHITTEMORE D O，CONRAD M E，et al. Precipitation induced stream flow：an event based chemical and isotopic study of a small stream in the Great Plains region of the USA[J]. Journal of Hydrology，2006，330（3）：470-480.

[4] OGRINC N，KANDUČT，STICHLER W，et al. Spatial and seasonal variations in $\delta^{18}O$ and δD values in the River Sava in Slovenia[J]. Journal of Hydrology，2008，359（3）：303-312.

[5] SUN C，LI X，CHEN Y，et al. Spatial and temporal characteristics of stable isotopes in the Tarim River Basin[J]. Isotopes in Environmental and Health Studies，2016，52（3）：281-297.

[6] YUAN F，MIYAMOTO S. Characteristics of oxygen-18 and deuterium composition in waters from the Pecos River in American southwest[J]. Chemical Geology，2008，255（1）：220-230.

[7] BOWEN G J，KENNEDY C D，LIU Z，et al. Water balance model for mean annual hydrogen and oxygen isotope distributions in surface waters of the contiguous United States[J]. Journal of Geophysical Research：Biogeosciences，2011，116（G4）.

[8] DALAI T K，BHATTACHARYA S K，KRISHNASWAMI S. Stable isotopes in the source waters of the Yamuna and its tributaries：seasonal and altitudinal variations and relation to major cations[J]. Hydrological Processes，2002，16（17）：3345-3364.

[9] HU C，FROEHLICH K，ZHOU P，et al. Seasonal variation of oxygen-18 in precipitation and surface water of the Poyang Lake Basin，China[J]. Isotopes in Environmental and Health Studies，2013，49（2）：188-196.

[10] LAMBS L，BRUNET F，PROBST J L. Isotopic characteristics of the Garonne River and its tributaries[J]. Rapid Communications in Mass Spectrometry，2009，23（16）：2543-2550.

[11] ZHAN L，CHEN J，ZHANG S，et al. Relationship between Dongting Lake and

surrounding rivers under the operation of the Three Gorges Reservoir, China[J]. Isotopes in Environmental and Health Studies, 2015, 51 (2): 255-270.

[12] HALDER J, TERZER S, WASSENAAR L I, et al. The Global Network of Isotopes in Rivers (GNIR): integration of water isotopes in watershed observation and riverine research[J]. Hydrology and Earth System Sciences, 2015, 19 (8): 3419-3431.

[13] BIRKEL C, HELLIWELL R, THORNTON B, et al. Characterization of surface water isotope spatial patterns of Scotland[J]. Journal of Geochemical Exploration, 2018, 194: 71-80.

[14] DANSGAARD W. Stable isotopes in precipitation[J]. Tellus, 1964, 16 (4): 436-468.

[15] HAO S, LI F, LI Y, et al. Stable isotope evidence for identifying the recharge mechanisms of precipitation, surface water, and groundwater in the Ebinur Lake basin[J]. Science of The Total Environment, 2019, 657: 1041-1050.

[16] PENNA D, VAN MEERVELD H J, ZUECCO G, et al. Hydrological response of an Alpine catchment to rainfall and snowmelt events[J]. Journal of Hydrology, 2016, 537: 382-397.

[17] WASSENAAR L I, ATHANASOPOULOS P, HENDRY M J. Isotope hydrology of precipitation, surface and ground waters in the Okanagan Valley, British Columbia, Canada[J]. Journal of Hydrology, 2011, 411 (1): 37-48.

[18] KALBUS E, REINSTORF F, SCHIRMER M. Measuring methods for groundwater-surface water interactions: a review[J]. Hydrology and Earth System Sciences 2006, 10 (6): 873-887.

[19] YANG K, HAN G, LIU M, et al. Spatial and Seasonal Variation of O and H Isotopes in the Jiulong River, southeast China[J]. Water, 2018, 10 (11): 1677.

[20] YANG K, HAN G, SONG C, et al. Stable H-O isotopic composition and water quality assessment of surface water and groundwater: a case study in the Dabie Mountains, Central China[J]. International Journal of Environmental Research and Public Health, 2019, 16 (21): 4076.

[21] RECKERTH A, STICHLER W, SCHMIDT A, et al. Long-term data set analysis of stable isotopic composition in German rivers[J]. Journal of Hydrology, 2017,

552：718-731.

[22] JIANG R，BAO Y，SHUI Y，et al. Spatio-temporal variations of the stable H-O isotopes and characterization of mixing processes between the mainstream and tributary of the Three Gorges Reservoir[J]. Water，2018，10（5）：563.

[23] WANG B，ZHANG H，LIANG X，et al. Cumulative effects of cascade dams on river water cycle：evidence from hydrogen and oxygen isotopes[J]. Journal of Hydrology，2019，568：604-610.

[24] LI C，YANG S，LIAN E，et al. Damming effect on the Changjiang（Yangtze River）river water cycle based on stable hydrogen and oxygen isotopic records[J]. Journal of Geochemical Exploration，2016，165：125-133.

[25] HAN G，LV P，TANG Y，et al. Spatial and temporal variation of H and O isotopic compositions of the Xijiang River system，southwest China[J]. Isotopes in Environmental and Health Studies，2018，54（2）：137-146.

[26] AGGARWAL P K，FR HLICH K，KULKARNI K M，et al. Stable isotope evidence for moisture sources in the asian summer monsoon under present and past climate regimes[J]. Geophysical Research Letters，2004，31（8）.

[27] CRAIG H. Isotopic variations in meteoric waters[J]. Science，1961，133（3465）：1702-1703.

[28] KARIM A，VEIZER J. Water balance of the Indus River Basin and moisture source in the Karakoram and western Himalayas：implications from hydrogen and oxygen isotopes in river water[J]. Journal of Geophysical Research：Atmospheres，2002，107.

[29] NUMAGUTI A. Origin and recycling processes of precipitating water over the Eurasian continent：experiments using an atmospheric general circulation model[J]. Journal of Geophysical Research：Atmospheres，1999，104（D2）：1957-1972.

[30] ZHAO L，XIAO H，ZHOU M，et al. Factors controlling spatial and seasonal distributions of precipitation $\delta^{18}O$ in China[J]. Hydrological Processes，2012，26（1）：143-152.

[31] JOHNSON K R，INGRAM B L. Spatial and temporal variability in the stable isotope systematics of modern precipitation in China：implications for paleoclimate reconstructions[J]. Earth and Planetary Science Letters，2004，220（3）：365-377.

[32] XIE L, WEI G, DENG W, et al. Daily δ^{18}O and δD of precipitations from 2007 to 2009 in Guangzhou, South China: implications for changes of moisture sources[J]. Journal of Hydrology, 2011, 400 (3): 477-489.

[33] LI S L, LIU C Q, LI J, et al. Evaluation of nitrate source in surface water of southwestern China based on stable isotopes[J]. Environmental Earth Sciences, 2013, 68 (1): 219-228.

[34] CAPPA C D, HENDRICKS M B, DEPAOLO D J, et al. Isotopic fractionation of water during evaporation[J]. Journal of Geophysical Research: Atmospheres, 2003, 108 (D16).

[35] GAT J R, BOWSER C J, KENDALL C. The contribution of evaporation from the Great Lakes to the continental atmosphere: estimate based on stable isotope data[J]. Geophysical Research Letters, 1994, 21 (7): 557-560.

[36] KOSTER R D, DE VALPINE D P, JOUZEL J. Continental water recycling and $H_2{}^{18}O$ concentrations[J]. Geophysical Research Letters, 1993, 20 (20): 2215-2218.

第6章

珠江河水无机碳同位素地球化学与二氧化碳逃逸

河流是连接陆地碳库与海洋碳库的重要运输通道[1]。河流输送的碳素主要由溶解态无机碳（DIC）、溶解态有机碳（DOC）、颗粒态无机碳（PIC）和颗粒态有机碳（POC）组成，其中DIC是河流碳通量的主要组成部分，约占全球河流输送总通量的45%左右[2]。DIC是溶解态碳酸盐的总称，包括H_2CO_3（碳酸）、HCO_3^-（碳酸氢盐）与CO_3^{2-}（碳酸盐）。河水中DIC的来源主要为土壤呼吸生成的CO_2、流域内碳酸盐矿物的溶解以及河流内生浮游植物、微生物的呼吸作用[3]。河流中的DIC通常是研究流域内发生的化学风化作用的良好载体。因为岩石的风化会消耗大气或土壤中的CO_2，并将其转化为DIC，通过河流运输至海洋，并在海洋中形成碳酸盐矿物并沉淀[1, 4-6]。所以，研究河流DIC的来源、迁移和转化，可以帮助我们更好地理解化学风化过程，进而了解全球性的碳循环过程。

河水中的CO_2作为DIC的重要组成部分，可以通过扩散作用完成与大气碳库的交换，从而直接影响大气中的CO_2浓度。而河水中CO_2分压［$p(CO_2)$］的远高于大气中的$p(CO_2)$，这也导致了CO_2可以从河水中不断地逃逸至大气中，使得河水成为大气CO_2的源。因此河水中CO_2的逃逸过程被认为是河流中碳素的纵向运输过程，在全球碳循环的研究中也受到了越来越多的关注[7-10]。CO_2的逃逸过程连接着大陆、大气和海洋碳库，在很大程度上影响了全球性的气候变化与能量循环过程[11-14]。目前的研究认为内陆的河流、湖泊每年会向大气输送约1.8 Pg CO_2，但这一结果仍具有很大的不确定性[8, 15]。CO_2逃逸通量受水气界面的湍流能量交换与河水－大气之间 CO_2 的分压差影响[16]。一般来说，河流 p（CO_2）的控制因素比较复杂，流域内土壤 CO_2 的汇入、化学风化产物的汇入和河流内生生物作用都会影响河流的 p（CO_2）[14, 17-19]。大量数据表明，超过 96% 的河流河水中的 p（CO_2）与大气 p（CO_2）相比都处于过饱和状态，而 82% 的河流的 p（CO_2）至少是大气 p（CO_2）的 2 倍[15]。而一些世界性的大型河流如亚马孙河、密西西比河和长江等，河水中 p（CO_2）要比大气中 p（CO_2）高出数倍，加之这些河流具有较大的水面面积，可以想象这些河流有强烈的 CO_2 逃逸过程，并且其通量可能对大气 p（CO_2）有很大的影响[12, 14, 18, 20-23]。目前，关于亚洲地区河流 CO_2 逃逸的研究还相对缺乏，尤其是对喀斯特地区河流河水 CO_2 逃逸的研究还较为稀少[23, 24]。考虑到喀斯特地区广袤分布的碳酸盐岩以及其在全球碳循环中扮演的重要作用，我们认为对喀斯特地区河流河水无机碳循环与 CO_2 逃逸的研究是极其重要的。因此我们系统地采集了珠江干流及其 42 条支流枯水期的河水样品，分析测试了河水的化学组成、DIC 碳同位素组成及 CO_2 逃逸速率。

本章以枯水期的珠江河水样品为例，旨在探讨：① DIC 浓度和 $\delta^{13}C_{DIC}$ 的影响因素；② DIC 和 $\delta^{13}C_{DIC}$ 在土壤呼吸、化学风化和 CO_2 逃逸过程中的变化与分馏；③讨论河流 CO_2 逃逸的控制因素并计算河水 CO_2 逃逸速率。

6.1 河水的 $p(CO_2)$ 与碳同位素组成

6.1.1 河水的 $p(CO_2)$ 的计算

河水的 DIC 包括 HCO_3^-、CO_3^{2-}、H_2CO_3，其相对比例受到河水 pH 和温度的控制，因此我们可以利用水中碳酸平衡的关系，计算出 DIC 各组分的浓度与河水 p（CO_2）。

$$[HCO_3^-] = TA \times \frac{10^{-pH}}{10^{-pH} + 2K_2} \tag{6-1}$$

$$p(CO_2) = \frac{[H_2CO_3^*]}{K_{CO_2}} = \frac{10^{-pH} \times [HCO_3^-]}{K_{CO_2} \times K_1} \tag{6-2}$$

$$[H_2CO_3^*] = \frac{10^{-pH} \times [HCO_3^-]}{K_1} \quad (6\text{-}3)$$

$$[CO_3^{2-}] = \frac{K_2 \times [HCO_3^-]}{10^{-pH}} \quad (6\text{-}4)$$

式中，K_i 是温度相关的解离常数；K_{CO_2} 为 CO_2 的亨利系数；TA 为测试所得的总碱度。

计算结果使用 CO_2SYS 程序进行了检验。由于 TA、pH 和温度测量具有一定误差，使得计算所得的 p（CO_2）的相对误差为 ±3%。非碳酸盐碱度（NC-Alk）如氮、磷、硅酸盐和溶解性有机物也会影响河水 TA，对上述结果产生干扰[25]。而珠江河水中的 DIN 主要由 NO_3^-（>90%）组成，而溶解性磷、硅的浓度明显低于 TA[26]，这说明氮、磷、硅对河水 TA 的影响可以被忽略。珠江河水中 DOC 变化范围为 80～1 100 μmol/L，平均值为 400 μmol/L[27]，DOC 对 TA 的贡献同样小于 5%。以往的研究表明，河水中 NC-Alk 占 TA 的比例与河水 pH 成反比，当河水呈碱性时，NC-Alk 可以被忽略[16, 25]。珠江枯水期的河水样品中，90% 以上样品的 pH>7.4，因此，在计算中我们假设 TA 等于碳酸盐碱度。

6.1.2　CO_2 逃逸速率的计算

河水 CO_2 逃逸速率 F（CO_2）可以通过下式进行计算：

$$F(CO_2) = ([CO_2]_{河水} - [CO_2]_{大气})\, k \quad (6\text{-}5)$$

式中，$[CO_2]_{河水}$和 $[CO_2]_{大气}$分别是河水和大气中的 CO_2 浓度；k 是气体扩散速度，主要由湍流耗散率决定[28]。

计算中所使用的 k 在很大程度上决定了计算结果，通常使用与温度相关的施密特数 600（k_{600}）来表示 k 的大小[29-31]。k_{600} 在不同地区变化很大（0～120 cm/h），因为它受到温度、河道宽度、河水流速、水深和风速等因素的影响[14, 29, 32]。这里，我们使用前人报道的经验公式来估算珠江河水的 k_{600}，对于干流即河道较宽的采样点，使用下式进行计算：

$$k_{600} = 4.46 + 7.11\, u_{10} \quad (6\text{-}6)$$

式中，u_{10} 是指离地 10 m 处的平均风速。

对于支流即河道较窄的采样点，使用下式进行计算：

$$k_{600} = 13.82 + 7.11\,w \tag{6-7}$$

式中，w 为河水流速。

k_{600} 通过下式转换为不同温度下的 k_T：

$$k_T = k_{600} \times \left(\frac{600}{Sc_T}\right)^{0.5} \tag{6-8}$$

$$Sc_T = 1\,911.1 - 118.11T + 3.452\,7T^2 - 0.041\,32T^3 \tag{6-9}$$

式中，Sc_T 是特定温度 T 下的施密特数。

6.1.3 DIC、p（CO_2）、F（CO_2）与 $\delta^{13}C_{DIC}$ 空间分布特征

珠江河水理化参数、DIC 浓度以及 F（CO_2）的统计结果如表 6-1 所示。珠江支流河水的水温变化范围在 10.2～26.6℃，而干流的水温在 11.4～18.8℃，干流和支流的水温平均值和中位值相近。值得注意的是枯水期大部分样品的水温在 14.0～20.0℃。干流河水的 pH 在 7.5～8.4，平均值为 8.0，中位值为 8.0。支流河水的 pH 变化范围为 7.0～8.8，平均值为 7.5，中位值为 7.8。由此可见，珠江河水整体呈弱碱性，而干流样品相较于支流样品 pH 更高。根据碳酸平衡关系，当 pH 为 7.0～8.7 时，DIC 主要由 HCO_3^- 组成。大多数采样点 HCO_3^- 的浓度在 2 000～3 000 μmol/L。干流河水 HCO_3^- 中位值为 2 349 μmol/L，支流河水 HCO_3^- 的中位值为 2 424 μmol/L。在大多数采样点，溶解氧（DO）并没有达到饱和：干流河水 DO 为 81.7%～122.7%，中位值为 93.2%；支流河水 DO 为 68.2%～116.6%，中位值为 94.2%。珠江河水 p（CO_2）的整体水平高于大气 p（CO_2）。干流河水的 p（CO_2）在 523～3 674 μatm[①]，平均值为 1 591 μatm，中位值为 1 488 μatm。支流河水的 p（CO_2）变化范围较大，在 260～6 354 μatm，平均值为 1 475 μatm，中位值为 2 424 μatm。p（CO_2）的变异系数（CV）高于 0.40，说明部分点位的 p（CO_2）呈极高或极低水平。干流河水的 F（CO_2）在 19.8～521.0 mmol/（m^2·d）变化，平均值为 190.7 mmol/（m^2·d），中位值为 172.8 mmol/（m^2·d）。支流河水中 F（CO_2）明显高于干流，其范围在 −38.6～

① 1 标准大气压（atm）=101.325 kPa，1 μatm=0.101 325 Pa，全书同。

表 6-1　珠江流域枯水期河水理化参数、DIC 浓度与 F（CO_2）统计结果

		珠江干流						珠江支流					
参数	单位	最小值	最大值	平均值	中位值	标准差	变异系数	最小值	最大值	平均值	中位值	标准差	变异系数
温度	℃	11.4	18.8	16.4	16.9	2.2	0.13	10.2	26.6	16.4	16.8	1.0	0.06
pH	—	7.5	8.4	8.0	8.0	0.2	0.02	7.0	8.8	7.5	7.8	0.2	0.03
DO	%	81.7	122.7	93.1	93.2	8.1	0.09	68.2	116.6	92.1	94.2	9.1	0.10
EC	μS/cm	263	602	386	348	98	0.25	76	601	232	347	86	0.37
HCO_3^-	μmol/L	1 364	3 828	2 405	2 349	554	0.23	498	3 793	1 475	2 424	699	0.41
$p(CO_2)$	μatm	523	3 674	1 591	1 488	698	0.44	260	6 354	2 548	1 929	1 084	0.43
$F(CO_2)$	mmol/（m^2·d）	19.8	521.0	190.7	172.8	40.4	0.58	−38.6	1 579.8	574.8	410.9	288.4	0.50

1 579.8 mmol/（m^2·d），平均值为 574.8 mmol/（m^2·d），中位值为 410.9 mmol/（m^2·d）。珠江干流与支流河水的 F（CO_2）CV 值均大于 0.40，说明珠江 F（CO_2）变化较大。珠江干流河水的 $\delta^{13}C_{DIC}$ 变化范围较小，$\delta^{13}C_{DIC}$ 在 -11.5‰～-8.1‰ 波动，平均值为 -9.6‰。上游河水 $\delta^{13}C_{DIC}$ 平均值（-9.5‰）略高于下游河水（-10.1‰）。支流河水 $\delta^{13}C_{DIC}$ 变化范围为 -19.8‰～-2.1‰，平均值为 -10.4‰，中位值为 -10.1‰。珠江河水 $\delta^{13}C_{DIC}$ 与以往研究报道的珠江子流域河水的 $\delta^{13}C_{DIC}$ 基本一致[33, 34]。珠江河水支流中 $\delta^{13}C_{DIC}$ 变化范围较大，反映了其水化学的复杂性。pH、温度、HCO_3^- 和 p（CO_2）也有明显的空间分布差异：在干流中，温度和 p（CO_2）沿河流流向升高，而 pH 和 DIC 沿河流流向降低，DO 与 $\delta^{13}C_{DIC}$ 的空间分布不明显（图 6-1）。

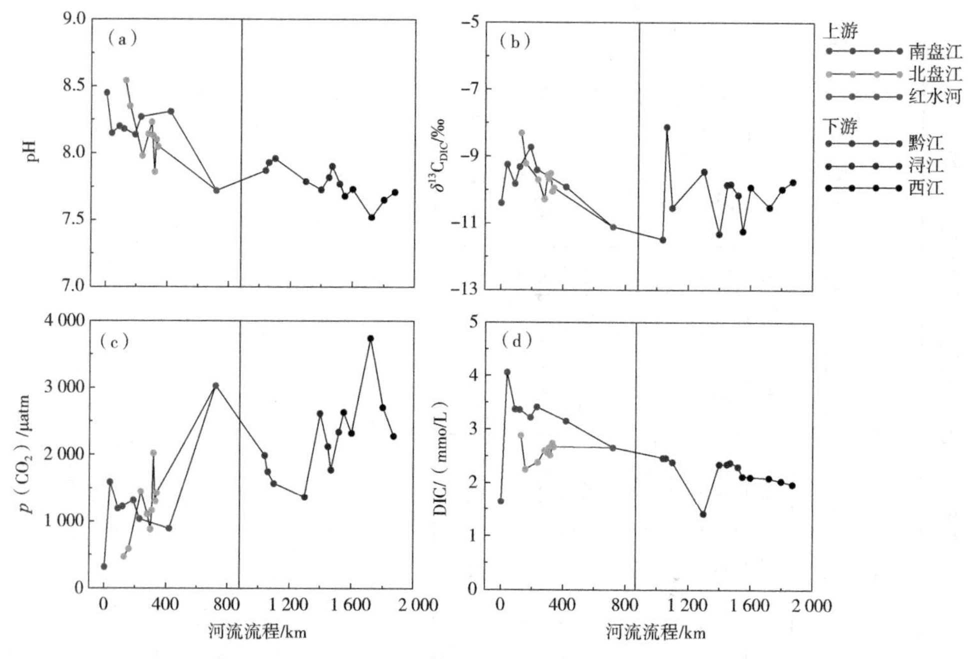

图 6-1 珠江枯水期河水 pH、$\delta^{13}C_{DIC}$、p（CO_2）与 DIC 浓度沿程变化

6.2　河水碳同位素的控制因素

6.2.1　土壤呼吸

土壤呼吸指的是植物根系的呼吸作用以及土壤中的微生物对有机物的氧化分解。土壤呼吸产生的 CO_2 溶解在水中将会形成酸性物质，而这些酸性物质将驱动矿物的溶解[35-37]。土壤中 CO_2 浓度和 $\delta^{13}C_{CO_2}$ 受土壤呼吸作用的控制。我们测定了珠江河水 POC 和当地植物的 $\delta^{13}C$，大部分植物的 $\delta^{13}C$ 集中在 -26‰～-24‰，属于典型的 C_3 植物。土壤呼吸产生 $\delta^{13}C_{CO_2}$ 与植物本身基本相同。而土壤中较高的 p（CO_2）（1 000～100 000 μatm）会使呼吸产生的 CO_2 从土壤扩散到大气中，这会改变土壤中 CO_2 浓度与其同位素组成。本研究选取当地植物的 $\delta^{13}C$ 的平均值（-25‰）计算土壤中 CO_2 扩散对 CO_2 浓度与同位素的影响。我们假设土壤呼吸发生在土壤深度 1 m 之内（L=1），则土壤不同深度的 CO_2 浓度可通过计算获得[38]：

$$C_s^* = \frac{\varphi^*}{D_s^*}\left(Lz - \frac{z^2}{2}\right) + C_0^* \tag{6-10}$$

式中，z 代表土壤深度；φ^* 代表土壤的呼吸速率；C^*_S 与 C^*_0 分别代表 z 深度处的土壤 CO_2 与大气 CO_2 浓度；C^*_S 是 CO_2 的扩散系数，在这里取 0.02 cm^2/s[39, 40]。同时因为 $^{12}CO_2$ 与 $^{13}CO_2$ 拥有不同的质量数，因此其扩散系数有差异，进而导致扩散的过程中会发生扩散分馏：

$$\delta_s = \left(\frac{1}{R_{PDB}} \left[\frac{\left[\frac{\varphi^*}{D_s^*}\left(Lz - \frac{z^2}{2}\right)\right]\left[\frac{D_s^*}{D_s^\beta}\right]\left[\hat{\delta}_\varphi\right] + C_0^*\hat{\delta}_a}{\frac{\varphi^*}{D_s^*}\left(Lz - \frac{z^2}{2}\right)\left[1 - \frac{D_s^*}{D_s^\beta}\hat{\delta}_\varphi\right] + C_0^*\left[1 - \hat{\delta}_a\right]} \right] - 1 \right) \times 1000 \tag{6-11}$$

$$\hat{\delta}_i = \left[\frac{\left(\frac{\delta_i}{1000} + 1\right) R_{PDB}}{1 + R_{PDB}\left(\frac{\delta_i}{1000} + 1\right)} \right] \tag{6-12}$$

式中，δ_s、δ_a与δ_φ分别代表土壤CO_2、大气CO_2与植物呼吸产生CO_2的C同位素组成；D_s^β为$^{12}CO_2$的扩散系数；R_{PDB}为国际标样PDB（美国南卡罗来纳州白垩系Pee Dee组拟箭石化石）的C同位素比值。

计算结果表明，当土壤呼吸速率为2～20 mmol/（$m^2 \cdot h$），土壤CO_2的扩散分馏会使得土壤$\delta^{13}C_{CO_2}$升高4.4‰～6‰。考虑土壤呼吸速率以及当地植物的同位素组成，我们可以对区域土壤CO_2浓度及$\delta^{13}C$进行粗略估算，作为CO_2或DIC（CO_2与土壤溶液平衡）的初始状态。

6.2.2 矿物溶解过程中的C同位素分馏

在化学风化过程中，pH、DIC浓度和$\delta^{13}C_{DIC}$会不断变化。反应时系统的开放程度很大程度上决定了反应的过程，开放系统（通常在非饱和带）意味着土壤中的CO_2的浓度基本不变，而封闭系统表示土壤中的CO_2会被持续地消耗。如图6-2所示，我们通过计算模拟了硅酸岩与碳酸盐岩矿物与CO_2反应时pH、DIC浓度和$\delta^{13}C_{DIC}$的变化。在开放体系中，持续的CO_2供应可以使更多的矿物溶解，生成的风化产物中的DIC浓度比封闭体系高。开放体系与封闭体系$\delta^{13}C_{DIC}$的差异相对较小，为1‰～2‰，但两者的控制因素却截然不同：在开放体系中，$\delta^{13}C_{DIC}$受土壤CO_2与DIC之间的平衡分馏控制，因此无论矿物类型为碳酸盐或硅酸盐，最终$\delta^{13}C_{DIC}$较初始状态高8‰～9‰；而在封闭体系中，$\delta^{13}C_{DIC}$由矿物与初始DIC的质量平衡控制。碳酸盐溶解直至产生方解石沉淀时，$\delta^{13}C_{DIC}$会有约10‰的升高，这一结果代表了碳酸盐岩（大约0‰）与初始土壤溶液中$\delta^{13}C_{DIC}$的混合；而对于硅酸盐溶解，因为没有其他含碳物质加入，$\delta^{13}C_{DIC}$将保持不变。实际上，开放体系和封闭体系只是我们假设的理想条件，矿物于开放体系溶解并在封闭体系下持续溶解可能更为普遍。样品的pH与DIC浓度如图6-2所示，大部分样品pH和DIC浓度较高，甚至可能开始出现方解石的沉淀。如果化学风化在封闭条件下完成，即使是在较高的p（CO_2）下完成化学风化，也不会产生如此的高DIC浓度。关于珠江流域地下水的研究也说明地下水p（CO_2）远高于河水。这些结果表明，珠江流域内化学风化可能是在开放或部分开放体系下完成的。

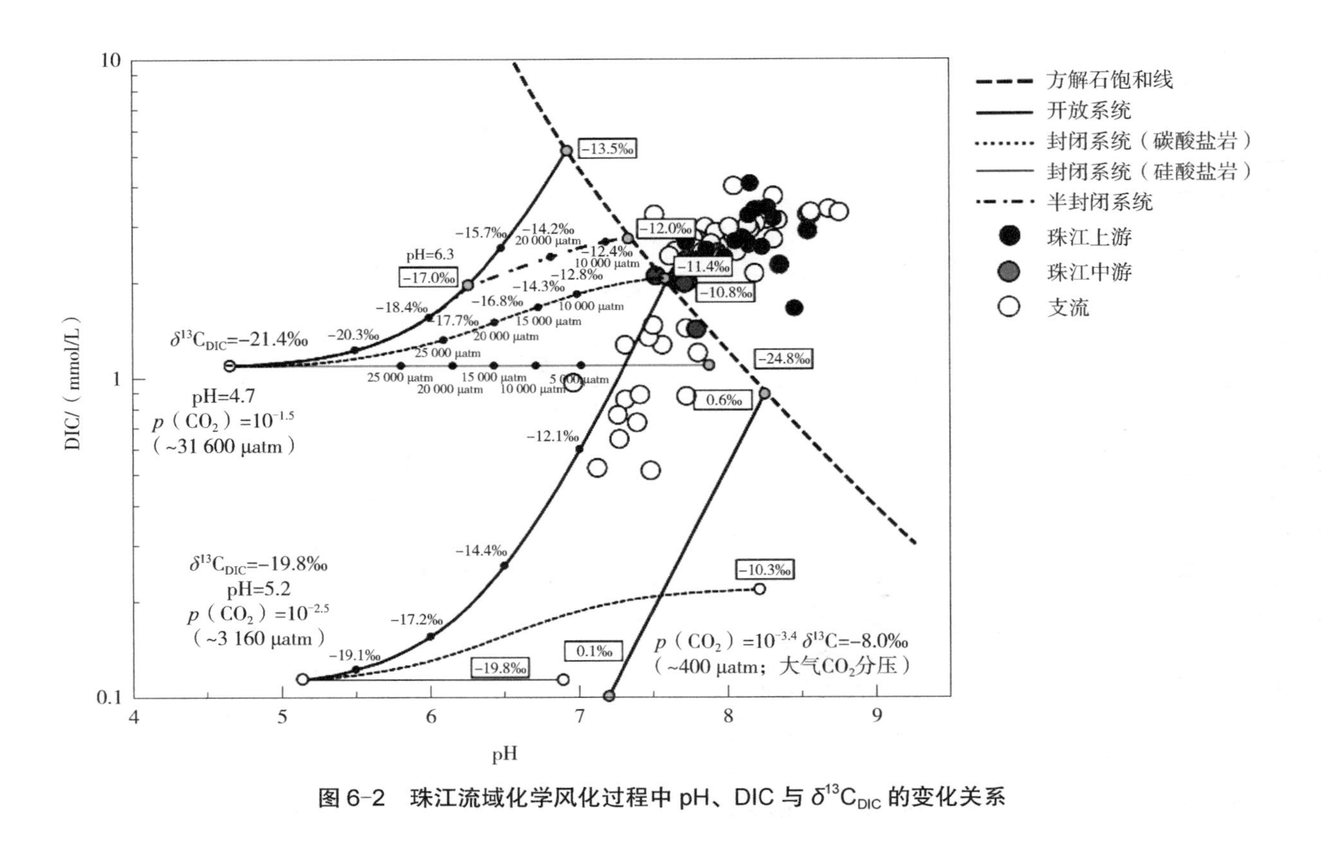

图 6-2 珠江流域化学风化过程中 pH、DIC 与 $\delta^{13}C_{DIC}$ 的变化关系

实际上，H_2SO_4 和 HNO_3 也可以代替 CO_2 完成矿物的溶解，而若发生这类过程，产生的风化产物的 $\delta^{13}C_{DIC}$ 会继承碳酸盐岩矿物的 C 同位素组成[36, 37, 41]。如图 6-3 所示，$\delta^{13}C_{DIC}$ 与［Ca^{2+}+Mg^{2+}］/［HCO_3^-］之间没有表现出明显的混合关系，而［Ca^{2+}+Mg^{2+}］/［HCO_3^-］和［SO_4^{2-}］/［HCO_3^-］的关系表明碳酸盐岩

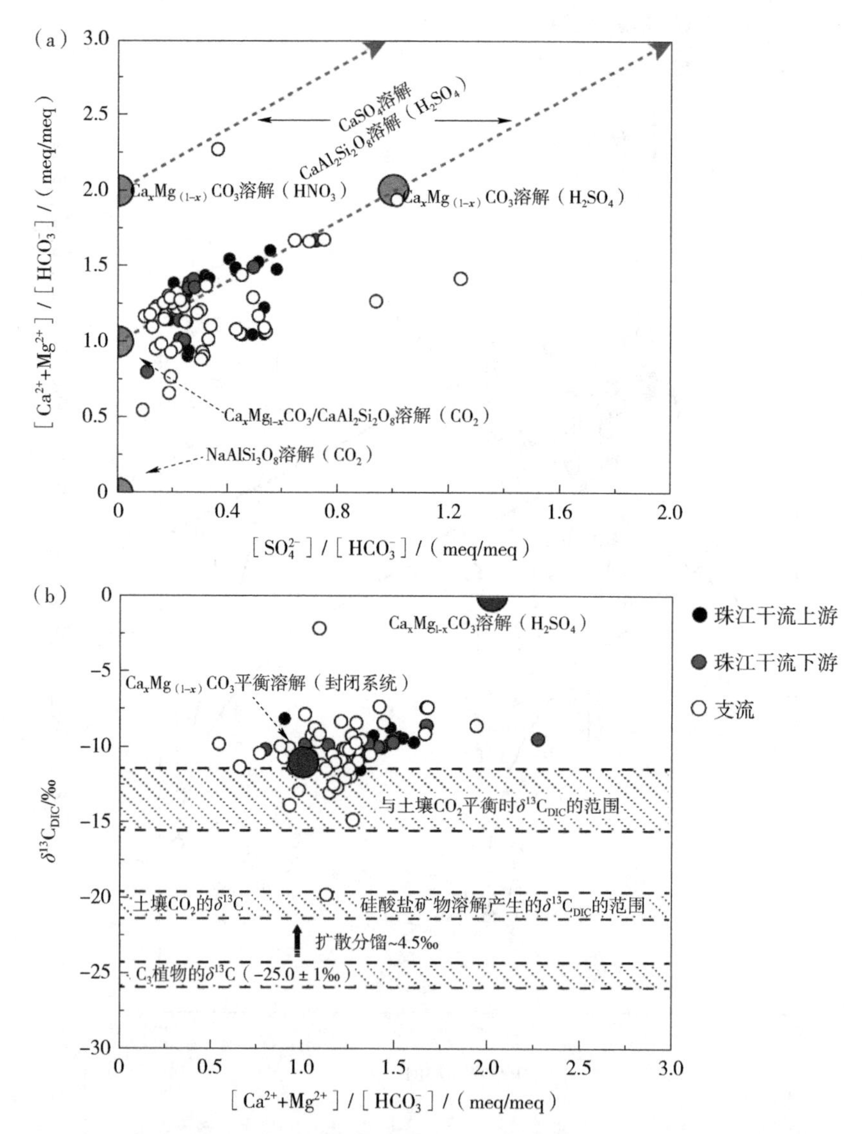

图 6-3　珠江河水中 $\delta^{13}C_{DIC}$、［Ca^{2+}+Mg^{2+}］/［HCO_3^-］与［SO_4^{2-}］/［HCO_3^-］关系

的溶解是由 CO_2 与 H_2SO_4 共同完成的。珠江河水样品的 $\delta^{13}C_{DIC}$ 都集中在较小的范围之内。虽然在封闭体系下 $\delta^{13}C_{DIC}$ 接近碳酸盐岩被 CO_2 溶解的端元，但样品 [Ca^{2+}+Mg^{2+}] / [HCO_3^-] 变化范围较大，这意味着样品的 $\delta^{13}C_{DIC}$ 不能用封闭体系演化来解释，这是因为封闭体系演化应具有相对固定的 [Ca^{2+}+Mg^{2+}] / [HCO_3^-] 比值。虽然 H_2SO_4 也参与了碳酸盐岩矿物的溶解（～0‰），但其对 $\delta^{13}C_{DIC}$ 的影响被其他过程所掩盖。而在珠江下游流经硅酸盐岩的地区，大部分支流的 $\delta^{13}C_{DIC}$ 也显著高于封闭体系演化下的 $\delta^{13}C_{DIC}$（-24‰）。

6.2.3 CO_2 逃逸对 C 同位素的影响

CO_2 逃逸是 CO_2 在河水中与大气中的浓度差驱动的。$C^{12}O_2$ 和 $C^{13}O_2$ 扩散系数的不同，导致了在 CO_2 逃逸过程中会发生扩散分馏。由于 $C^{12}O_2$ 的扩散速率较大，扩散分馏导致 C^{13} 在剩余的 DIC 中富集。虽然 DIC 与大气 CO_2 之间的平衡交换分馏也可能是河流 $\delta^{13}C_{DIC}$ 升高的原因[42, 43]。但是，如果 CO_2 的分压差很大，$\delta^{13}C_{DIC}$ 主要受扩散过程控制，这是因为气体逸出可以不断改变系统状态，从而难以达到化学平衡，而化学平衡是平衡交换分馏的基础条件[10]。

最近的研究发现，p（CO_2）在河流与地下水的交互地带会显著升高，然后在几千米甚至几百米范围内，大量的 CO_2 会迅速地逃逸至空气中，而这个过程总是伴随着剧烈的扩散分馏[10, 44-46]。为了探究扩散分馏的影响，我们使用 CO_2-DEGAS 模型来模拟计算该分馏[45, 46]。该模型可以模拟 pH 4.6～7.2 时，CO_2 逃逸对河水 pH、DIC 以及同位素组成的影响。在扩散分馏过程中河水中 p（CO_2）、$\delta^{13}C_{DIC}$ 和 pH 同时发生变化。如图 6-4 所示，我们模拟了不同初始条件的河水发生 CO_2 逃逸的过程：我们首先假设化学风化过程处于开放系统中，初始的 p（CO_2）为 $10^{-1.5}$ μatm，风化产物中 TA 为 1.8 mmol/L（干流所观察到的最低浓度）和 2.8 mmol/L（干流平均浓度），$\delta^{13}C_{DIC}$ 是开放体系碳酸盐岩风化达到方解石饱和时的 $\delta^{13}C_{DIC}$，而最终的状态是 pH 达到 7.2（图 6-4 中实线箭头），计算发现当河流中 TA 主要来自碳酸盐岩风化时，扩散分馏会使 $\delta^{13}C_{DIC}$ 值升高大约 2‰。然而当 pH 达到 7.2 时，河水中 p（CO_2）仍远高于大气中 p（CO_2）含量，这说明扩散会持续发生。然而在较高的 pH 下，$\delta^{13}C_{DIC}$ 在 CO_2 在河水 / 大气界面之间的动力学扩散和碳酸盐平衡过程中均发生了动力学分馏，导致很难用理论计算模拟这样的分馏过程。前人的研究通过实地观测发现 pH 在 6～9 变化时，$\delta^{13}C_{DIC}$

和 ln ep（CO_2）（河水 CO_2 与大气 CO_2 分压比的自然对数）之间存在线性关系，斜率为 -2.4～-2.3（图 6-4 中虚线箭头）。可以发现利用 CO_2-DEGAS 模型计算 $\delta^{13}C_{DIC}$ 和 ln ep（CO_2）之间的关系（斜率）与野外观测的斜率基本一致。这一结果说明，在较大的 pH 范围内，CO_2 的逃逸过程在降低河水 p（CO_2）的同时会导致 $\delta^{13}C_{DIC}$ 升高，并且 $\delta^{13}C_{DIC}$ 和 ln ep（CO_2）之间大致会呈现线性关系。如图 6-4 所示，除位于流经硅酸盐地区的支流中采集的部分样品外，干流中大部分样品 $\delta^{13}C_{DIC}$ 和 ln ep（CO_2）的关系都满足假定的分馏曲线。而实际结果与模拟曲线之间的偏差可能是由估算土壤呼吸速率和化学风化中变化的误差造成的。而随着珠江河水中 p（CO_2）的降低，河流 $\delta^{13}C_{DIC}$ 增加，说明扩散分馏对河流 $\delta^{13}C_{DIC}$ 有显著影响。在流经硅酸岩地区的支流中采集的样品的 $\delta^{13}C_{DIC}$ 和 p（CO_2）相对较低，并且与干流样品相差较大。我们模拟了封闭体系中硅酸岩风化产物在 CO_2 逃逸过程中 $\delta^{13}C_{DIC}$ 的变化：当 p（CO_2）在 $10^{-2.3}$～$10^{-1.75}$ μatm 时，TA 为 0.58 mmol/L 时（支流中最低浓度），扩散作用会使得 $\delta^{13}C_{DIC}$ 上升 4‰～7‰。少部分样品具有相对较低的 $\delta^{13}C_{DIC}$ 和 p（CO_2），这表明硅酸盐矿物溶解可能是在封闭条件下进行的。

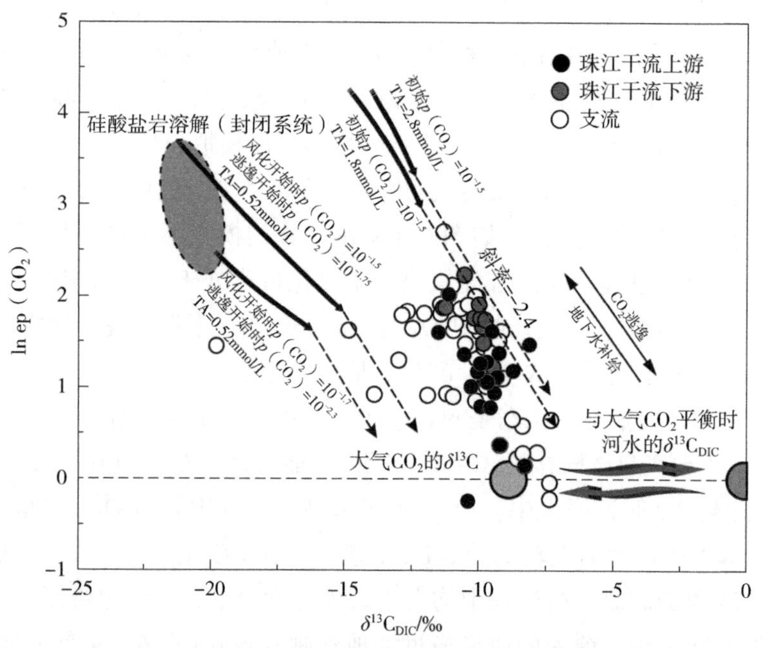

图 6-4 珠江河水 $\delta^{13}C_{DIC}$ 与 ln ep（CO_2）的关系

当风化产物进入河水后，CO_2 的逃逸过程将持续改变河水的 $\delta^{13}C_{DIC}$、pH 和 p（CO_2）。当 DIC 主要来源于碳酸盐岩风化时，矿物溶解时的平衡分馏会显著降低 $\delta^{13}C_{DIC}$，而 CO_2 的逃逸会降低河水的 p（CO_2），同时造成的 $\delta^{13}C_{DIC}$ 分馏相对较小，这可以解释珠江河水 $\delta^{13}C_{DIC}$ 和 p（CO_2）之间的负相关关系。需要注意的是，在 CO_2 逃逸时，地下水也可以持续补给河流，使得河流的 DIC 始终处于动态的变化中。虽然珠江下游分布着大量的硅酸岩，但珠江干流的 DIC 的主要来源为上游碳酸盐岩的化学风化，干流的离子组成仍以 Ca^{2+}、Mg^{2+} 和 HCO_3^- 为主。

6.3　河水的 CO_2 逃逸

6.3.1　河水 p（CO_2）的控制因素

河流中的 p（CO_2）主要受到以下过程的影响：①风化产物或土壤 CO_2 进入河流[36, 42]；②生物作用[36]；③ CO_2 逃逸[24]。一般来说，枯水期时较弱的光照和较低的水温会抑制河流内生生物作用[44, 47, 48]。

河水的水温会影响解离常数［式（6-1）］，进而影响河水的 $p(CO_2)$。为了探究水温对河流 p（CO_2）的影响，我们计算了 pH 和 HCO_3^- 浓度不变时下温度变化引起的河水 p（CO_2）的变化。如图 6-5 所示，单纯的温度变化导致河水 p（CO_2）上升的幅度是有限的。当 pH 较高时（>8.5），水温从 10℃上升到 25℃时 p（CO_2）增加量小于 100 μatm。在我们采集的样品的水温范围内，当 pH 相对低并且 HCO_3^- 浓度较高时，由水温变化引起的 p（CO_2）的变化将小于 500 μatm。此外温度的变化并不会引起 pH、DIC 浓度发生明显变化，因此在珠江流域沿程内水温的变化不能解释所观察到的 pH、HCO_3^- 和 p（CO_2）的空间分布。

流域内的人类活动会带来酸性物质，而这些酸性物质可以通过降低 pH 进而影响河水的 p（CO_2）。我们建立了一个简单的模型检验珠江河水中 p（CO_2）的空间分布是否可以用酸性污染物来解释：假设污染物的输入可以持续降低 pH，同时 DIC 浓度不发生显著变化。初始条件为珠江源头所采集的样品点（pH 和 DIC 浓度最高）。我们发现随着酸性物质的加入，pH 和 HCO_3^- 的浓度会显著降低，而 p（CO_2）增加。HCO_3^- 和 p（CO_2）在不同水温下的变化如图 6-6 所示。

当 pH 由 8.7 降至 7.0 时，HCO_3^- 的浓度会由 4 mmol/L 降至 3 mmol/L，p（CO_2）由 500 μatm 升高至 20 000 μatm。虽然珠江流域样品点的 p（CO_2）/HCO_3^- 和 pH 之间具有相似的关系，即随着 pH 降低，河水 HCO_3^- 浓度下降，但模拟曲线与实际结果有明显的偏差，说明酸性污染物不是影响珠江河水 p（CO_2）、HCO_3^- 和 pH 空间分布的主要原因。

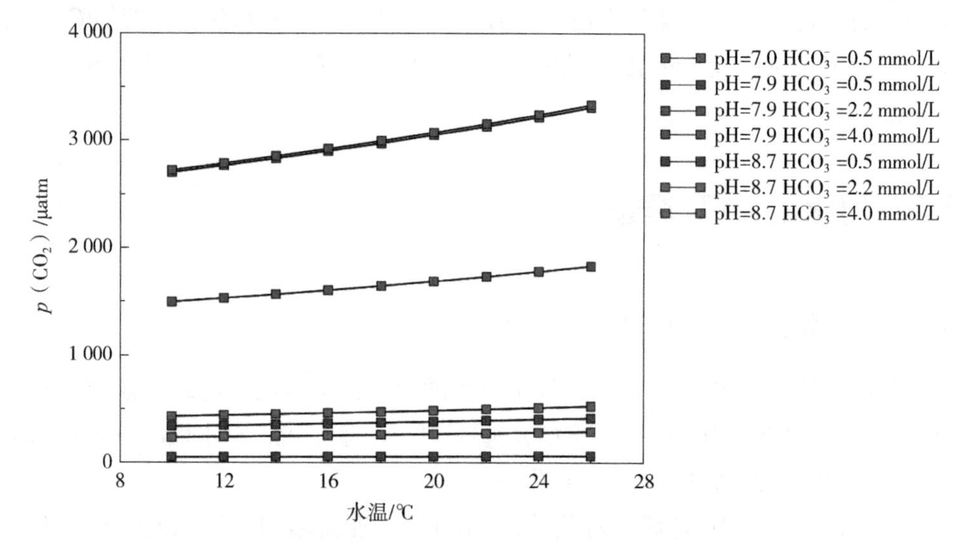

图 6-5 河水 p（CO_2）与水温变化关系

珠江上游为碳酸盐岩，下游主要为硅酸盐岩，这导致上游河水 DIC 浓度和 pH 比下游要高得多[26, 49]。珠江河水的 pH、p（CO_2）和 HCO_3^- 的空间分布可能是不同岩性风化产物混合的结果。我们使用 PHREEQC 软件中的混合模型来量化风化产物混合过程中 pH、HCO_3^-、p（CO_2）的变化。图 6-7 中的曲线描述了不同情况下的风化产物混合时 pH、HCO_3^-、p（CO_2）的变化。我们模拟了 p（CO_2）介于 1 000～33 000 μatm 河水的混合。如图 6-7 所示，珠江河水样品基本分布在模拟曲线所包含的范围之内。然而，实际样品的 pH、HCO_3^-、p（CO_2）的分布范围较广，没有符合某一特定的混合曲线。这一结果反映了混入物的 pH 和 DIC 浓度可能变化较大。通常，风化作用的强度受到流速、温度、矿物表面积与 p（CO_2）控制[50, 51]。这些参数的差异使得化学风化速率具有较大的差异，从而导致不同子流域风化产物中的 pH 和 DIC 浓度变化较大。图 6-7 说明，与上游河

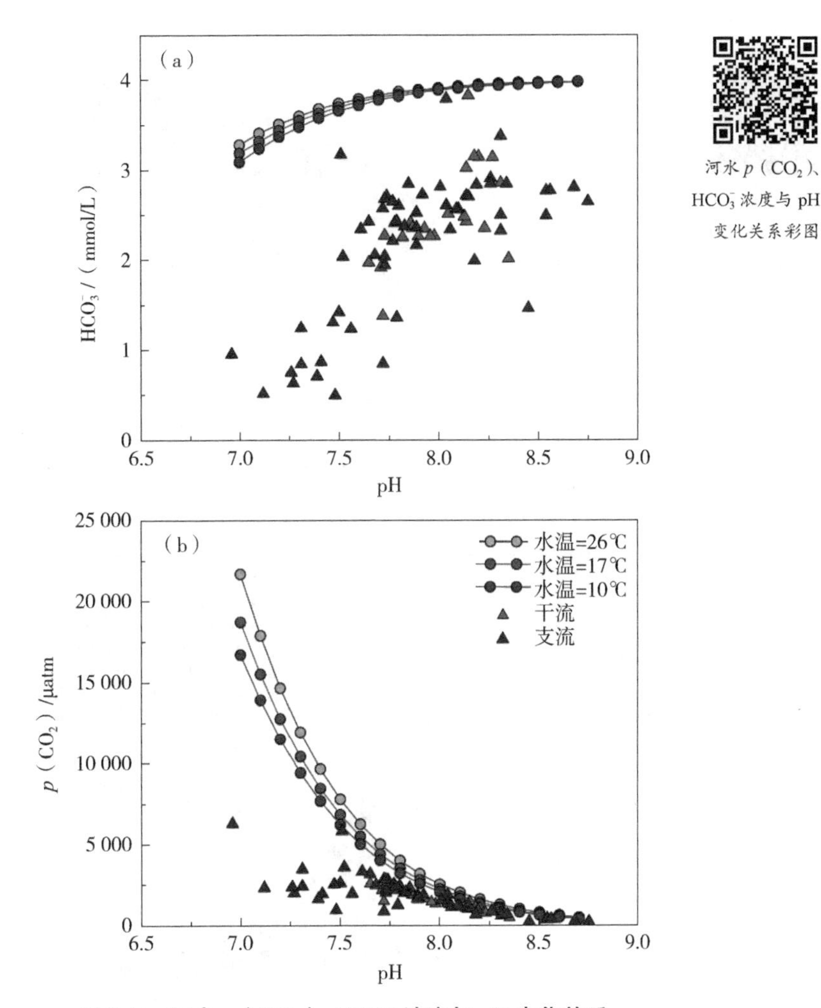

图 6-6　河水 p (CO_2)、HCO_3^- 浓度与 pH 变化关系

水混合的径流应该满足：pH 相对较高（>5），DIC 浓度相对较低（<1 mmol/L）。通常流经硅酸岩地区的河流可以产生这样的 pH 和 DIC 浓度范围，因为硅酸盐岩的化学风化较为缓慢[46, 52, 53]。这一结果表明，珠江流域河水 p（CO_2）、HCO_3^- 和 pH 的空间分布很有可能是由河水的混合作用产生的。本书中所展示的是理想状态下的混合关系，pH、HCO_3^- 和 p（CO_2）之间的关系还有待进一步研究。

风化产物发生混合时 p (CO_2)、HCO_3^- 与 pH 的关系彩图

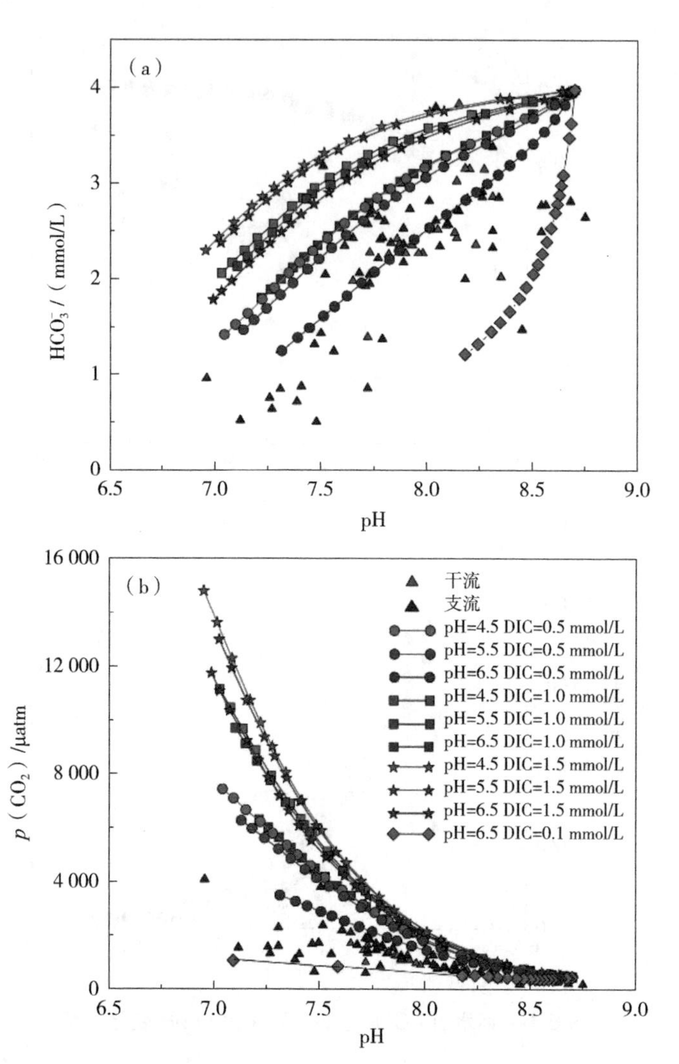

图 6-7 风化产物发生混合时 p (CO_2)、HCO_3^- 与 pH 的关系

6.3.2 珠江流域 CO_2 逃逸速率

在珠江流域，大部分采样点采集的河水样品的 p (CO_2) 高于大气的。p (CO_2) 的平均值（1 765 μatm）和中值（1 661 μatm）均低于全球河水平均值（3 100 μatm）[7, 8]。表 6-2 总结了珠江和其他河流的 p (CO_2)、k 与 F (CO_2)。与其他河流相比，本研究使用的 k 值要高于以往的许多研究[24, 30, 54, 55]，这主要

是由于最近的研究表明，以往的研究对 k 的取值有相当大的低估[3, 8, 29]。珠江 F（CO_2）的平均值为 339 mmol/（$m^2 \cdot d$），中值为 261 mmol/（$m^2 \cdot d$）。与世界其他河流相比，珠江的 F（CO_2）相对较高（表 6–2），F（CO_2）略高于一些大型河流，如蒙河［240 mmol/（$m^2 \cdot d$）］[56]、密西西比河［269 mmol/（$m^2 \cdot d$）］[21]、湄公河［195 mmol/（$m^2 \cdot d$）］[22]，而明显高于渥太华河［80.8 mmol/（$m^2 \cdot d$）］[19]、哈德逊河［16.1～37.0 mmol/（$m^2 \cdot d$）］[30]。珠江河水的 p（CO_2）和 F（CO_2）明显高于中国最大河流长江[54]，与猫跳河报道的结果相似[55]。

表 6–2 珠江与世界河流河水 p（CO_2）、k 和 F（CO_2）值统计结果

河流	p（CO_2）/ μatm	k/（cm/h）	F（CO_2）/［mmol/（$m^2 \cdot d$）］
美国河流	—	—	201～906
美国温带河流	—	—	541
热带河流	3 600	12.3	365
热带溪流	4 300	17.2	621
温带河流	3 200	6	164
温带溪流	3 500	20.2	600
亚马孙河	2 950～44 000	2.7～9.6	27.3
湄公河（2011 年）	141～12 616	1.0～71.1	3.4～1 226
湄公河（2013 年）	1 090	26	195
蒙河	4 392	10	240
密西西比河	73～3 015	16.3	269
西江	2 600	8～15	189～356
席娜迈河	—	—	30–461
长江	1 297	8	36.2
龙川江	1 230～2 100	15	74～156
猫跳河	85～6 269	8～15	362～489
猫跳水库	38～3 300	2～4	15～47
珠江	260～6 354	13.1～32.6	-32～1 579
渥太华河	1 200	4	80.8
哈德逊河	1 125	1.5～4.1	16.1～37.0

珠江上游流经喀斯特地区的河水 $F(CO_2)$ 比流经下游硅酸岩平原的低。值得注意的是，上游河水的 DIC 浓度要明显高于下游。珠江源头 DIC 浓度达到 4.0 mmol/L，高于世界上大多数河流。而上游河水的高 pH 是上游河水 $p(CO_2)$ 和 $F(CO_2)$ 值较低的主要原因。当 pH＞8.0 时，因为碳酸平衡作用，H_2CO_3 只占 DIC 的很小一部分（＜2.5%），而 pH＜7.0 时，H_2CO_3 所占比例上升到 20%。由此可见，珠江上游河水的 DIC 浓度虽然较高，但是 pH 使得 $p(CO_2)$ 和 $F(CO_2)$ 相对较低。随着下游河水流经硅酸岩地区，硅酸岩的风化产物汇入河流，导致了河水 pH 与 DIC 浓度的降低，这使得 $p(CO_2)$ 相对比例增加，因此下游河水的 $p(CO_2)$ 与 $F(CO_2)$ 要高于上游河水。

6.4 小结

本章对珠江干流及 42 条支流枯水期河水的 $\delta^{13}C_{DIC}$ 及 CO_2 逃逸进行了分析。研究了土壤呼吸、化学风化和 CO_2 逃逸对 DIC 和 $\delta^{13}C_{DIC}$ 的影响；定量研究了水温、人为酸性物输入和风化物质混合对河流 $p(CO_2)$ 的影响；计算了珠江流域 CO_2 逃逸速率，并与其他已发表的数据进行了比较。通过以上研究可以得出以下结论：珠江河水 DIC 与 pH 沿流向方向呈下降趋势，而 $p(CO_2)$ 呈上升趋势，这体现了岩性对水化学的控制作用。珠江河水水化学主要受到碳酸盐岩风化控制。珠江河水具有较高 DIC 浓度，流域内发生的化学风化作用可能是在开放体系下完成的，土壤 CO_2 和 DIC 之间的平衡分馏交换控制着 $\delta^{13}C_{DIC}$。珠江河水中 $p(CO_2)$ 高于大气中 $p(CO_2)$，这促使 CO_2 从河水逃逸到大气中，并引起扩散分馏。强烈的分馏导致 C^{13} 在残留 DIC 中富集，$\delta^{13}C_{DIC}$ 与 $p(CO_2)$ 呈负相关关系。珠江流域河水的 $F(CO_2)$ 平均值为 339 mmol/（$m^2 \cdot d$），与湄公河、密西西比河等大型河流基本相同。喀斯特地貌的碳酸盐风化作用使得流经该地区河流具有较高 pH 与较低的 $p(CO_2)$ 和 $F(CO_2)$。

参考文献

[1] GAILLARDET J，DUPR B，LOUVAT P，et al. Global silicate weathering and CO_2 consumption rates deduced from the chemistry of large rivers[J]. Chemical Geology，1999，159（1）：3-30.

[2] MEYBECK M. Global chemical weathering of surficial rocks estimated from river dissolved loads[J]. American Journal of Science，1987，287（5）：401–428.

[3] MARX A，DUSEK J，JANKOVEC J，et al. A review of CO_2 and associated carbon dynamics in headwater streams：a global perspective[J]. Reviews of Geophysics，2017，55（2）：560–585.

[4] BERNER R A，LASAGA A C，GARRELS R M. The carbonate–silicate geochemical cycle and its effect on atmospheric carbon dioxide over the past 100 million years[J]. American Journal of Science，1983，283（7）：641–683.

[5] BERNER R A. A new look at the long–term carbon cycle[J]. GSA Today，1999，9（11）：2–6.

[6] TORRES M A，WEST A J，LI G. Sulphide oxidation and carbonate dissolution as a source of CO_2 over geological timescales[J]. Nature，2014，507（7492）：346–349.

[7] RICHEY J E，MELACK J M，AUFDENKAMPE A K，et al. Outgassing from Amazonian rivers and wetlands as a large tropical source of atmospheric CO_2[J]. Nature，2002，416（6881）：617–620.

[8] RAYMOND P A，HARTMANN J，LAUERWALD R，et al. Global carbon dioxide emissions from inland waters[J]. Nature，2013，503（7476）：355–359.

[9] HOTCHKISS E R，HALL JR R O，SPONSELLER R A，et al. Sources of and processes controlling CO_2 emissions change with the size of streams and rivers[J]. Nature Geoscience，2015，8（9）：696–699.

[10] DOCTOR D H，KENDALL C，SEBESTYEN S D，et al. Carbon isotope fractionation of dissolved inorganic carbon（DIC）due to outgassing of carbon dioxide from a headwater stream[J]. Hydrological Processes，2008，22（14）：2410–2423.

[11] AUFDENKAMPE A K，MAYORGA E，RAYMOND P A，et al. Riverine coupling of biogeochemical cycles between land，oceans，and atmosphere[J]. Frontiers in Ecology and the Environment，2011，9（1）：53–60.

[12] KOKIC J，WALLIN M B，CHMIEL H E，et al. Carbon dioxide evasion from headwater systems strongly contributes to the total export of carbon from a small boreal lake catchment[J]. Journal of Geophysical Research：Biogeosciences，2015，120（1）：13–28.

[13] BUTMAN D, RAYMOND P A. Significant efflux of carbon dioxide from streams and rivers in the United States[J]. Nature Geoscience, 2011, 4 (12): 839-842.

[14] ALIN S R, Rasera M D F F L, SALIMON C I, et al. Physical controls on carbon dioxide transfer velocity and flux in low-gradient river systems and implications for regional carbon budgets[J]. Journal of Geophysical Research: Biogeosciences, 2011, 116 (G1).

[15] REGNIER P, FRIEDLINGSTEIN P, CIAIS P, et al. Anthropogenic perturbation of the carbon fluxes from land to ocean[J]. Nature Geoscience, 2013, 6 (8): 597-607.

[16] ZAPPA C J, MCGILLIS W R, RAYMOND P A, et al. Environmental turbulent mixing controls on air-water gas exchange in marine and aquatic systems[J]. Geophysical Research Letters, 2007, 34 (10): L10601.

[17] ABRIL G, GUYPER F, RICHARD S, et al. Carbon dioxide and methane emissions and the carbon budget of a 10-year old tropical reservoir (Petit Saut, French Guiana) [J]. Global Biogeochemical Cycles, 2005, 19 (4): GB4007.

[18] Hélie J-F, HILLAIRE-MARCEL C, RONDEAU B. Seasonal changes in the sources and fluxes of dissolved inorganic carbon through the St. Lawrence River—isotopic and chemical constraint[J]. Chemical Geology, 2002, 186 (1): 117-138.

[19] TELMER K, VEIZER J. Carbon fluxes, p (CO_2) and substrate weathering in a large northern river basin, Canada: carbon isotope perspectives[J]. Chemical Geology, 1999, 159 (1): 61-86.

[20] CRAWFORD J T, STRIEGL R G, WICKLAND K P, et al. Emissions of carbon dioxide and methane from a headwater stream network of interior Alaska[J]. Journal of Geophysical Research: Biogeosciences, 2013, 118 (2): 482-494.

[21] DUBOIS K D, LEE D, VEIZER J. Isotopic constraints on alkalinity, dissolved organic carbon, and atmospheric carbon dioxide fluxes in the Mississippi River[J]. Journal of Geophysical Research: Biogeosciences, 2010, 115 (G2): G02018.

[22] LI S, LU X X, BUSH R T. CO_2 partial pressure and CO_2 emission in the Lower Mekong River[J]. Journal of Hydrology, 2013, 504: 40-56.

[23] LI S, LU X X, HE M, et al. Daily CO_2 partial pressure and CO_2 outgassing in the upper Yangtze River basin: a case study of the Longchuan River, China[J]. Journal

of Hydrology，2012，466-467：141-150.

[24] YAO G，GAO Q，WANG Z，et al. Dynamics of CO_2 partial pressure and CO_2 outgassing in the lower reaches of the Xijiang River，a subtropical monsoon river in China[J]. Science of The Total Environment，2007，376（1）：255-266.

[25] HUNT C W，SALISBURY J E，VANDEMARK D. Contribution of non-carbonate anions to total alkalinity and overestimation of p（CO_2）in New England and New Brunswick rivers[J]. Biogeosciences，2011，8（10）：3069-3076.

[26] LIU J，HAN G. Controlling factors of riverine CO_2 partial pressure and CO_2 outgassing in a large karst river under base flow condition[J]. Journal of Hydrology，2021，593：125638.

[27] ZOU J. Geochemical characteristics and organic carbon sources within the upper reaches of the Xi River，southwest China during high flow[J]. Journal of Earth System Science，2017，126（1）：6.

[28] COLE J J，PRAIRIE Y T，CARACO N F，et al. Plumbing the global carbon cycle：integrating inland waters into the terrestrial carbon budget[J]. Ecosystems，2007，10（1）：172-185.

[29] RAYMOND P A，ZAPPA C J，BUTMAN D，et al. Scaling the gas transfer velocity and hydraulic geometry in streams and small rivers[J]. Limnology and Oceanography：Fluids and Environments，2012，2（1）：41-53.

[30] RAYMOND P A，CARACO N F，COLE J J. Carbon dioxide concentration and atmospheric flux in the Hudson River[J]. Estuaries，1997，20（2）：381-390.

[31] RAN L，LU X X，YANG H，et al. CO_2 outgassing from the Yellow River network and its implications for riverine carbon cycle[J]. Journal of Geophysical Research：Biogeosciences，2015，120（7）：1334-1347.

[32] WANG C，XIE Y，LIU S，et al. Effects of diffuse groundwater discharge，internal metabolism and carbonate buffering on headwater stream CO_2 evasion. Science of The Total Environment，2021，777：146230.

[33] LI S L，CALMELS D，HAN G，et al. Sulfuric acid as an agent of carbonate weathering constrained by $\delta^{13}C_{DIC}$：examples from southwest China[J]. Earth and Planetary Science Letters，2008，270（3）：189-199.

[34] QIN C，LI S L，WALDRON S，et al. High-frequency monitoring reveals how

hydrochemistry and dissolved carbon respond to rainstorms at a karstic critical zone, southwestern China[J]. Science of The Total Environment, 2020: 136833.

[35] POLSENAERE P, SAVOYE N, ETCHEBER H, et al. Export and degassing of terrestrial carbon through watercourses draining a temperate podzolized catchment[J]. Aquatic Sciences, 2013, 75 (2): 299-319.

[36] BARTH J A C, CRONIN A A, DUNLOP J, et al. Influence of carbonates on the riverine carbon cycle in an anthropogenically dominated catchment basin: evidence from major elements and stable carbon isotopes in the Lagan River (N. Ireland) [J]. Chemical Geology, 2003, 200 (3): 203-216.

[37] BARNES R T, RAYMOND P A. The contribution of agricultural and urban activities to inorganic carbon fluxes within temperate watersheds[J]. Chemical Geology, 2009, 266 (3): 318-327.

[38] CERLING T E, SOLOMON D K, QUADE J, et al. On the isotopic composition of carbon in soil carbon dioxide[J]. Geochimica et Cosmochimica Acta, 1991, 55 (11): 3403-3405.

[39] SOLOMON D K, CERLING T E. The annual carbon dioxide cycle in a montane soil: observations, modeling, and implications for weathering[J]. Water Resources Research, 1987, 23 (12): 2257-2265.

[40] CERLING T E. The stable isotopic composition of modern soil carbonate and its relationship to climate[J]. Earth and Planetary Science Letters, 1984, 71 (2): 229-240.

[41] PERRIN A S, PROBST A, PROBST J L. Impact of nitrogenous fertilizers on carbonate dissolution in small agricultural catchments: implications for weathering CO_2 uptake at regional and global scales[J]. Geochimica et Cosmochimica Acta, 2008, 72 (13): 3105-3123.

[42] CARTWRIGHT I. The origins and behaviour of carbon in a major semi-arid river, the Murray River, Australia, as constrained by carbon isotopes and hydrochemistry[J]. Applied Geochemistry, 2010, 25 (11): 1734-1745.

[43] AUCOUR A M, SHEPPARD S M F, GUYOMAR O, et al. Use of 13C to trace origin and cycling of inorganic carbon in the Rhône river system[J]. Chemical Geology, 1999, 159 (1): 87-105.

[44] DUVERT C，BOSSA M，TYLER K J，et al. Groundwater-derived DIC and carbonate buffering enhance fluvial CO_2 evasion in two Australian tropical rivers[J]. Journal of Geophysical Research：Biogeosciences，2019，124（2）：312-327.

[45] POLSENAERE P，ABRIL G. Modelling CO_2 degassing from small acidic rivers using water pCO_2，DIC and $\delta^{13}C$-DIC data[J]. Geochimica et Cosmochimica Acta，2012，91：220-239.

[46] DEIRMENDJIAN L，ABRIL G. Carbon dioxide degassing at the groundwater-stream-atmosphere interface：isotopic equilibration and hydrological mass balance in a sandy watershed[J]. Journal of Hydrology，2018，558：129-143.

[47] SONG C，DODDS W K，RHYPE J，et al. Continental-scale decrease in net primary productivity in streams due to climate warming[J]. Nature Geoscience，2018，11（6）：415-420.

[48] WANG W，LI S L，ZHONG J，et al. Understanding transport and transformation of dissolved inorganic carbon（DIC）in the reservoir system using $\delta^{13}C_{DIC}$ and water chemistry[J]. Journal of Hydrology，2019，574：193-201.

[49] LIU J，HAN G. Effects of chemical weathering and CO_2 outgassing on $\delta^{13}C_{DIC}$ signals in a karst watershed[J]. Journal of Hydrology，2020，589：125192.

[50] WINNICK M J，MAHER K. Relationships between CO_2，thermodynamic limits on silicate weathering，and the strength of the silicate weathering feedback[J]. Earth and Planetary Science Letters，2018，485：111-120.

[51] MAHER K. The role of fluid residence time and topographic scales in determining chemical fluxes from landscapes[J]. Earth and Planetary Science Letters，2011，312（1）：48-58.

[52] VAN GELDERN R，NOWAK M E，ZIMMER M，et al. Field-based stable isotope analysis of carbon dioxide by mid-infrared laser spectroscopy for carbon capture and storage monitoring[J]. Analytical Chemistry，2014，86（24）：12191-12198.

[53] BUFE A，HOVIUS N，EMBERSON R，et al. Co-variation of silicate，carbonate and sulfide weathering drives CO_2 release with erosion[J]. Nature Geoscience，2021，14（4）：211-216.

[54] WANG F，WANG Y. Human impact on historical change of CO_2 degassing flux in the Changjiang River，China[J]. Chinese Journal of Geochemistry，2006，25（1）：

277-277.

[55] WANG F, WANG B, LIU C Q, et al. Carbon dioxide emission from surface water in cascade reservoirs–river system on the Maotiao River, southwest of China[J]. Atmospheric Environment, 2011, 45 (23): 3827-3834.

[56] LI X, HAN G, LIU M, et al. Hydrochemistry and dissolved inorganic carbon (DIC) cycling in a tropical agricultural river, Mun River Basin, northeast Thailand[J]. International Journal of Environmental Research and Public Health, 2019, 16 (18): 3410.

第7章

珠江河水硫、氧同位素地球化学及硫酸盐来源

岩石的化学风化过程是地球表层发生的重要的中和反应，它消耗质子并将原生矿物转化为次生矿物与水溶性离子进行迁移[1-3]。而这些质子主要来自大气或土壤二氧化碳（CO_2）在水中生成的碳酸，硅酸盐岩被碳酸溶解时，其产物被河流输送至海洋，并在海洋中以碳酸盐的形式沉淀，这一过程将影响地质历史时期大气中CO_2的浓度，因此化学风化过程也成了地球气候的天然调节器[1, 4-6]。研究河水中的元素循环可以帮助我们更好地理解化学风化作用对气候的调节模式[1]。然而大气或土壤CO_2并不是唯一参与化学过程的质子提供者，越来越多的证据表明，硫化物氧化产生的硫酸、含氮化肥在土壤中硝化产生的硝酸都可以替代碳酸参与风化[3, 7-9]。而当硫酸参与风化时，风化产物的碱度会降低，进而影响海水中的碳酸盐沉淀速率。河流中硫酸根的来源较为复杂，人为活动造成的酸雨、污水排放与自然来源的硫化物氧化、石膏溶解等会影响河水的SO_4^{2-}。而其中只有硫化物氧化来源的SO_4^{2-}会对全球碳循环产生影响，因此识别河流中硫酸根的来源是研究硫酸参与化学风化过程的基础[10, 11]。本章报道了珠江河水的硫、氧同位素组成，旨在识别珠江流域硫酸根的来源以及估算不同来源的贡献率，为河流硫酸根的源解析研究提供支持。

7.1 河水硫酸根与硫、氧同位素的空间分布特征

前面的章节已经详细介绍了珠江河水的水化学特征。河流的阳离子以 Ca^{2+} 与 Mg^{2+} 为主，占总阳离子浓度的 80% 以上，而阴离子主要以碳酸氢根（HCO_3^-）为主。这样的水化学特征与喀斯特地貌内广泛出露的碳酸盐岩密切相关，碳酸盐岩的化学风化作用将产生大量的 Ca^{2+}、Mg^{2+} 与 HCO_3^-，进而影响河水的化学组成[12, 13]。通常河流中的 SO_4^{2-} 有以下几个主要来源：①硫化物矿物的氧化；②沉积类蒸发岩的溶解；③大气降水的输入；④人为活动的输入[11, 14]。全球河流的 SO_4^{2-} 的平均浓度约为 0.12 mmol/L，而珠江河水样品丰水期时 SO_4^{2-} 的平均浓度为 0.32 mmol/L，枯水期时 SO_4^{2-} 的平均浓度为 0.43 mmol/L，珠江河水中的 SO_4^{2-} 浓度高于世界其他的河流。

河水中的硫酸根与硫、氧同位素的空间分布如图 7-1 所示。枯水期时，珠江干流上游河水 SO_4^{2-} 的浓度范围为 0.16～0.93 mmol/L，平均浓度为 0.63 mmol/L；中游河水 SO_4^{2-} 的浓度范围为 0.26～1.01 mmol/L，平均浓度为 0.40 mmol/L；而下游河水 SO_4^{2-} 的浓度范围为 0.13～0.28 mmol/L，平均浓度为 0.25 mmol/L；支流河水 SO_4^{2-} 的浓度范围为 0.04～1.64 mmol/L，平均浓度为 0.40 mmol/L。丰水期时，珠江干流上游河水 SO_4^{2-} 的浓度范围为 0.15～0.5 mmol/L，平均浓度为 0.36 mmol/L；中游河水 SO_4^{2-} 的浓度范围为 0.10～0.60 mmol/L，平均浓度为 0.32 mmol/L；而下游河水 SO_4^{2-} 的浓度范围为 0.11～0.45 mmol/L，平均浓度为 0.17 mmol/L；支流河水 SO_4^{2-} 的浓度范围为 0.05～1.96 mmol/L，平均浓度为 0.33 mmol/L。河水中的 SO_4^{2-} 的浓度出现了明显的时空分布差异：从上游至下游，河水中 SO_4^{2-} 浓度呈下降趋势，我们认为这一空间分布差异可能与流域内的硫化物矿物的氧化有关。珠江中上游地层中富含硫化物矿物，而硫化物较快的氧化速率可以显著地提升流经该地区河流中 SO_4^{2-} 的浓度[3, 8, 11]。而丰水期与枯水期之间河水 SO_4^{2-} 浓度的差异与流域内的径流量有关。Godsey 等收集了 2 000 余个流域河流溶质浓度与净流量之间的关系，发现 SO_4^{2-} 对径流稀释的响应系数（浓度与流量对数比的斜率）约为 -0.5[15]，这也说明了枯水期与丰水期的河水流量差异造成了 SO_4^{2-} 浓度的季节性变化。

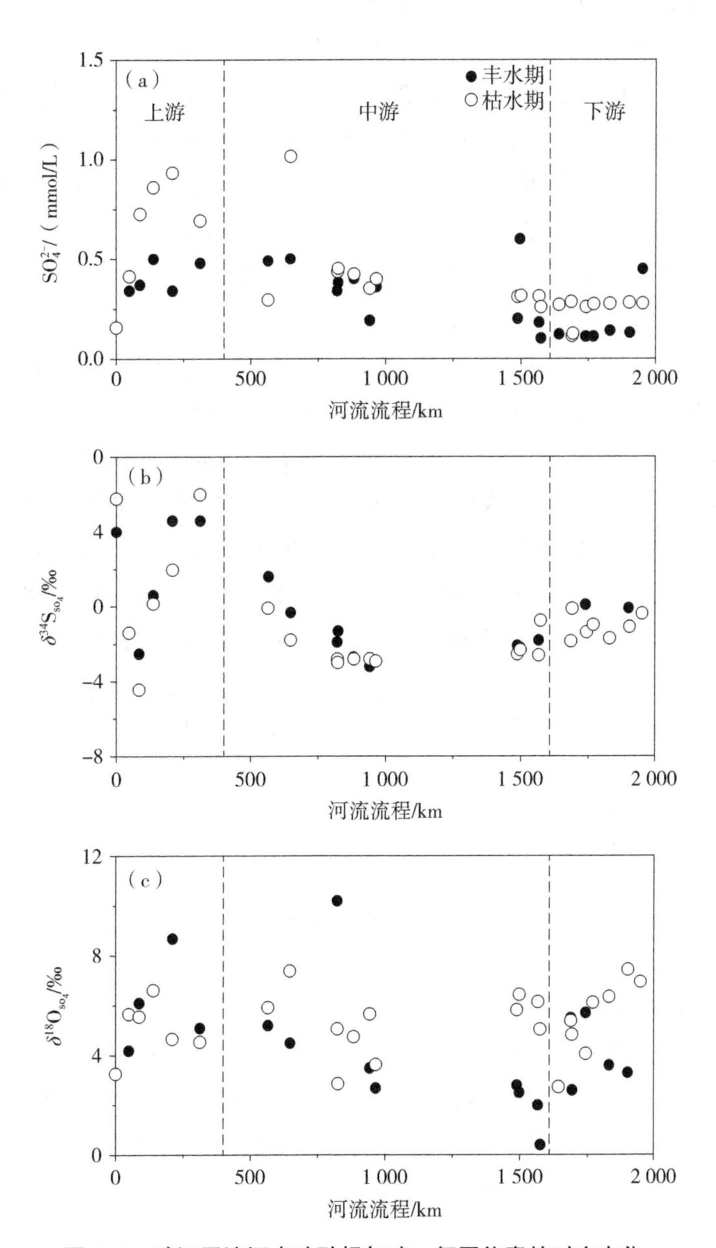

图 7-1　珠江干流河水硫酸根与硫、氧同位素的时空变化

硫酸根的硫、氧同位素组成同样有较大的时空变化。枯水期时，珠江干流上游河水 $\delta^{34}SSO_4$ 的范围为 -4.5‰～6.0‰，平均值为 1.3‰；中游河水 $\delta^{34}S_{SO_4}$ 的范围为 -3.0‰～-0.07‰，平均值为 -2.2‰；而下游河水 $\delta^{34}S_{SO_4}$ 的范围为 -1.8‰～-0.1‰，平均值为 -1.1‰；而丰水期时，珠江干流上游河水 $\delta^{34}S_{SO_4}$ 的范围为 -2.5‰～4.5‰，平均值为 0.4‰；中游河水 $\delta^{34}S_{SO_4}$ 的范围为 -3.2‰～1.6‰，平均值为 -1.7‰；而下游河水 $\delta^{34}S_{SO_4}$ 的范围为 -0.1‰～0.1‰，平均值为 0‰。从上游至下游，河水的 $\delta^{34}S_{SO_4}$ 先增加后减少再增加，这说明河流中 SO_4^{2-} 的来源较复杂；而两季之间，河水的 $\delta^{34}S_{SO_4}$ 值变化不大。而干流中的氧同位素没有表现出明显的空间分布规律：枯水期时，珠江干流上游河水 $\delta^{18}O_{SO_4}$ 的范围为 3.3‰～6.6‰，平均值为 5.0‰；中游河水 $\delta^{18}O_{SO_4}$ 的范围为 2.7‰～7.4‰，平均值为 5.1‰；而下游河水 $\delta^{18}O_{SO_4}$ 的范围为 4.0‰～7.4‰，平均值为 5.8‰。丰水期时，珠江干流上游河水 $\delta^{18}O_{SO_4}$ 的范围为 3.2‰～8.7‰，平均值为 5.7‰；中游河水 $\delta^{18}O_{SO_4}$ 的范围为 0.4‰～10.2‰，平均值为 4.0‰；而下游河水 $\delta^{18}O_{SO_4}$ 的范围为 2.6‰～5.5‰，平均值为 4.0‰。河水的 $\delta^{18}O_{SO_4}$ 在枯水期和丰水期之间没有显著的变化。河水 SO_4^{2-} 的氧同位素组成除了受到来源变化的影响，还与 SO_4^{2-} 的形成过程有关：若 SO_4^{2-} 来自流域内硫化物矿物的氧化，其硫同位素会继承矿物的硫同位素组成，而氧同位素受到氧气与水中氧混合比例的影响[11]。

7.2 主成分分析

使用 SPSS 软件对河水样品的水化学数据进行了 PCA（主成分分析）。首先我们通过 Kaiser-Meyer-Olkin（KMO）和 Bartiett 球度检验，检验了主成分分析的适用性，数据集的 KMP＞0.7，且 Bartiett 球度检验的概率值小于显著性水平（0.05），说明数据集适合进行主成分分析。我们使用主成分分析法来提取公共因子变量，当因子满足特征值＞1、方差贡献率＞75% 时即可提取公共因子变量。考虑到指标较多，提取的因子不是很明显，我们使用最大方差法对因子进行旋转。主成分分析的结果如表 7-1 所示。

表 7-1　珠江河水阴、阳离子主成分分析结果

变量	丰水期		枯水期	
	因子 1	因子 2	因子 1	因子 2
Na^+	0.254	**0.787**	0.288	**0.729**
K^+	−0.124	**0.901**	−0.133	**0.892**
Mg^{2+}	**0.733**	0.556	**0.866**	0.297
Ca^{2+}	**0.965**	0.033	**0.894**	0.084
Cl^-	0.332	**0.822**	0.367	**0.832**
NO_3^-	0.699	0.535	0.636	0.565
SO_4^{2-}	**0.698**	0.233	**0.744**	0.272
HCO_3^-	**0.913**	0.015	**0.910**	−0.01
因子特征值	4.5	1.7	4.4	1.6
方差贡献率 /%	56.3	56.3	55.5	20.5
累计贡献率 /%	21.5	77.8	55.5	76.0

我们将数据分为丰水期与枯水期两个数据集。对于丰水期的数据集，我们共提取出 2 个公共因子，其累计方差贡献率达到 77.8%；而对于枯水期的数据集，我们同样提取出 2 个公共因子，其累计方差贡献率达到 76.0%。我们发现丰水期与枯水期主成分分析的结果非常相似。变量 Ca^{2+}、Mg^{2+}、SO_4^{2-}、HCO_3^- 在因子 1 的载荷比较大，Na^+、K^+ 与 Cl^- 在因子 2 的载荷比较大，NO_3^- 在因子 1 与因子 2 的载荷相似。而 Ca^{2+}、Mg^{2+} 与 HCO_3^- 也是珠江河水中含量较高的阴、阳离子，它们通常来源于流域内碳酸盐岩的化学风化作用[14, 16, 17]。碳酸盐岩的溶解速率很快，这意味着即使碳酸盐岩只在流域内出露很小一部分，甚至仅以痕量碳酸盐的形式赋存于硅酸岩中，其风化产生的 Ca^{2+}、Mg^{2+} 与 HCO_3^- 也可以控制流域内河水的水化学组成[12, 18]。说明因子 1 极有可能代表了碳酸盐岩的化学风化来源，而 SO_4^{2-} 也有较高载荷，这说明硫酸可能参与了碳酸盐岩的化学风化过程。

7.3　硫酸相关的化学风化过程

硫化物氧化产生的 H_2SO_4 可以代替土壤 CO_2 参与化学风化反应，并影响大

气 CO_2 水平与全球碳循环[7, 19, 20]。当然，土壤通过硝化作用同样可以参与岩石的溶解[21]。但珠江流域的 NO_3^- 远低于 HCO_3^- 与 SO_4^{2-}，因此我们忽略 HNO_3 风化的影响。之前的章节指出珠江河水的化学组成受到硅酸盐岩风化产物与碳酸盐岩风化产物混合的影响。在这里我们使用［Ca^{2+}+Mg^{2+}］/［HCO_3^-］和［SO_4^{2-}］/［HCO_3^-］的元素比值来判断 H_2SO_4 是否参与化学风化反应。碳酸盐岩化学风化的反应式如下：

$$2Ca_xMg_{(1-x)}CO_3 + H_2SO_4 \rightarrow 2xCa^{2+} + 2(1-x)Mg^{2+} + 2HCO_3^- + SO_4^{2-} \quad (7\text{-}1)$$

$$Ca_xMg_{(1-x)}CO_3 + H_2O + CO_2 \rightarrow xCa^{2+} + (1-x)Mg^{2+} + 2HCO_3^- \quad (7\text{-}2)$$

如图 7-2 所示，当碳酸盐岩被碳酸溶解时，［Ca^{2+}+Mg^{2+}］/［HCO_3^-］和［SO_4^{2-}］/［HCO_3^-］在图中应该接近坐标（0，1）。而如果碳酸盐岩仅被硫酸溶解，则［Ca^{2+}+Mg^{2+}］/［HCO_3^-］和［SO_4^{2-}］/［HCO_3^-］在图中应该接近坐标（1，2）。我们发现河水样品的［Ca^{2+}+Mg^{2+}］/［HCO_3^-］和［SO_4^{2-}］/［HCO_3^-］比值都分布在这两个端元之间，但仅凭上述关系并不能说明河水的化学组成受到碳酸盐岩风化的控制。石膏类矿物溶解时也会产生 Ca^{2+} 与 SO_4^{2-}，使得样品具有类似的分布。而硅酸盐风化同样可能会影响上述元素比值：当有长石类矿物被溶解时，其风化产物中会有 Ca^{2+}、Mg^{2+}、HCO_3^- 和 SO_4^{2-}。例如，当钙长石类硅酸盐溶解时，其风化产物中［Ca^{2+}+Mg^{2+}］/［HCO_3^-］和［SO_4^{2-}］/［HCO_3^-］比值会与碳酸盐岩溶解时完全一致；而钠长石被碳酸溶解时，［Ca^{2+}+Mg^{2+}］/［HCO_3^-］和［SO_4^{2-}］/［HCO_3^-］在图中应该接近坐标（0，0）。如图 7-2（b）所示，如果硅酸盐岩与碳酸盐岩完全被碳酸溶解，那么样品点应该落在图中虚线上，而大部分的样品点具有更高的［Ca^{2+}+Mg^{2+}］/［HCO_3^-］比值，这说明除了碳酸盐岩被碳酸溶解，流域内还有其他 Ca^{2+}、Mg^{2+} 的来源。我们认为可能的来源有：①碳酸盐岩被硫酸溶解；②硅酸岩的化学风化；③石膏的溶解。虽然我们难以通过元素比值得出上述风化产物准确的来源，但前人的研究发现碳酸盐岩的溶解速率比硅酸盐岩要高出 3 个数量级以上，这意味着当流域内硅酸盐岩与碳酸盐岩共存时，河流的化学组成会受到碳酸盐岩风化产物的控制[8, 13, 14]，而珠江河水中 80% 以上的阳离子都为 Ca^{2+} 与 Mg^{2+} 也符合这一客观规律。除此之外，在珠江流域内，硫化物矿床常常与沉积成因的碳酸盐岩地层共生，而硫化物被氧化后产生的酸性物质可以优先与邻近的岩石发生反应，这些客观事实都说明在珠江流域内，硅酸盐岩风化产物对河水水化学的贡献可能较少，而硫酸与碳酸同时参与碳酸盐岩的化学风化过程，河水中的元素比值受到其混合比例的影响。

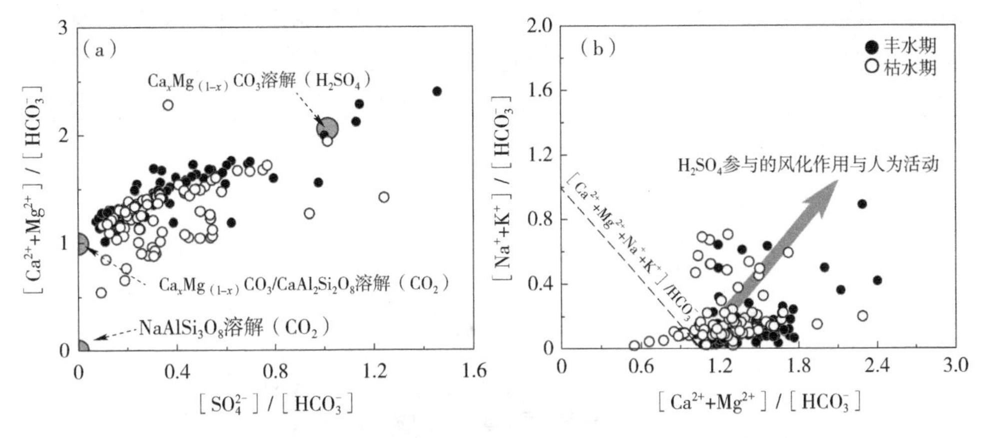

图 7-2 河水中元素浓度比值关系

7.4 河水硫酸根的源解析

河水的硫酸根的同位素组成 $\delta^{34}S_{SO_4}$ 和 $\delta^{18}O_{SO_4}$ 是识别硫酸根来源的有力手段，因为不同来源的 SO_4^{2-} 的同位素组成差异较大[22, 23]。河流 SO_4^{2-} 的主要来源有大气降水输入、硫化物氧化、人为输入与蒸发岩溶解[24]。石膏等矿物溶解时，生成的 SO_4^{2-} 会继承矿物的硫、氧同位素组成，大量的研究表明石膏溶解时产生的 SO_4^{2-} 的 $\delta^{34}SSO_4$ 通常在 10‰～30‰，而 $\delta^{18}OSO_4$ 在 10‰～20‰[25, 26]。丰水期时珠江河水的 $\delta^{34}S_{SO_4}$ 在 -9.1‰～5.1‰ 波动，平均值为 -2.1‰，$\delta^{18}O_{SO_4}$ 的范围为 -0.5‰～10.8‰，平均值为 5.0‰，而枯水期时珠江河水的 $\delta^{34}S_{SO_4}$ 在 -9.7‰～7.9‰ 波动，平均值为 -0.4‰，$\delta^{18}O_{SO_4}$ 的范围为 2.7‰～9.3‰，平均值为 5.6‰。珠江河水的硫、氧同位素组成与石膏溶解产生的 $\delta^{34}S_{SO_4}$ 和 $\delta^{18}O_{SO_4}$ 有很大的差异。除此之外，珠江流域内并没有石膏矿物的出露，因此我们认为石膏溶解对河流中 SO_4^{2-} 的贡献有限。

珠江河水的硫、氧同位素组成如图 7-3 所示，可以看出，$\delta^{34}S_{SO_4}$ 和 $\delta^{18}O_{SO_4}$ 的变化范围较大，这说明硫酸根的来源可能存在空间分布差异。大气降水中 SO_4^{2-} 的 $\delta^{34}S_{SO_4}$ 和 $\delta^{18}O_{SO_4}$ 均高于人为活动或硫化物氧化产生的 SO_4^{2-}。Krouse 和

Mayer认为，大气沉降SO_4^{2-}的$\delta^{34}S_{SO_4}$为0～6‰，$\delta^{18}O_{SO_4}$为7‰～18‰[27]。而贵阳市雨水的$\delta^{34}S_{SO_4}$为-12.0‰～9.4‰，平均值为-2.8‰±1.4‰[28]。就目前所知，中国西南地区尚无降水$\delta^{18}O_{SO_4}$数据报道。因此根据本研究的数据，我们认为采集的样品中最高的$\delta^{34}S_{SO_4}$与$\delta^{18}O_{SO_4}$代表了大气降雨的输入，在丰水期时，$\delta^{34}S_{SO_4}$与$\delta^{18}O_{SO_4}$分别为4.6‰与10.2‰，而在枯水期时，$\delta^{34}S_{SO_4}$与$\delta^{18}O_{SO_4}$分别为7.9‰与8.0‰。

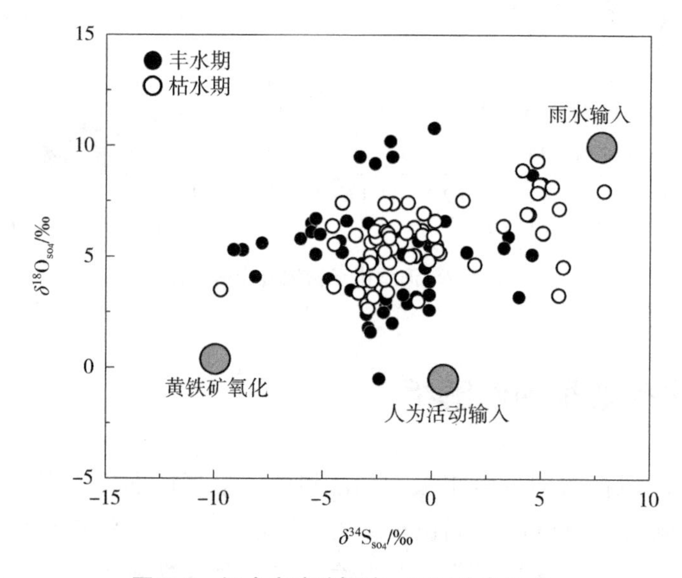

图7-3 河水中硫酸根硫、氧同位素组成

硫化物氧化时生成的SO_4^{2-}具有较低的$\delta^{34}S_{SO_4}$和$\delta^{18}O_{SO_4}$[26, 29]。由于硫化物氧化过程中硫的分馏较小，因此生成的SO_4^{2-}的$\delta^{34}S_{SO_4}$会继承原始硫化物较低的$\delta^{34}S_{SO_4}$[30, 31]。珠江流域地层中硫化物的$\delta^{34}S$介于-12‰～-5‰，平均值为-7.5‰[32]。而硫化物氧化生成的$\delta^{18}O_{SO_4}$与氧化方式有很大关系：如果硫化物是被氧气所氧化，那么SO_4^{2-}中的氧来自氧气与水，而如果硫化物被Fe^{3+}氧化时，SO_4^{2-}中的氧只来自水。通常，空气中的氧气相较于水，具有较高的$\delta^{18}O_{SO_4}$，这也导致第一种途径产生的SO_4^{2-}具有较高的$\delta^{18}O_{SO_4}$。但总的来说，硫化物氧化生成的SO_4^{2-}的$\delta^{18}O_{SO_4}$在-10‰～0，显著低于其他来源的$\delta^{18}O_{SO_4}$[11]。因此我们认为采集的样品中最低的$\delta^{34}S_{SO_4}$与$\delta^{18}O_{SO_4}$代表了硫化物氧化的输入，在丰水期时，$\delta^{34}S_{SO_4}$与$\delta^{18}O_{SO_4}$分别为-9.1‰与-0.5‰，而在枯水期时，$\delta^{34}S_{SO_4}$与$\delta^{18}O_{SO_4}$分别为-9.7‰

与 1.5‰。人为来源的 SO_4^{2-} 主要来源于农业、生活和工业废物的排放[23, 33]。之前的研究表明生活污水中 SO_4^{2-} 的 $\delta^{34}S_{SO_4}$ 在 8.5‰～13.6‰[33]，而工业废水中的 $\delta^{34}S_{SO_4}$ 范围在 8.0‰～14.0‰[34]；肥料的 $\delta^{34}S_{SO_4}$ 在 0～8‰[35]。Otero 等提出，在畜牧场周围的地下水中，$\delta^{34}S_{SO_4}$ 在 0～5.0‰，而 $\delta^{18}O_{SO_4}$ 在 3.8‰～6.0‰，而其直接排放的污水中 $\delta^{34}S_{SO_4}$ 约为 9.6‰，$\delta^{18}O_{SO_4}$ 为 10‰[36]。由于珠江流域中人为污染物的 $\delta^{34}S_{SO_4}$ 和 $\delta^{18}O_{SO_4}$ 并没有被报道过，因此我们选择采集于农村家禽养殖场周围的支流样品代表人为活动输入的端元，其 $\delta^{34}S_{SO_4}$ 与 $\delta^{18}O_{SO_4}$ 分别为 0.1‰与 -0.5‰。

根据上述讨论的 SO_4^{2-} 来源以及 $^{34}S_{SO_4}$ 与 $\delta^{18}O_{SO_4}$ 的端元值，我们定量计算了不同来源对珠江河水 SO_4^{2-} 的相对贡献。联立下面的质量平衡方程，我们可以定量计算大气输入（F_{atm}）、硫化矿物氧化（$F_{sulfide}$）、人为输入（F_{anthro}）的相对贡献：

$$\delta^{34}S_{SO_4riv}=F_{atm}\times\delta^{34}S_{SO_4atm}+F_{sulfide}\times\delta^{34}S_{SO_4sulfide}+F_{anthro}\times\delta^{34}S_{SO_4anthro} \quad (7\text{-}3)$$

$$\delta^{18}O_{SO_4riv}=F_{atm}\times\delta^{18}O_{SO_4atm}+F_{sulfide}\times\delta^{18}O_{SO_4sulfide}+F_{anthro}\times\delta^{18}O_{SO_4anthro} \quad (7\text{-}4)$$

$$F_{atm}+F_{sulfide}+F_{anthro}=1 \quad (7\text{-}5)$$

式中，$\delta^{34}S_{SO_4riv}$ 与 $\delta^{18}O_{SO_4riv}$ 为河水的硫、氧同位素测试结果，而下标 atm、sulfide 与 anthro 分别代表大气输入、硫化物氧化及人为输入端元。

混合模型中端元的值具有一定误差，因此我们根据同位素组成计算所得的贡献的绝对估计误差约为 40%。计算结果表明，在丰水期时，人为活动输入对河水硫酸根的贡献较大，上游南盘江人为输入的比例为 57%，而北盘江、红水河与黔江段人为输入较少，其相对贡献率约为 18%，而在下游浔江与西江段人为输入的贡献率约为 50%。硫化物氧化在中上游的贡献率较大，约为 53%，而沿着河水流向其占比下降，在西江入海口，其贡献率约为 20%。这一结果与流域内硫化物矿床主要分布在中上游的地质背景相吻合。大气降水也是珠江 SO_4^{2-} 的主要来源，这可能与我国西南部雨水酸化问题相关，不同河段的降水的贡献率在 29%～43% 波动，平均值为 33%。枯水期时人为活动的输入大幅减少，上游其贡献率小于 5%，而在下游浔江与西江段其贡献率约为 12%。硫化物氧化的贡献仍然表现出从上游至下游的递减趋势，上游其贡献率平均为 49%，而在西江入海口处其贡献约为 35%。大气降水对硫酸根的贡献率较丰水期有所上升，其平均相对贡献率为46%。结果表明珠江流域内河水硫酸根的来源存在显著的时空变化，这可能与区域岩性背景、人为污染排放、水文条件等多种因素有关。我们希望在后续的研究中可以对硫酸根季节性的变化趋势以及区域性的硫循环过程进行更详尽的调查研究。

7.5 小结

本章详细地讨论了珠江河水硫酸根以及其稳定同位素$\delta^{34}S_{SO_4}$与$\delta^{18}O_{SO_4}$的时空分布特征，并结合河水的水化学数据与主成分分析的结果，识别了河水硫酸根的来源。丰水期时珠江河水的$\delta^{34}S_{SO_4}$在-9.1‰～5.1‰波动，平均值为-2.1‰，$\delta^{18}O_{SO_4}$的范围为-0.5‰～10.8‰，平均值为5.0‰，而枯水期时珠江河水的$\delta^{34}S_{SO_4}$在-9.7‰～7.9‰波动，平均值为-0.4‰，$\delta^{18}O_{SO_4}$的范围为2.7‰～9.3‰，平均值为5.6‰。流域内较高的［Ca^{2+}+Mg^{2+}］/［HCO_3^-］和［SO_4^{2-}］/［HCO_3^-］比值说明SO_4^{2-}很可能参与了碳酸盐岩的化学风化，河水的化学组成受到了碳酸盐岩风化的控制，而硫酸与碳酸参与风化的相对比例是影响水化学组成的重要因素。河流中硫酸根的主要来源是硫化物氧化、大气输入及人为输入，而石膏等蒸发岩的贡献很小。

参考文献

［1］RIEBE C S，KIRCHNER J W，FINKEL R C. Erosional and climatic effects on long-term chemical weathering rates in granitic landscapes spanning diverse climate regimes[J]. Earth and Planetary Science Letters，2004，224（3）：547-562.

［2］ROBINSON L F，HENDERSON G M，HALL L，et al. Climatic control of riverine and seawater uranium-isotope ratios[J]. Science，2004，305（5685）：851-854.

［3］TORRES M A，WEST A J，LI G. Sulphide oxidation and carbonate dissolution as a source of CO_2 over geological timescales[J]. Nature，2014，507（7492）：346-349.

［4］TORRES M A，WEST A J，CLARK K E，et al. The acid and alkalinity budgets of weathering in the Andes-Amazon system：insights into the erosional control of global biogeochemical cycles[J]. Earth and Planetary Science Letters，2016，450：381-391.

［5］WEST A J，GALY A，BICKLE M. Tectonic and climatic controls on silicate weathering[J]. Earth and Planetary Science Letters，2005，235（1）：211-228.

[6] RAYMO M E，RUDDIMAN W F. Tectonic forcing of late cenozoic climate[J]. Nature，1992，359（6391）：117-122.

[7] TORRES M A，MOOSDORF N，HARTMANN J，et al. Glacial weathering，sulfide oxidation，and global carbon cycle feedbacks[J]. Proceedings of the National Academy of Sciences，2017，114（33）：8716-8721.

[8] BUFE A，HOVIUS N，EMBERSON R，et al. Co-variation of silicate，carbonate and sulfide weathering drives CO_2 release with erosion[J]. Nature Geoscience，2021，14（4）：211-216.

[9] PERRIN A S，PROBST A，PROBST J L. Impact of nitrogenous fertilizers on carbonate dissolution in small agricultural catchments：Implications for weathering CO_2 uptake at regional and global scales[J]. Geochimica et Cosmochimica Acta，2008，72（13）：3105-3123.

[10] KANZAKI Y，BRANTLEY S L，KUMP L R. A numerical examination of the effect of sulfide dissolution on silicate weathering[J]. Earth and Planetary Science Letters，2020，539：116239.

[11] CALMELS D，GAILLARDET J R M，BRENOT A S，et al. Sustained sulfide oxidation by physical erosion processes in the Mackenzie River basin：climatic perspectives[J]. Geology，2007，35（11）：1003-1006.

[12] BLUM J D，GAZIS C A，JACOBSON A D，et al. Carbonate versus silicate weathering in the Raikhot watershed within the High Himalayan Crystalline Series[J]. Geology，1998，26（5）：411-414.

[13] GAILLARDET J，DUPR B，LOUVAT P，et al. Global silicate weathering and CO_2 consumption rates deduced from the chemistry of large rivers[J]. Chemical Geology，1999，159（1）：3-30.

[14] CHETELAT B，LIU C Q，ZHAO Z Q，et al. Geochemistry of the dissolved load of the Changjiang Basin rivers：anthropogenic impacts and chemical weathering[J]. Geochimica et Cosmochimica Acta，2008，72（17）：4254-4277.

[15] GODSEY S E，HARTMANN J，KIRCHNER J W. Catchment chemostasis revisited：water quality responds differently to variations in weather and climate[J]. Hydrological Processes，2019，33（24）：3056-3069.

[16] MOON S，HUH Y，QIN J，et al. Chemical weathering in the Hong（Red）River basin：rates of silicate weathering and their controlling factors[J]. Geochimica et Cosmochimica Acta，2007，71（6）：1411-1430.

[17] MOON S，CHAMBERLAIN C P，HILLEY G E. New estimates of silicate weathering rates and their uncertainties in global rivers[J]. Geochimica et Cosmochimica Acta，2014，134：257-274.

[18] WHITE A F，BULLEN T D，VIVIT D V，et al. The role of disseminated calcite in the chemical weathering of granitoid rocks[J]. Geochimica et Cosmochimica Acta，1999，63（13）：1939-1953.

[19] LI S L，CALMELS D，HAN G，et al. Sulfuric acid as an agent of carbonate weathering constrained by $\delta^{13}C_{DIC}$：examples from southwest China[J]. Earth and Planetary Science Letters，2008，270（3）：189-199.

[20] ZOLKOS S，TANK S E，KOKELJ S V. Mineral weathering and the permafrost carbon-climate Feedback[J]. Geophysical Research Letters，2018，45（18）：9623-9632.

[21] BARNES R T，RAYMOND P A. The contribution of agricultural and urban activities to inorganic carbon fluxes within temperate watersheds[J]. Chemical Geology，2009，266（3）：318-327.

[22] SPENCE J，TELMER K. The role of sulfur in chemical weathering and atmospheric CO_2 fluxes：evidence from major ions，$\delta^{13}C_{DIC}$，and $\delta^{34}S_{SO_4}$ in rivers of the Canadian Cordillera[J]. Geochimica et Cosmochimica Acta，2005，69（23）：5441-5458.

[23] LI X D，LIU C Q，LIU X L，et al. Identification of dissolved sulfate sources and the role of sulfuric acid in carbonate weathering using dual-isotopic data from the Jialing River，southwest China[J]. Journal of Asian Earth Sciences，2011，42（3）：370-380.

[24] LI X，GAN Y，ZHOU A，et al. Hydrological controls on the sources of dissolved sulfate in the Heihe River，a large inland river in the arid northwestern China，inferred from S and O isotopes[J]. Applied Geochemistry，2013，35：99-109.

[25] NIGHTINGALE M，MAYER B. Identifying sources and processes controlling the sulphur cycle in the Canyon Creek watershed，Alberta，Canada[J]. Isotopes in Environmental and Health Studies，2012，48（1）：89-104.

[26] LI P，WU J，QIAN H. Assessment of groundwater quality for irrigation purposes and identification of hydrogeochemical evolution mechanisms in Pengyang County，China[J]. Environmental Earth Sciences，2013，69（7）：2211-2225.

[27] KROUSE H R，MAYER B. Sulphur and oxygen isotopes in sulphate[M]//COOK P G，HERCZEG A L. Environmental tracers in subsurface hydrology. Springer US：Boston，MA，2000：195-231.

[28] XIAO H，XIAO H，LONG A，et al. Sulfur isotopic geochemical characteristics in precipitation at Guiyang[J]. Geochimica，2011，40（06）：559-565.

[29] HAN G，TANG Y，WU Q，et al. Assessing contamination sources by using sulfur and oxygen isotopes of sulfate ions in Xijiang River basin，southwest China[J]. Journal of environmental quality，2019，48（5）：1507-1516.

[30] VAN EVERDINGEN R O，KROUSE H R. Isotope composition of sulphates generated by bacterial and abiological oxidation[J]. Nature，1985，315（6018）：395-396.

[31] TORAN L，HARRIS R F. Interpretation of sulfur and oxygen isotopes in biological and abiological sulfide oxidation[J]. Geochimica et Cosmochimica Acta，1989，53（9）：2341-2348.

[32] HONG Y，ZHANG H，ZHU Y. Sulfur isotopic characteristics of coal in China and sulfur isotopic fractionation during coal-burning process[J]. Chinese Journal of Geochemistry，1993，12（1）：51-59.

[33] OTERO N，SOLER A，CANALS À. Fertilizer characterization：isotopic data（N，S，O，C，and Sr）[J]. Environmental science & technology，2004，38（12）：3254-3262.

[34] DAS A，PAWAR N J，VEIZER J. Sources of sulfur in Deccan Trap rivers：a reconnaissance isotope study[J]. Applied Geochemistry，2011，26（3）：301-307.

[35] SZYNKIEWICZ A，WITCHER J C，MODELSKA M，et al. Anthropogenic sulfate loads in the Rio Grande，New Mexico（USA）[J]. Chemical Geology，2011，283（3）：194-209.

[36] OTERO N，SOLER A，CANALS À. Controls of $\delta^{34}S$ and $\delta^{18}O$ in dissolved sulphate：learning from a detailed survey in the Llobregat River（Spain）[J]. Applied Geochemistry，2008，23（5）：1166-1185.

第8章

珠江河水溶解态钼同位素地球化学初探

近几十年来，稳定同位素地球化学在地球和环境问题的研究中得到了广泛的应用，其作为一种高效的研究手段，为解决自然和人为条件下（包括气候变化）水资源相关的科学问题和社会问题提供了一种有效的多学科综合方法[1]。随着分析技术的快速发展，越来越多的稳定同位素方法得以不断开发。例如，氢、氧稳定同位素（δ^{2}H 和 δ^{18}O）是水文环境学的经典工具，广泛应用于水文循环过程的研究中[2, 3]，碳同位素（δ^{13}C）应用于地热水演化过程中储层系统的碳循环研究[4, 5]，锶同位素（$\delta^{87/86}$Sr）在地表水和地下水系统中的应用[6-9]，以及氮（δ^{15}N）和硫（δ^{34}S）稳定同位素用于水污染物的来源示踪[10-13]。然而，非传统钼（Mo）稳定同位素（$\delta^{98/95}$Mo）的应用在自然水体的研究中鲜有报道。

Mo 是一种具有七种天然同位素的金属元素：^{92}Mo（14.84%）、^{94}Mo（9.25%）、^{95}Mo（15.92%）、^{96}Mo（16.68%）、^{97}Mo（9.55%）、^{98}Mo（24.13%）、^{100}Mo（9.63%）[14]。Mo 是海洋中丰度最高的过渡金属之一，对氧化还原条件的变化非常敏感[15, 16]。近年来，Mo 同位素体系作为氧化还原历史的新指标，已日益成为研究海洋和大气氧化还原历史的重要方法[17, 18]。前人的研究认为，河流的溶解态 Mo 同位素组成变化范围为 $\delta^{98/95}$Mo=0.2‰～2.3‰，Mo 浓度变化范围为 2～511 nmol/L[19]，且较轻的钼同位素优先被风化产物或有机物所吸附，而较重的 Mo 同位素则被河水搬运带走[15, 19, 20]。然而，河流生态系统中 Mo 同位素的具体分馏机理仍不甚清晰。对全球重要河流的研究表明，$\delta^{98/95}$Mo 的变化范围在 0.15‰～2.40‰[15, 16, 19, 21]。Pearce 等评估了 Mo 在源汇输送过程中的同位素分馏[16]，而 Hammond 的研究认为 Mo 往往存在于润滑油和肥料中，但人为输入对河流 Mo 同位素系统的影响尚待进一步厘定[22]。

河流 Mo 浓度和同位素受人为污染、流域地质背景、河水流量的季节变化和流域内降水等多种因素的影响。前人的研究在评估了这些因素对河流 Mo 同位素的影响后，认为 $\delta^{98/95}$Mo 的变化主要受流域内的岩性控制，尤其是硫酸盐矿物和硫化物矿物的风化作用[21]。相较之下，人为输入对河流中溶解态钼同位素组成和钼浓度均无显著影响，其季节性变化也可忽略不计[21]。风化过程和河流搬运作用对河水钼同位素地球化学行为的重要影响也在玄武岩地区的河流水系的研究中得以证实[16]。但在尼罗河观测到的 $\delta^{98/95}$Mo 的季节变化也不容忽视[19]。因此，识别和理解风化过程和河流搬运过程中的 Mo 同位素分馏，对于定量研究流域自然水文过程和人为输入具有重要意义。

前面的章节主要利用主量元素、氢同位素、氧同位素、碳同位素、硫同位素等数据来评价珠江流域内的化学风化速率、水文地球化学特征[2, 23-27]。在这里，我们对典型碳酸盐岩广泛分布的珠江源区的 13 个采样点的水文地球化学特征进行了系统的研究，重点介绍了 $\delta^{98/95}$Mo 的时空变化及其控制因素。珠江源区内岩性几乎是单一的（碳酸盐岩），由于不同岩石类型的风化作用导致的 Mo 同位素变化很小，因而提供了一个研究单一岩性风化过程及河流输送共同影响下的河水 Mo 同位素变化的机会，同时给出了碳酸盐岩地区河水 Mo 同位素的端元值。

8.1　河水溶解态 Mo 浓度与 Mo 同位素

珠江源区 13 个采样点丰水期和枯水期河水的理化参数、主要离子组成、溶解态 Mo 浓度及 Mo 同位素组成如表 8-1 所示。丰水期 pH 为 7.6～8.4，枯水期为 7.8～8.3，而丰水期 EC 为 155～267 μS/cm，显著低于枯水期的 370～602 μS/cm。由于河水流速差异较大，丰水期 DO 的变化较为显著，波动范围为 4.9～12.4 mg/L，而枯水期 DO 的波动幅度相对较小，变化范围为 6.6～9.2 mg/L。丰水期和枯水期河水中丰度最高的阳离子均为 Ca^{2+}，占总阳离子量的 50%～76%，其浓度范围分别为 1.03～2.09 mmol/L（丰水期）和 0.80～1.88 mmol/L（枯水期）。Na^+、K^+、Mg^{2+} 在丰水期和枯水期的浓度变化范围分别为 0.13～0.92 mmol/L、0.04～0.18 mmol/L 和 0.36～0.81 mmol/L。HCO_3^- 浓度（1.84～3.70 mmol/L）占总阴离子浓度的 53% 以上，Cl^-、NO_3^-、SO_4^{2-} 的浓度变化范围分别为 0.11～0.73 mmol/L、0.06～0.56 mmol/L、0.30～0.86 mmol/L。

表 8-1 珠江源区河水理化参数、阴阳离子浓度、Mo 浓度及 $\delta^{98/95}Mo$

样品编号	pH^a	T^a	EC^a	DO^a	Mo^a	$\delta^{98/95}Mo$	Na^+	K^+	Mg^{2+}	Ca^{2+}	HCO_3^-	Cl^-	NO_3^-	SO_4^{2-}
		℃	μS/cm	mg/L	nmol/L	‰	mmol/L[b]							
丰水期														
N1	7.6	21.3	249	4.9	5.7	0.87	0.45	0.12	0.63	1.79	3.29	0.48	0.29	0.50
N2	7.8	22.7	267	6.9	8.8	0.77	0.23	0.11	0.68	2.09	3.27	0.44	0.45	0.50
N3	8.1	23.3	259	7.1	8.2	0.51	0.56	0.18	0.79	1.59	2.84	0.56	0.41	0.48
N4	7.9	23.9	225	6.8	9.7	0.95	0.26	0.08	0.58	1.73	2.95	0.27	0.56	0.49
N5	8.1	20.3	181	8.1	5.3	1.08	0.13	0.04	0.39	1.47	2.15	0.16	0.31	0.50
N6	8.1	27.1	163	7.4	9.3	0.95	0.29	0.06	0.54	1.04	1.97	0.17	0.21	0.50
N7	8.4	30.6	158	12.3	6.6	1.05	0.22	0.05	0.47	1.13	2.21	0.17	0.16	0.34
H1	8.0	31.9	193	8.4	5.7	0.90	0.34	0.06	0.46	1.43	2.74	0.41	0.06	0.36
H2	8.4	31.7	162	12.4	8.1	1.12	0.26	0.06	0.51	1.05	2.05	0.18	0.14	0.38
H3	8.3	33.3	155	10.0	7.2	1.05	0.24	0.05	0.43	1.03	1.84	0.14	0.10	0.40
H4	7.7	22.7	182	6.6	5.9	1.25	0.17	0.05	0.36	1.48	2.60	0.11	0.12	0.36
B1	8.3	27.0	206	9.0	6.3	0.83	0.23	0.05	0.46	1.55	2.33	0.14	0.28	0.70
B2	8.0	21.8	201	8.5	7.1	1.20	0.25	0.04	0.37	1.56	2.33	0.11	0.25	0.68
枯水期														
N1	8.2	11.4	602	9.0	6.6	1.09	0.92	0.18	0.67	1.88	3.36	0.73	0.52	0.86
N2	8.3	13.4	530	8.5	9.4	1.03	0.44	0.13	0.78	1.85	3.41	0.39	0.44	0.69
N3	8.3	13.6	588	8.8	6.3	0.97	0.66	0.16	0.81	1.23	3.70	0.56	0.19	0.63

续表

样品编号	pH^a	T^a	EC^a	DO^a	Mo^a	$\delta^{98/95}Mo$	Na^+	K^+	Mg^{2+}	Ca^{2+}	HCO_3^-	Cl^-	NO_3^-	SO_4^{2-}
		℃	μS/cm	mg/L	nmol/L	‰	$mmol/L^b$							
N4	8.3	15.3	396	7.9	8.0	1.05	0.22	0.06	0.51	1.49	3.17	0.17	0.21	0.31
N5	8.3	15.4	401	7.8	7.2	0.93	0.21	0.05	0.48	1.31	3.15	0.16	0.20	0.30
N6	8.3	15.7	398	7.1	18.9	1.00	0.21	0.05	0.50	1.41	3.12	0.16	0.20	0.31
N7	8.1	17.8	384	7.9	9.7	0.96	0.23	0.05	0.46	1.51	2.74	0.13	0.22	0.44
H1	8.0	17.5	383	7.7	7.8	1.04	0.22	0.05	0.46	0.83	2.76	0.14	0.23	0.43
H2	8.1	18.0	381	8.0	7.9	0.97	0.23	0.05	0.47	1.51	2.73	0.14	0.21	0.45
H3	8.3	10.6	465	9.2	7.6	1.78	0.21	0.05	0.60	1.05	3.11	0.17	0.12	0.84
H4	7.8	19.1	370	7.7	6.8	1.03	0.22	0.05	0.42	0.80	2.70	0.12	0.20	0.42
B1	8.0	10.2	414	6.6	7.3	1.03	0.21	0.06	0.60	1.51	3.15	0.14	0.16	0.43
B2	8.2	16.2	409	9.0	7.3	1.25	0.32	0.04	0.45	0.89	2.56	0.12	0.18	0.68

注：[a] 数据来自 Han 等[2]和 Zeng 等[28]；[b] 阴阳离子浓度数据来自 Wu 等[26]和 Ma 等[27]。

8.1.1 河水溶解态 Mo 浓度的时空变化

南盘江（NPR）丰水期河水 Mo 浓度为 5.3～9.7 nmol/L，平均值为 7.6 nmol/L；枯水期河水 Mo 浓度为 6.3～18.9 nmol/L，平均值为 9.4 nmol/L。北盘江（BPR）丰水期两个采样点的河水 Mo 浓度为 6.3 nmol/L 和 7.1 nmol/L，而枯水期均为 7.3 nmol/L。红水河丰水期河水 Mo 浓度为 5.7～8.1 nmol/L，平均值为 6.7 nmol/L；枯水期河水 Mo 浓度为 6.8～7.9 nmol/L，平均值为 7.5 nmol/L。所有样品的 Mo 浓度均高于世界河流平均值（4.4 nmol/L）[29]，但其浓度范围与珠江下游地区的河水 Mo 浓度相似（5.3～10.5 nmol/L）[15]。沿着珠江源区干流（N1～N7，H1～H4），河水钼浓度变化较大，但无明显的空间分布格局（图 8-1）。在季节尺度方面，丰水期和枯水期的 Mo 浓度变化范围相对较小（图 8-1），也没有显著差异（单因素方差分析，$p<0.05$）。大部分采样点河水的 Mo 浓度表现为枯水期略高于丰水期，这主要受丰水期降雨充沛所导致的稀释效应的影响[28, 30]。

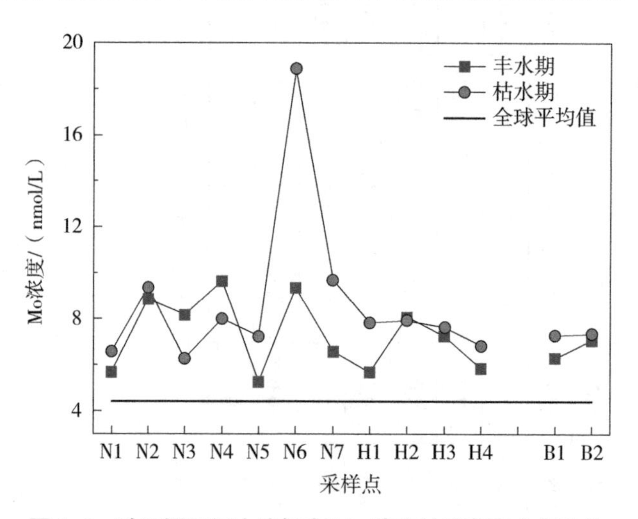

图 8-1 珠江源区河水溶解态 Mo 浓度的季节和空间变化

8.1.2 河水溶解态 Mo 同位素组成

珠江源区河水溶解态 Mo 同位素组成（$\delta^{98/95}$Mo）的变化范围为 0.51‰～1.78‰（表 8-1 和图 8-2），丰水期平均值为 0.96‰ ± 0.19‰（1 SD），枯水期平均值为 1.09‰ ± 0.22‰（1 SD）。所有样品的 $\delta^{98/95}$Mo 均在全球河水报道的

$\delta^{98/95}$Mo 范围内［0.15‰～2.40‰，图 8-2（a）］[15, 16, 19, 21, 31, 32]。作为几乎只流经碳酸盐岩这一单一岩性地区的河流，珠江源区河水的 $\delta^{98/95}$Mo 明显高于玄武岩和花岗岩的平均值（0～0.4‰）[19, 33]。相较之下，除枯水期的 H3 采样点外，珠江源区河水的 $\delta^{98/95}$Mo 略低于珠江下游的河水 $\delta^{98/95}$Mo（1.04‰～1.31‰）[15]。值得注意的是，无论是丰水期还是枯水期，相较于北盘江和红水河，南盘江的河水表现出更低的 $\delta^{98/95}$Mo［图 8-2（b）］。

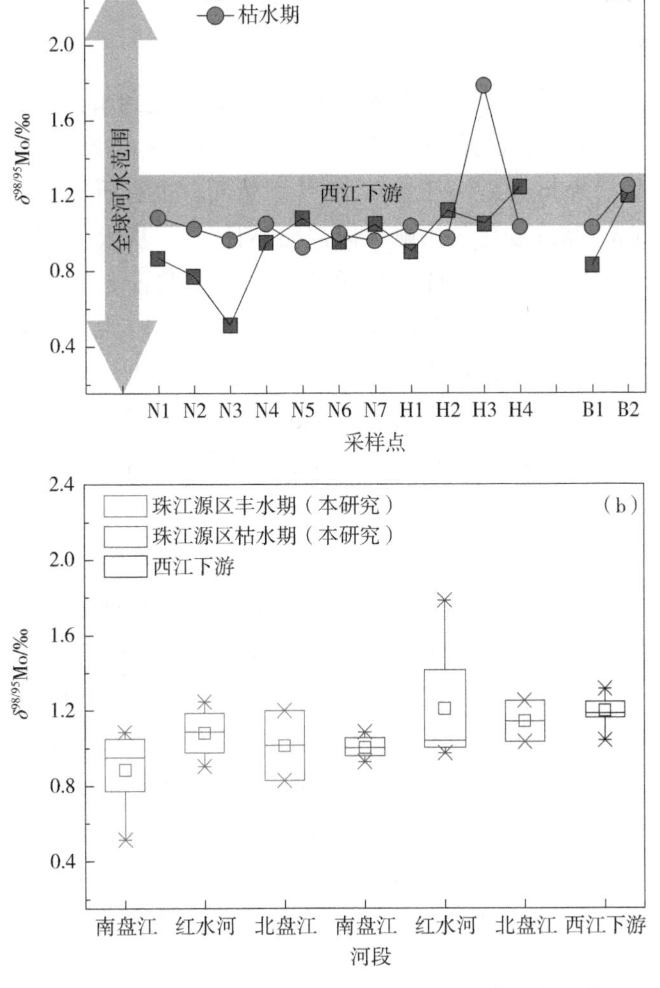

图 8-2　珠江源区溶解态 Mo 同位素组成的季节和空间变化

从图 8-2 可以看出，虽然 $\delta^{98/95}$Mo 变化幅度很小，但南盘江和北盘江的河水 $\delta^{98/95}$Mo 几乎都表现为枯水期较高、丰水期较低的特征。这样的 $\delta^{98/95}$Mo 值季节性变化与尼罗河流域的观测结果相似[19]。

8.2 河水溶解态 Mo 的来源

一般而言，河水的溶解性组分主要来自大气输入、人为输入和岩石风化[26, 27]。

8.2.1 大气和人为输入

地表生态系统中的 Mo 浓度和 Mo 同位素组成均受到来自降雨和降尘等大气输入的影响，例如，夏威夷的表层土壤的钼同位素组成可能受到雨水 Mo 输入的影响（雨水的 $\delta^{98/95}$Mo 通常高于土壤）[33]。然而，也有研究认为雨水的 Mo 输入对表层土壤 $\delta^{98/95}$Mo 变化的影响可以忽略不计[20]。从微量元素含量和同位素的分析来看，即使是在黄土沉降明显的华北地区，目前大气降尘对地表系统的 Mo 输入也十分有限，对 $\delta^{98/95}$Mo 的影响可以忽略不计[20]。在珠江源区内，河流水域面积仅占流域面积的 0.72%[34]，而通过雨水和大气降尘直接输入河水的 Mo 远小于土壤侵蚀过程中输入河水的 Mo。此外，喀斯特地区雨水和大气降尘中的钼浓度[35-38]也相对低于经济发达地区，如华南酸降水区[39]、长江三角洲[40]、北京[41]、长 - 株 - 潭工业产区[42]、泛亚洲地区[43]。因此，大气输入对珠江源区河水中 Mo 含量的影响非常有限，对 $\delta^{98/95}$Mo 的影响微乎其微。

人为输入方面，燃煤工业和农业活动是河流中溶解态 Mo 的主要人为来源[21]。水文地球化学研究表明，南盘江和北盘江均受到城市污水和农业活动的影响，北盘江更是受到燃煤工业的显著影响[26, 27]。然而，在南盘江和北盘江的样品中，除枯水期的 N6 采样点外，河水的钼浓度没有显著变化（图 8-1 和表 8-1），且枯水期 N6 采样点的 $\delta^{98/95}$Mo 也与其他采样点的 $\delta^{98/95}$Mo 相似。此外，整个珠江源区内，由于相似的土地利用情况（耕地约占流域面积的 35%[34]）和耕作方式[10]，农业活动也不太可能是影响河水 Mo 浓度和 $\delta^{98/95}$Mo 的主要因素。因此，人为输入既不能显著增加珠江源区河水的 Mo 浓度，也不能明显改变 Mo 同位素组成。

8.2.2 岩石风化

流域内暴露的岩石和矿物的化学风化过程是河水中溶解态Mo的重要来源[15, 16, 21]。整个珠江流域溶解态元素的主成分分析结果也表明，Mo 主要由天然源贡献[28]，即岩石风化及其后续的成土过程[30]。碳酸盐岩是珠江源区最广泛分布的岩石类型[10]，且河流基本都流经这一单一岩性地区[44, 45]。因此，不同类型岩石的风化作用对 Mo 的源贡献的影响不大。通过分析河水样品的钼浓度和阴阳离子组成，可以进一步确定溶解态 Mo 的自然来源。前人的研究表明，河水中的 Ca^{2+} 主要来源于碳酸盐岩风化过程，而 K^+ 主要来源于硅酸盐岩风化过程[46]。尽管人为的硫酸排放（如酸雨）可能会显著影响河水中 SO_4^{2-} 的含量，但随着二氧化硫减排等环保政策的实施，西南喀斯特地区 SO_4^{2-} 沉降呈明显的下降趋势[47, 48]。因此，可以认为硫化物矿物风化作用是河水中 SO_4^{2-} 的主要来源[24]。进而可以利用河水中的 K^+、Ca^{2+} 和 SO_4^{2-} 浓度与钼浓度之间的关系来识别风化碳酸盐岩、硅酸盐岩和硫化物 / 硫酸盐矿物对河水的 Mo 贡献。由于珠江源区的河水流量具有较大的季节变化[26-28]，将河水中的 Mo、K+、Ca^{2+} 和 SO_4^{2-} 浓度（meq/L）等原始数据进行基于总溶解固体（TDS，meq/L）的归一化处理，以降低稀释效应的影响。采用 Kolmogorov-Smirnov（K-S）检验数据的正态分布，结果表明用于相关分析的数据在丰水期和枯水期都呈正态分布，皮尔逊相关性分析是适用的。Mo/TDS 与 K+/TDS 在丰水期的相关性不明显，而在枯水期呈负相关[图 8-3（a）和（b）]，表明硅酸盐岩风化作用对河水 K^+ 输入的增强与 Mo 输入的降低有关，特别是在枯水期。因此，硅酸盐岩风化作用不是珠江源区河水溶解态 Mo 的主要来源。然而，丰水期 Ca^{2+}/TDS 与 Mo/TDS 呈显著的负相关，在枯水期又表现为正相关[图 8-3（c）和（d）]。两个季节的 Mo/TDS 和 SO_4^{2-}/TDS 的相关性关系与 Mo/TDS 和 Ca^{2+}/TDS 的相关性关系相反，即丰水期的 Mo/TDS 和 SO_4^{2-}/TDS 的相关性表现为正相关，而枯水期表现为负相关[图 8-3（e）和（f）]。这些结果表明，碳酸盐岩和硫化物 / 硫酸盐矿物的风化作用对珠江源区河水溶解态 Mo 具有季节性贡献。也就是说，枯水期溶解态 Mo 受碳酸盐岩风化作用控制，而丰水期溶解态 Mo 受硫化物 / 硫酸盐矿物风化作用控制。珠江流域上游云南省和贵州省分布的硫化物矿床（如黄铁矿）也支持了这一点[15, 24, 49]。此外，碳酸盐岩和硫化物 / 硫酸盐矿物风化贡献的季节性变化还受二者不同的风化速率[24, 25]及二者的 Mo 含量（碳酸盐岩<1 μg/g，硫化物矿物为 10～100 μg/g[15, 49, 50]）的控制。因此，珠江源区河水溶解态 Mo 的主要来源是碳酸盐岩和硫化物 / 硫酸盐矿物的风化作用。

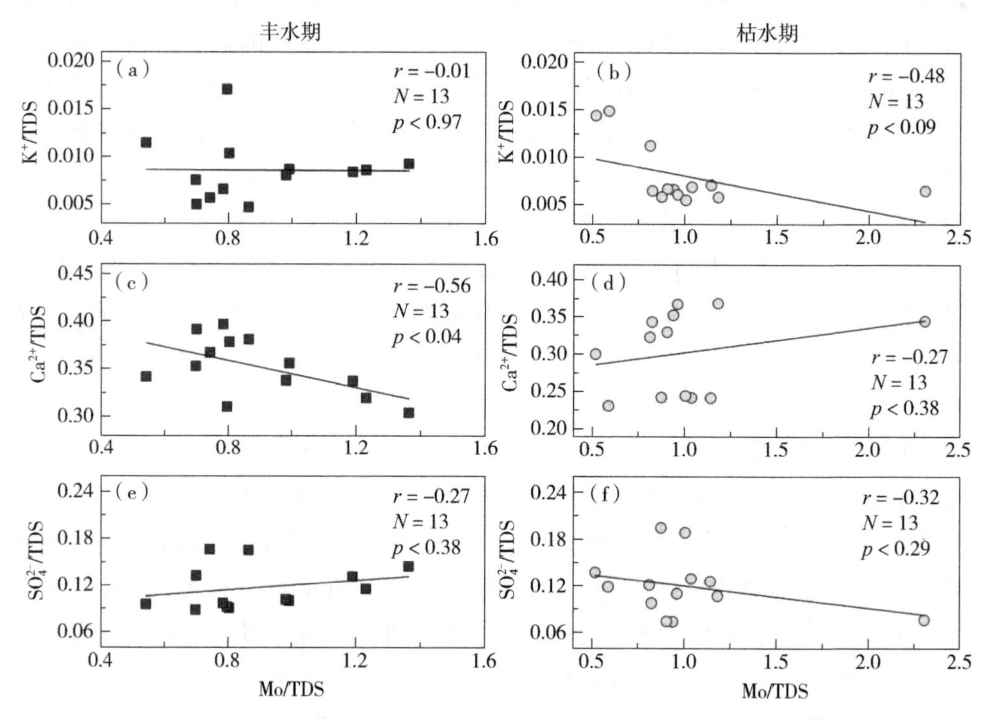

图 8-3 珠江源区河水溶解态 Mo/TDS 与 K^+/TDS、Ca^{2+}/TDS、SO_4^{2-}/TDS 的关系

8.3 风化和河流搬运过程中的 Mo 同位素分馏

在通常情况下，两端元的简单混合过程会使河水 $\delta^{98/95}$Mo 与 Mo 浓度的倒数呈明显的负相关，即河水的高 $\delta^{98/95}$Mo 往往伴随着高 Mo 浓度[21]，例如，在图 8-4（a）中，英格兰东南部伊钦（Itchen）河口的高 $\delta^{98/95}$Mo 和高 Mo 浓度的海水端元与低 $\delta^{98/95}$Mo 和低 Mo 浓度河水端元的混合过程[19]。然而，当端元数量大于两个或端元混合过程中发生了分馏作用（一个以上的分馏过程）时，Mo 浓度与 $\delta^{98/95}$Mo 将不再表现为线性关系。如图 8-4（b）所示，相较于珠江下游地区的观测结果（Mo 浓度倒数与 $\delta^{98/95}$Mo 呈正相关），珠江源区河水的 Mo 浓度与

$\delta^{98/95}$Mo 并未呈现出明显的线性关系。如前所述，这可能与河水中溶解态 Mo 的来源主要受控于碳酸盐岩和硫化物 / 硫酸盐矿物的季节性风化过程有关。因此，珠江源区河水的钼同位素的分馏过程还需进一步探讨。

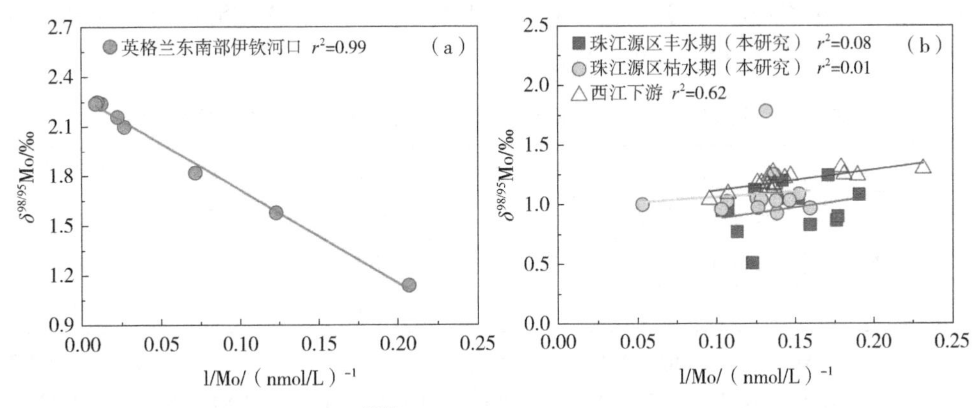

图 8-4　河水 $\delta^{98/95}$Mo 与 1/Mo（Mo 浓度倒数）的关系

注：（a）为英格兰东南部伊钦河口[19]；（b）为中国珠江源区和珠江下游地区[15]。

近 10 年来，前人大量的研究工作证实了土壤吸附过程和河流运输过程中会发生显著的钼同位素分馏作用[21, 51]。较轻的 Mo 同位素会因为被有机质吸附而造成同位素分馏[21, 52]，进而使得轻的 Mo 同位素优先被土壤等风化产物所吸附[15, 16, 52]。从土壤中释放到河里的 Mo 越少，河水的 $\delta^{98/95}Mo_{water}$ 将会越高，且 $\delta^{98/95}Mo_{water}$ 与 Mo 浓度会呈负相关关系。珠江源区丰水期和枯水期河水的 $\delta^{98/95}$Mo 与 Mo 浓度倒数之间并未观察到显著的关系（图 8-4b），表明土壤有机质吸附过程对珠江源区河水的钼同位素分馏的影响有限。其主要原因是——虽然较轻的 Mo 同位素优先被有机质吸附而留在土壤中，但强烈的土壤侵蚀过程会将这些轻的 Mo 同位素再次释放。因此，如果土壤的成土速率与侵蚀速率相当，那么土壤输入过程对河水 Mo 的净同位素效应为零[21]。由于珠江源区位于典型喀斯特发育区，土壤侵蚀极为严重[26, 53-55]，不能给土壤中长期吸附并储存较轻的 Mo 同位素提供有利条件，进而使得土壤吸附和土壤侵蚀过程等对河水的钼同位素影响微弱。这与珠江下游地区的河水 Mo 同位素研究有所不同，下游地区的红土广泛发育，侵蚀速率相对更低，有利于土壤的 Mo 吸附和固持[15]。

在河流运输过程中，河水的氧化还原条件、有机质含量、Fe/Mn 氢氧化物颗粒等也是影响钼同位素分馏的潜在因素。前人的研究认为，在厌氧条件下（如沼泽），溶解态 Mo 才会发生一定程度的分馏，但对 $\delta^{98/95}Mo_{water}$ 并没有显著影响[21]。珠江源区的所有水样的 DO 都很高（高达 12.4 mg/L，表 8-1），属于好氧环境，DO 与河水 $\delta^{98/95}Mo$ 的相关性也不显著（表 8-2）。因此，珠江源区河水的氧化还原条件对钼同位素分馏的影响也有限。

表 8-2 珠江源区河水 $\delta^{98/95}Mo$ 与 DO、Fe_{SPM}、Mn_{SPM}、DOC 的相关性

	项目	DO	Fe_{SPM}[a]	Mn_{SPM}[a]	DOC[b]
$\delta^{98/95}Mo$	皮尔逊相关系数	0.31	−0.69	−0.72	−0.66
	显著性（双侧）	0.12	0.31	0.28	0.05
	N	26	4	4	9

注：[a] Fe_{SPM} 和 Mn_{SPM} 浓度（μg/L）数据来自 Zeng 等[56]（仅包括丰水期的 N1、N2、N4 和 B2 四个点）；[b] DOC 浓度（mg/L）数据来自 Zou 等[57]（仅包括丰水期的 N1～N7、B1 和 B2 九个点）。

悬浮颗粒物中的 Fe/Mn 氢氧化物方面，据报道，Fe 沉淀物的 $\delta^{98/95}Mo$ 普遍是偏负的值，介于 −0.65‰～0.07‰[16]，表明 Fe/Mn 氢氧化物可能优先吸附轻的钼同位素，进而使得剩余在溶液（指河水）中的 Mo 偏重，$\delta^{98/95}Mo$ 变高，悬浮物中的 Fe 和 Mn 浓度（Fe_{SPM}、Mn_{SPM}）将与河水 $\delta^{98/95}Mo$ 呈正相关关系。显然，珠江源区河水 $\delta^{98/95}Mo$ 与悬浮物中的 Fe 和 Mn 浓度（Fe_{SPM}、Mn_{SPM}）并未呈现正相关关系（表 8-2），不足以支持 Fe/Mn 氢氧化物优先吸附轻钼同位素的观点，也就是说，珠江源区的悬浮物中 Fe/Mn 氢氧化物的吸附过程并不能显著地驱动河水 Mo 同位素的分馏[21]。此外，尽管南盘江河段（NPR）的样品 $\delta^{98/95}Mo$ 总体上低于红水河河段的样品［图 8-2（b）］，但沿着河流方向发生的钼同位素变化在珠江源区并不十分显著［图 8-2（a）］。作为另一个潜在的 Mo 同位素分馏因素，河水中有机质的吸附作用也不可忽视[21]。珠江源区河水 $\delta^{98/95}Mo$ 与 DOC 浓度之间的显著负相关关系（$r = -0.66$，$p<0.05$，表 8-2）从一定程度上解释了从南盘江河段到红水河河段（上游到下游）轻微的钼同位素变化［图 8-2（a）］。综上所述，风化和河流搬运过程中潜在的钼同位素分馏对珠江源区河水的钼同位素组成影响不显著。

8.4　碳酸盐岩地区河流对全球 Mo 同位素通量的影响

前人在利用海洋沉积物 Mo 同位素记录来重建古海洋氧化还原条件时常做的一个关键假设[15, 17, 18]是，陆地输入（主要是河流）海洋的钼同位素组成在地质历史中几乎保持不变，总体与陆地上的岩石平均 $\delta^{98/95}$Mo（约 0‰）相当[19, 33]。然而，作为海洋 Mo 的主要贡献者，河流输入海洋的钼同位素组成的变化却少有得到约束，这对利用钼同位素模拟海洋的氧化还原历史具有重要的影响。已有研究表明，河水直接输入的溶解态 Mo 和河水携带的悬浮颗粒物进入海洋之后再释放的 Mo 均对海水的 $\delta^{98/95}$Mo 有显著影响，而从河水输入的胶体相中释放出来的 Mo（河水中 Mo 的胶态含量较少，通常$<$3%）对海水的 Mo 同位素组成影响不大[16]。因此，上述假设受到了来自全球重要河流观测结果（河水的高 $\delta^{98/95}$Mo，0.15‰～2.40‰）的挑战[15, 16, 19, 21, 31, 32]。珠江源区河水的钼同位素观测结果（高 $\delta^{98/95}$Mo，0.51‰～1.78‰），也显示源区河水将通过珠江下游输出重的钼同位素进入南海。此外，尽管珠江源区河水中颗粒态 Mo 占总 Mo 的比例（11%）[28]略高于其他大型河流（如长江，1%～7%）[19]，但溶解态 Mo 仍主导着河流的 Mo 输出，进而控制着珠江对海洋的钼同位素通量。基于珠江源区溶解态钼浓度的中位值（7.3 nmol/L）及中国河流泥沙公报中珠江源区的年均流量（6.47×10^{10} m^3/a，http：//www.mwr.gov.cn/sj/tjgb/zghlnsgb/），珠江源区向南海输送的溶解态 Mo 通量为 4.72×10^5 mol/a，这一值相当于全球河流向海洋输送 Mo 通量（1.8×10^8 mol/a[58]）的 0.26%。珠江源区高 $\delta^{98/95}$Mo（1.03‰）的河水向海洋输送的溶解态 Mo 对海洋钼同位素的影响可能被低估。因此，陆地河流，包括喀斯特河流输入海洋的钼同位素还需开展更深入的研究。

8.5　小结

本章通过对珠江源区（碳酸盐岩分布区）枯水期和丰水期河水溶解态 Mo 浓度和 Mo 同位素组成的分析，研究了 Mo 同位素组成的季节变化及其控制因素。结果表明，珠江源区的溶解态 Mo 浓度为 5.3～18.9 nmol/L，$\delta^{98/95}$Mo 为 0.51‰～1.78‰。$\delta^{98/95}$Mo 沿着干流方向略有升高，在南盘江和北盘江河段，枯

水期 $\delta^{98/95}$Mo 较高，而丰水期 $\delta^{98/95}$Mo 较低。河水 Mo 同位素组成的季节和空间变化主要归因于 Mo 来源的季节性贡献和潜在的钼同位素分馏过程。碳酸盐岩和硫化物 / 硫酸盐矿物的风化作用是珠江源区河水溶解态 Mo 的主要来源。此外，在岩石风化成土过程中，土壤没有明显的吸附固持并长期储存较轻的钼同位素，河流搬运过程中也没有明显的钼同位素分馏，但观测到的高 $\delta^{98/95}$Mo 河水进入海洋会显著影响基于钼同位素记录的海洋氧化还原历史重建。

参考文献

[1] BARBIERI M. Isotopes in hydrology and hydrogeology[J]. Water，2019，11（2）：291.

[2] HAN G，LV P，TANG Y，et al. Spatial and temporal variation of H and O isotopic compositions of the Xijiang River system，southwest China[J]. Isotopes in Environmental and Health Studies，2018，54（2）：137-146.

[3] YANG K，HAN G，LIU M，et al. Spatial and seasonal variation of O and H isotopes in the Jiulong River，southeast China[J]. Water，2018，10（11）：1677.

[4] WANG W，LI S L，ZHONG J，et al. Understanding transport and transformation of dissolved inorganic carbon（DIC）in the reservoir system using $\delta^{13}C_{DIC}$ and water chemistry[J]. Journal of Hydrology，2019，574：193-201.

[5] WANG X，QIAO W，CHEN J，et al. Understanding the burial and migration characteristics of deep geothermal water using hydrogen，oxygen，and inorganic carbon isotopes[J]. Water，2018，10（1）：7.

[6] BOSCHETTI T，AWALEH M O，BARBIERI M. Waters from the djiboutian afar：a review of strontium isotopic composition and a comparison with ethiopian waters and Red Sea Brines[J]. Water，2018，10（11）：1700.

[7] HAN G，TANG Y，XU Z. Fluvial geochemistry of rivers draining karst terrain in southwest China[J]. Journal of Asian Earth Sciences，2010，38（1-2）：65-75.

[8] ZHANG X，XU Z，LIU W，et al. Hydro-geochemical and Sr isotope characteristics of the Yalong River basin，eastern Tibetan Plateau：implications for chemical weathering and controlling Factors[J]. Geochemistry，Geophysics，Geosystems，2019，20（3）：1221-1239.

[9] WU W，SUN M，JI X，et al. Sr isotopic characteristics and fractionation during weathering of a small granitic watershed system in the Jiuhua Mountains（eastern China）[J]. Journal of Hydrology，2019，568：135-146.

[10] LI C，LI S L，YUE F J，et al. Identification of sources and transformations of nitrate in the Xijiang River using nitrate isotopes and bayesian model[J]. Science of The Total Environment，2019，646：801-810.

[11] YUE F J，LIU C Q，LI S L，et al. Analysis of $\delta^{15}N$ and $\delta^{18}O$ to identify nitrate sources and transformations in Songhua River，northeast China[J]. Journal of Hydrology，2014，519：329-339.

[12] PETERS M，GUO Q，STRAUSS H，et al. Contamination patterns in river water from rural Beijing：a hydrochemical and multiple stable isotope study[J]. Science of the Total Environment，2019，654：226-236.

[13] ALBERTO J M，SILVINO C，Inaki V，et al. Applications of hydro-chemical and isotopic tools to improve definitions of groundwater catchment zones in a karstic aquifer：a case study[J]. Water，2017，9（8）：595.

[14] MOORE L J，MACHLAN L A，SHIELDS W R，et al.. Internal normalization techniques for high accuracy isotope dilution analyses：application to molybdenum and nickel in standard reference materials[J]. Analytical Chemistry，1974，46（8）：1082-1089.

[15] WANG Z，MA J，LI J，et al. Chemical weathering controls on variations in the molybdenum isotopic composition of river water：evidence from large rivers in China[J]. Chemical Geology，2015，410：201-212.

[16] PEARCE C R，BURTON K W，VON STRANDMANN P A E P，et al. Molybdenum isotope behaviour accompanying weathering and riverine transport in a basaltic terrain[J]. Earth and Planetary Science Letters，2010，295（1-2）：104-114.

[17] WILLE M，KRAMERS J D，NGLER T F，et al. Evidence for a gradual rise of oxygen between 2.6 and 2.5Ga from Mo isotopes and Re-PGE signatures in shales[J]. Geochimica et Cosmochimica Acta，2007，71（10）：2417-2435.

[18] WILLE M，NAEGLER T F，LEHMANN B，et al. Hydrogen sulphide release to surface waters at the precambrian/cambrian boundary[J]. Nature，2008，453

（7196）：767–769.

[19] ARCHER C，VANCE D. The isotopic signature of the global riverine molybdenum flux and anoxia in the ancient oceans[J]. Nature Geoscience，2008，1（9）：597–600.

[20] WANG Z，MA J，LI J，et al. Fe（hydro）oxide controls Mo isotope fractionation during the weathering of granite[J]. Geochimica et Cosmochimica Acta，2018，226：1–17.

[21] NEUBERT N，HERI A R，VOEGELIN A R，et al. The molybdenum isotopic composition in river water：constraints from small catchments[J]. Earth and Planetary Science Letters，2011，304（1–2）：180–190.

[22] HAMMOND C R. The elements[M]//Lide D R. CRC handbook of chemistry and physics. CRC Press：Boca Raton，FL，2005.

[23] XU Z，LIU C Q. Chemical weathering in the upper reaches of Xijiang River draining the Yunnan–Guizhou Plateau，southwest China[J]. Chemical Geology，2007，239（1）：83–95.

[24] LI S L，CALMELS D，HAN G，et al. Sulfuric acid as an agent of carbonate weathering constrained by $\delta^{13}C_{DIC}$：examples from southwest China[J]. Earth and Planetary Science Letters，2008，270（3）：189–199.

[25] HAN G，LIU C Q. Water geochemistry controlled by carbonate dissolution：a study of the river waters draining karst–dominated terrain，Guizhou Province，China[J]. Chemical Geology，2004，204（1）：1–21.

[26] WU Q，HAN G，LI F，et al. Characteristic and source analysis of major ions in Nanpanjiang and Beipanjiang at the upper Pearl River during the wet season[J]. Environmental Chemistry，2015，34（7）：1289–1296（in Chinese）.

[27] MA K，WU Q，HAN G，et al. Hydrochemical characteristics and sources of Nanpanjiang and Beipanjiang river basins during dry seasons[J]. Carsologica Sinica，2018，37（2）：192–202（in Chinese）.

[28] ZENG J，HAN G，WU Q，et al. Geochemical characteristics of dissolved heavy metals in Zhujiang River，southwest China：spatial–temporal distribution，source，export flux estimation，and a water quality assessment[J]. PeerJ，2019，7：e6578.

[29] GAILLARDET J，VIERS J，DUPR B. Trace elements in river waters[M]//HOLLAND

H D，TUREKIAN K K. Treatise on geochemistry. 2nd ed. Elsevier：Oxford，2014：195-235.

[30] LI S，ZHANG Q. Spatial characterization of dissolved trace elements and heavy metals in the upper Han River（China）using multivariate statistical techniques[J]. Journal of Hazardous Materials，2010，176（1）：579-588.

[31] RAHAMAN W，GOSWAMI V，SINGH S K，et al. Molybdenum isotopes in two Indian estuaries：mixing characteristics and input to oceans[J]. Geochimica et Cosmochimica Acta，2014，141：407-422.

[32] VOEGELIN A R，NGLER T F，PETTKE T，et al. The impact of igneous bedrock weathering on the Mo isotopic composition of stream waters：natural samples and laboratory experiments[J]. Geochimica et Cosmochimica Acta，2012，86：150-165.

[33] SIEBERT C，NGLER T F，VON BLANCKENBURG F，et al. Molybdenum isotope records as a potential new proxy for paleoceanography[J]. Earth and Planetary Science Letters，2003，211（1-2）：159-171.

[34] AN H. Remote sensing survey and analysis of current land utilization in the drainage area of Nanpanjiang and Beipanjiang rivers in Guizhou province[J]. Guizhou Geology，1996，13（4）：344-349（in Chinese）.

[35] TANG Y，HAN G L，LI F S，et al. Natural and anthropogenic sources of atmospheric dust at a remote forest area in Guizhou karst region，southwest China[J]. Geochemistry-Exploration Environment Analysis，2016，16（2）：159-163.

[36] TANG Y，HAN G. Seasonal variation and quality assessment of the major and trace elements of atmospheric dust in a typical karst city，southwest China[J]. International Journal of Environmental Research and Public Health，2019，16（3）.

[37] HAN G，WU Q，TANG Y. Acid rain and alkalization in southwestern China：chemical and strontium isotope evidence in rainwater from Guiyang[J]. Journal of Atmospheric Chemistry，2011，68（2）：139-155.

[38] HAN G，TANG Y，WU Q，et al. Chemical and strontium isotope characterization of rainwater in karst virgin forest，southwest China[J]. Atmospheric Environment，2010，44（2）：174-181.

[39] NIE X, WANG Y, LI Y, et al. Characteristics and impacts of trace elements in atmospheric deposition at a high-elevation site, southern China[J]. Environmental Science and Pollution Research, 2017, 24 (29): 22839-22851.

[40] HUANG S, TU J, LIU H, et al. Multivariate analysis of trace element concentrations in atmospheric deposition in the Yangtze River Delta, east China[J]. Atmospheric Environment, 2009, 43 (36): 5781-5790.

[41] ZHENG X, GUO X, ZHAO W, et al. Spatial variation and provenance of atmospheric trace elemental deposition in Beijing[J]. Atmospheric Pollution Research, 2016, 7 (2): 260-267.

[42] LYU Y, ZHANG K, CHAI F, et al. Atmospheric size-resolved trace elements in a city affected by non-ferrous metal smelting: indications of respiratory deposition and health risk[J]. Environmental Pollution, 2017, 224: 559-571.

[43] LEE P K, CHOI B Y, KANG M J. Assessment of mobility and bio-availability of heavy metals in dry depositions of Asian dust and implications for environmental risk[J]. Chemosphere, 2015, 119: 1411-1421.

[44] LIU J, LI S, ZHONG J, et al. Sulfate sources constrained by sulfur and oxygen isotopic compositions in the upper reaches of the Xijiang River, China[J]. Acta Geochimica, 2017, 36 (4): 611-618.

[45] LIU J, LI S L, CHEN J B, et al. Temporal transport of major and trace elements in the upper reaches of the Xijiang River, SW China[J]. Environmental Earth Sciences, 2017, 76 (7): 299.

[46] GAILLARDET J, DUPR B, LOUVAT P, et al. Global silicate weathering and CO_2 consumption rates deduced from the chemistry of large rivers[J]. Chemical Geology, 1999, 159 (1): 3-30.

[47] LH P, HAN G, WU Q. Chemical characteristics of rainwater in karst rural areas, Guizhou Province, southwest China[J]. Acta Geochimica, 2017, 36 (3): 572-576.

[48] WU Q, HAN G, TAO F, et al. Chemical composition of rainwater in a karstic agricultural area, southwest China: the impact of urbanization[J]. Atmospheric Research, 2012, 111 (1): 71-78.

[49] XU L, LEHMANN B, MAO J. Seawater contribution to polymetallic Ni-Mo-

PGE-Au mineralization in early cambrian black shales of south China: evidence from Mo isotope, PGE, trace element, and REE geochemistry[J]. Ore Geology Reviews, 2013, 52: 66-84.

[50] VOEGELIN A R, NGLER T F, SAMANKASSOU E, et al. Molybdenum isotopic composition of modern and carboniferous carbonates[J]. Chemical Geology, 2009, 265 (3): 488-498.

[51] GOLDBERG T, ARCHER C, VANCE D, et al. Mo isotope fractionation during adsorption to Fe (oxyhydr) oxides[J]. Geochimica et Cosmochimica Acta, 2009, 73 (21): 6502-6516.

[52] SIEBERT C, PETT-RIDGE J C, OPFERGELT S, et al. Molybdenum isotope fractionation in soils: influence of redox conditions, organic matter, and atmospheric inputs[J]. Geochimica et Cosmochimica Acta, 2015, 162: 1-24.

[53] DAI Q, LIU Z, SHAO H, et al. Karst bare slope soil erosion and soil quality: a simulation case study[J]. Solid Earth, 2015, 6 (3): 985-995.

[54] DAI Q H, PENG X D, WANG P J, et al. Surface erosion and underground leakage of yellow soil on slopes in karst regions of southwest China[J]. Land Degrad. Dev., 2018, 29 (8): 2438-2448.

[55] AN Y, HOU Y, WU Q, et al. Chemical weathering and CO_2 consumption of a high-erosion-rate karstic river: a case study of the Sanchahe River, southwest China[J]. Chinese Journal of Geochemistry, 2015, 34 (4): 601-609.

[56] ZENG J, HAN G, WU Q, et al. Heavy metals in suspended particulate matter of the Zhujiang River, southwest China: contents, sources, and health risks[J]. International Journal of Environmental Research and Public Health, 2019, 16 (10): 1843.

[57] ZOU J. Geochemical characteristics and organic carbon sources within the upper reaches of the Xi River, southwest China during high flow[J]. Journal of Earth System Science, 2017, 126 (1): 6.

[58] MCMANUS J, BERELSON W M, SEVERMANN S, et al. Molybdenum and uranium geochemistry in continental margin sediments: paleoproxy potential[J]. Geochimica et Cosmochimica Acta, 2006, 70 (18): 4643-4662.

第9章

珠江悬浮物重金属地球化学及环境风险评价

重金属是最重要的环境污染物之一，特别是在河流环境系统中。由于重金属的毒性、持久性、不可生物降解性和生物累积性，其可能会导致严重的水质退化，并对生物产生有害影响[1-3]。一般而言，河流环境系统中的重金属主要以三种形式存在，即溶解态、悬浮物（SPM）和沉积物[4-8]。尽管大量的研究已经表明溶解态的重金属对水生生物和人类的潜在毒性危害更大，但在水体中，溶解态重金属绝对含量通常是低于悬浮物重金属绝对含量的[9]。河流环境系统中的悬浮物具有极高的比表面积和反应活性，水中的溶解态重金属也很容易被悬浮物所吸附[8, 10]。因此，河流悬浮物中的重金属也受到了学界的广泛关注。作为河流环境系统中重金属的主要载体和预沉体[11]，悬浮物一般不会对人类构成威胁，而是充当了陆地向海洋输出物质的连接通道[11, 12]。前人研究表明，河口处的河床沉积物输出通量不到河流输入海洋总固体物质通量的10%，且通常仅为1%左右，而90%以上的固体物质是以悬浮物的形式输入海洋的[13, 14]。此外，河水中的溶解态重金属可在悬浮物/水界面直接而充分接触，使得溶解态重金属更倾向于在悬浮物中积累。同时，吸附了重金属的悬浮物的沉降过程也是河床沉积物中重金属累积的主要途径[10]。相应地，受污染的表层沉积物或已沉降的悬浮物也可能在水流的扰动下再悬浮[8, 10]。这也是沉积物-水界面重金属产生生态风险的关键过程。鉴于此，全球各个国家和地区都开展了大量的有关河流悬浮物中重金属含量分布和对河流环境影响，以及海洋输出通量的研究[4, 6, 11, 12, 15-20]，当然也包括中国[8, 10, 14, 21-23]。对突尼斯湾受多种人为污染的分析表明，重金属（Pb、Cu、Zn、Fe）污染主要受商业活动和渔业活动影响[4]。底格里斯河的研究表明，尽管溶解态是河流中多数重金属的主导形态（低分配系数），但 Al、Fe、Pb、Th 和 Ti 5 种重金属表现出极高的悬浮态含量[6]。Viers 等总结了大量的全球研究结果，集成了一个关于世界河流中悬浮物的化学组成（包括重金属）及相应重金属元素通量的数据集[11]，提供了各大洲重金属通量的全景概貌，并用以评估人类活动对不同环境背景下河流系统重金属地球化学循环的影响。河口环境中悬浮物重金属为期两年的监测结果显示，Cd、Cu、Ni、Zn、Fe、Pb、Cr、Mn 等重金属没有呈现出明显的季节性变化，也与潮汐过程没有表现出潜在的联系，其大量的悬浮物金属输入主要是流域内的集约化农业生产所致[15]。相较之下，乡村溪流在雨季期间的悬浮物重金属及其富集过程表现出明显的时空变化[19]。对勒马河悬浮物重金属的研究则反映了 Fe、Mn 主要来自自然源，而 Cu、Zn、Cr、Pb 主要来自人为源[16]。

在流域管理方面，识别流域尺度的重金属污染水平和生态风险是进行污染修复的前提条件。富集系数、地累积指数、生物可利用度指数和毒性风险指数等方法已被广泛用于悬浮物或沉积物重金属的污染水平评价及其环境影响评估[24]。珠江作为汇入南海的最大河流[25]，其既是当地 3 000 多万人口的主要水源，也是中国南方社会经济发展的重要水资源保障[26]。20 世纪以来，珠江流域内的社会经济发展对河流水体造成了强烈的人为干扰，前人对珠江流域不同河段 / 支流水体[21, 27]沉积物[24, 28-30]和悬浮物[8, 21]开展了诸多的研究。例如，区分了珠江上游悬浮物重金属在时间尺度上的迁移输送过程，探索了珠江下游支流中重金属在溶解态和悬浮物间的分配系数及其影响因素。然而这些工作尚未从珠江全流域的角度系统地分析悬浮物中重金属的丰度和来源，以及重金属的水 / 粒交互作用和地球化学行为。此外，对流域悬浮物重金属的风险评价主要集中在生物可利用度和毒性评价方面[5, 8, 24, 28, 29, 31]，而对潜在的人类暴露风险评估鲜有报道。

前文对整个珠江流域河水中的溶解态重金属进行了分析和讨论。本章将对珠江流域丰水期 22 个悬浮物样品中的 9 种重金属（V、Cr、Mn、Ni、Cu、Zn、As、Cd 和 Pb）进行分析。主要目的是：①分析重金属在悬浮物中的富集水平；②研究珠江流域水 / 粒交互作用过程中重金属的地球化学行为；③识别悬浮物中重金属的潜在来源；④评估悬浮物中重金属的潜在毒性风险和人类暴露风险，特别是人体接触的健康风险。研究结果有助于提高珠江流域重金属污染的防控效率，预防重金属对流域内居民的有害影响。

9.1 悬浮物重金属的含量

珠江悬浮物中重金属的含量如表 9-1 所示。基于 K-S 非参数检验，珠江悬浮物重金属的含量数据均呈正态分布（K-S 检验的显著性＞0.1）。因此，将数据的算术平均值用于不同尺度研究间的比较是适宜的[32]。相应地，珠江悬浮物中 9 种重金属按其平均含量排序如下：Mn（982.4 mg/kg）＞Zn（186.8 mg/kg）＞V（143.6 mg/kg）＞Cr（129.1 mg/kg）＞As（116.8 mg/kg）＞Cu（44.1 mg/kg）＞Ni（39.9 mg/kg）＞Pb（38.1 mg/kg）＞Cd（3.8 mg/kg）。相较于流域内土壤背景值，珠江悬浮物的 Mn 和 Zn 含量最高，分别达 1 487.1 mg/kg 和 732.8 mg/kg[33]。此外，珠江悬浮物中的 Cr、Mn、Zn、As、Cd 5 种重金属的含量均高于土壤背景值，剩余的重金属含量均介于贵州、云南、广东和广西 4 个省份的土壤背景值之间。值得注意的是，珠江悬浮物的 Cd 含量较流域内各省份的土壤背景值高出 5.8～23.7 倍，因而是悬浮物中相对于土壤富集程度最强的重金属。Cr、Mn、Zn、As 等重金属的含量是土壤背景值的 1.2～7.9 倍。

表 9-1 珠江悬浮物重金属的含量、悬浮物浓度及土壤背景值

	V	Cr	Mn	Ni	Cu	Zn	As	Cd	Pb	SPM 浓度
最小值	10.9	20.7	152.7	13.1	13.6	49.3	33.5	2.1	8.2	8.0
最大值	270.3	221.5	1 487.1	62.5	96.4	732.8	317.6	8.9	54.7	944.0
中位值	150.5	147.7	1103.6	41.6	36.3	139.1	109.2	3.5	38.6	138.0
平均值	143.6	129.1	982.4	39.9	44.1	186.8	116.8	3.8	38.1	177.2
标准差	61.5	48.8	379.7	12.0	19.9	138.1	51.6	1.6	11.6	205.5
贵州土壤	138.8	95.9	794.0	39.1	32.0	99.5	20.0	0.66	35.2	—
云南土壤	154.9	65.2	626.0	42.5	46.3	89.7	18.4	0.22	40.6	—
广东、广西土壤	97.6	66.3	362.5	20.5	22.4	61.5	14.7	0.16	30.0	—
TEL	—	43.4	—	22.7	31.6	121.0	9.8	1.0	35.8	—
PEL	—	111.0	—	48.6	149.0	459.0	33.0	5.0	128.0	—
K-S 检验	0.96	0.29	0.55	0.53	0.32	0.14	0.16	0.10	0.65	0.22

注：重金属含量单位为 mg/kg，SPM 浓度单位为 mg/L；贵州、云南、广东、广西、土壤背景值来自 Centre[33]；TEL 为阈值效应水平，PEL 为可能效应水平，TEL 和 PEL 数据来自 Macdonald 等[34]；K-S 检验为 Kolmogorov-Smirnov 正态分布检验结果。

全球尺度上，珠江悬浮物中 V、Cr、Zn 的含量普遍与世界河流悬浮物中相应重金属的平均含量接近，而 Mn、Ni、Cu、Pb 的含量低于世界河流的平均含量，As、Cd 则远远高于世界河流的平均含量（表 9-2）[11]。与亚洲（中国）的河流相比，珠江悬浮物中 V、Cr、Mn 的含量相近，Ni、Cu、Pb 的含量略低，Zn 含量略高。此外，受人类活动影响可能性更大的 Cr、Ni、Cu、Zn、Pb 等重金属在珠江悬浮物中呈现出远低于欧洲地区（以发达国家居多）的含量，这一定程度上反映了经济发展对河流环境重金属污染的影响。

表 9-2　珠江与全球河流悬浮物重金属含量的对比　　单位：mg/kg

河流	V	Cr	Mn	Ni	Cu	Zn	As	Cd	Pb
珠江	143.6	129.1	982.4	39.9	44.1	186.8	116.8	3.8	38.1
全球河流平均值	129.0	130.0	1 679.0	74.5	75.9	208.0	36.3	1.6	61.1
南美河流平均值	131.0	79.0	700.0	46.0	59.0	184.0	—	—	76.0
北美河流平均值	188.0	115.0	1 430.0	50.0	34.0	137.0	—	—	22.0
俄罗斯河流平均值	128.0	260.0	5 767.0	123.0	145.0	300.0	—	—	35.0
中国河流平均值	135.0	117.0	970.0	68.0	53.0	145.0	—	—	64.0
非洲河流平均值	116.0	130.0	1 478.0	78.0	53.0	130.0	—	—	46.0
欧洲河流平均值	85.0	164.0	1 884.0	66.0	172.0	346.0	—	—	71.0

注：全球河流数据来自 Viers 等[11]。

9.2　悬浮物重金属的水 / 粒交互作用和污染评价

9.2.1　水 / 粒交互作用

分配系数 K_d 是研究水 / 粒交互作用的重要指标，其定义为某元素在固相（本章指悬浮物）中的含量与水中溶解相的含量之比[21]，可以反映微量重金属在水 / 粒相互作用的重要信息，通常以 lg K_d 表示[8, 35]。高 lg K_d 往往反映了悬浮物对水中溶解态重金属的强大亲和力和吸附性[15]。结合前文与悬浮物采样点相对应的河水的溶解态重金属浓度[36]，这里计算并总结了珠江流域 7 种重金属的 lg K_d（表 9-3）。V、Cr、Mn、Ni、Cu、Cd 和 Pb 的 lg K_d 分别为 3.6～5.0、3.3～

4.5、4.7～7.0、3.7～4.5、2.9～5.3、4.6～5.5和5.4～6.2。珠江悬浮物与溶解态重金属的所有lg K_d都超过了2.9，表明悬浮物对重金属的吸附能力很强。7种重金属分配系数的平均值依次为Mn＞Pb＞Cd＞V≈Cu＞Cr≈Ni（表9-3），表现出了一定的差异，这主要是不同重金属的离子半径、粒子反应性以及悬浮物的颗粒大小不同所致[8, 23, 35]。对比全球河流，珠江流域7种金属的lg K_d都在世界河流的变化范围内（表9-3）[6, 8, 37-40]。此外，珠江悬浮物Cr、Cu、Cd的lg K_d与我国的一些河流也是相当的，包括珠江下游的重要支流北江[8]，而珠江悬浮物中Mn、Ni、Pb的lg K_d则相对较高[8, 39]。值得注意的是，除Pb外，珠江悬浮物各重金属的lg K_d平均值均低于珠江上游的月平均值（时间尺度上的连续观测结果）[21]，表明了水/粒交互作用可能存在季节性变化。

表9-3 珠江与全球河流悬浮物重金属分配系数（lg K_d）的对比

河流		V	Cr	Mn	Ni	Cu	Cd	Pb
珠江	最小值	3.6	3.3	4.7	3.7	2.9	4.6	5.4
	最大值	5.0	4.5	7.0	4.5	5.3	5.5	6.2
	平均值	4.6	4.2	6.3	4.2	4.6	5.0	5.9
美国河流		—	5.1	—	4.6	4.7	4.7	5.6
底格里斯河		—	6.7	6.6	6.5	6.3	6.3	6.7
达伊河		—	5.5	5.0	5.3	5.4	5.7	5.3
萨瓦河		4.7	4.2	5.9	4.4	3.9	3.0	4.6
长江		—	4.1	5.0	3.9	4.1	4.2	5.2
嘉陵江		—	4.3	5.0	3.8	4.2	4.8	5.1
北江		—	—	—	—	4.7	4.8	5.2
珠江上游		5.4	5.6	6.6	5.3	4.9	5.1	5.7

注：全球河流数据来自文献，其中美国河流来自Auison等[40]、底格里斯河来自Hamad等[6]、达伊河来自Duc等[38]、萨瓦河来自Drndarski等[37]、长江和嘉陵江来自霍文毅等[39]、北江来自Li等[8]、珠江上游来自Liu等[21]。

9.2.2 重金属富集系数

利用各重金属含量的土壤背景值对珠江悬浮物中相应的重金属含量进行标

准化处理，结果显示除 Zn、As 和 Cd 外，大多数重金属的土壤标准化值均接近于 1，变化范围为 0.1～4.1（图 9-1）。悬浮物中 As 和 Cd 的土壤标准化值变化范围分别为 1.7～15.9 和 3.3～39.7，表明珠江流域悬浮物样品均富集 As 和 Cd。悬浮物中 Zn 的土壤标准化值呈不同程度的波动（0.8～7.4），且在上游河段（M1～M6，B1～B4）和西江河段（M14～M18）的波动较为明显。

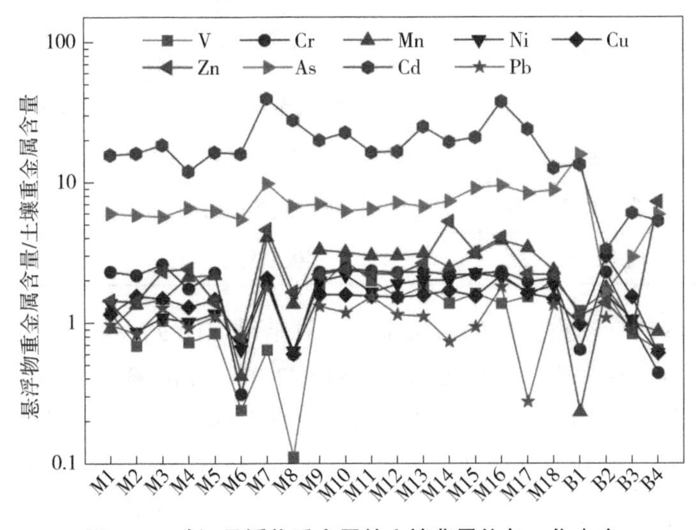

珠江悬浮物重金属的土壤背景值归一化丰度

图 9-1　珠江悬浮物重金属的土壤背景值归一化丰度

注：M1～M6 为上游干流；M7～M18 为下游干流；B1～B4 为北盘江上游支流。全书同。

为进一步定量评估珠江悬浮物中重金属的富集程度，采用富集系数（EF）对悬浮物中的重金属进行研究。富集系数将样品中重金属元素的含量相较于参比元素进行标准化，再与背景值进行比较，进而评估样品中重金属的富集程度，其已广泛应用于重金属相关的研究中[20, 24, 41, 42]。因为 Al 在陆地岩石中广泛分布，且在各类污染源中的含量极少，所以本研究将 Al 作为参比元素，并用于珠江悬浮物重金属富集系数的计算，计算公式如下[20, 24]：

$$EF=[(C_i/C_{\text{参比元素}})_{SPM}]/[(C_i/C_{\text{参比元素}})_{\text{背景}}] \qquad (9\text{-}1)$$

式中，C_i 为重金属的含量，mg/kg；$C_{\text{参比元素}}$ 为参比元素的含量，mg/kg；$(C_i/C_{\text{参比元素}})_{\text{背景}}$ 是根据珠江流域内的土壤背景值计算的。其中，南盘江河段（M1～M6）和北盘江河段（B1～B4）的悬浮物样品分别采用云南和贵州的土壤背景值，而下游样品（M7～M18）则采用广东和广西的土壤背景值的均值[33]。不同富集系数值对应的重金属富集程度分级如表 9-4 所示。

表 9-4 富集系数（EF）、地累积指数（I_{geo}）和毒性风险指数（TRI）分级

EF	富集程度	I_{geo}	污染程度	TRI	毒性风险程度
＜1	无富集	＜0	无污染	＜5	无毒性风险
1～3	轻微富集	0～1	轻度污染	5～10	低毒性风险
3～5	中度富集	1～2	中度污染	10～15	中度毒性风险
5～10	较严重富集	2～3	中度至重度污染	15～20	高毒性风险
10～25	严重富集	3～4	重度污染	＞20	极高毒性风险
25～50	非常严重富集	4～5	重度至极度污染		
＞50	极度严重富集	＞5	极度污染		

珠江流域悬浮物重金属的富集系数计算结果如图 9-2 所示，各采样点悬浮物重金属的EF 排序为：Cd（23.3）＞As（11.0）＞Zn（3.2）＞Mn（2.1）＞Cr（1.8）＞Cu（1.6）＞Ni（1.4）＞V（1.3）＞Pb（0.9）。显然，悬浮物中 Cd 和 As 表现为严重富集和非常严重富集。珠江大部分采样点的悬浮物中 Cd 的 EF 都超过了 10（严重富集），且少数采样点还超过了 50（极度严重富集），如 M6、M8、B1 采样点。悬浮物中 As 的 EF 变化范围主要介于 5～10，属于较严重富集。此外，悬浮物中 Cr、Mn、Ni、Cu 和 Zn 则主要呈轻微富集，EF 平均值介于 1.4～3.2，而 V 和 Pb 在大部分采样点均未表现出富集的特征（EF＜1）。值得注意的是，B1 采样点的 V（6.2）、Cr（3.3）、Cu（5.0）和 As（79.8）的 EF 最高，且其余重金属的 EF 也较高，表明该采样点潜在的人为活动影响最强[24]。前人对北盘江河段悬浮物重金属的研究结果显示 V、Cr、Mn、Ni、Cu、Zn、Cd、Pb 的 EF 平均值分别为 2.8、3.1、1.9、2.7、1.8、2.4、11.9、2.0[21]。相较之下，本研究中大多数重金属的 EF 相对较低，说明虽然本研究（雨季）中重金属的 lg K_d 反映了悬浮物对重金属的强吸附性，但在月际尺度上仍可能存在较大的水 / 粒交互作用差异，特别是颗粒吸附作用的差异。与受到严重污染的巴基斯坦索安河（Cr、Ni、Cu、Zn、Cd、Pb 的 EF 平均值分别为 11.0、12.5、10.0、5.0、19.6、19.6）相比，珠江悬浮物中重金属的富集程度相对较轻[20]。

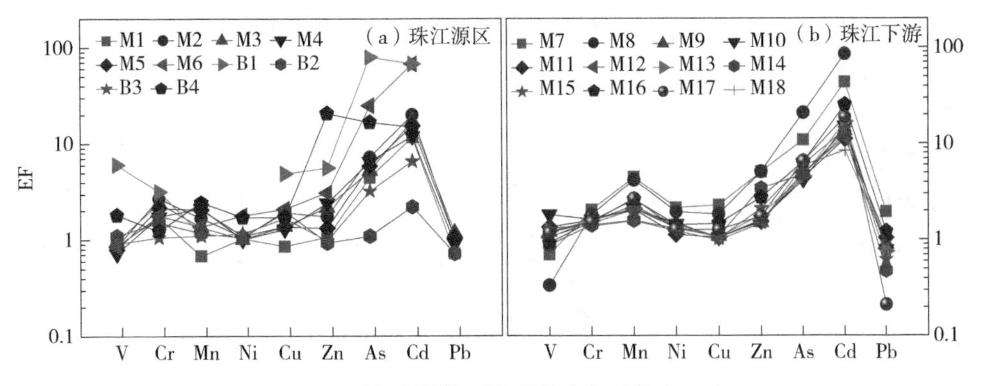

图 9-2 珠江悬浮物重金属的富集系数（EF）

珠江悬浮物重金属的富集系数（EF）彩图

9.2.3 重金属地累积指数

此外，本研究还应用地累积指数（I_{geo}）评价了珠江悬浮物中重金属污染程度。该方法也在前人的研究中得到了广泛的应用[8, 20, 43]。I_{geo} 的计算公式如下[44, 45]：

$$I_{geo} = \log_2 [C_i/(1.5 \times B_i)] \tag{9-2}$$

式中，C_i 为悬浮物中重金属 i 的含量，mg/kg；B_i 为流域内相应重金属含量的土壤背景值，mg/kg；式中采用的系数 1.5 是为了减少土壤背景值变化的影响。不同重金属的 I_{geo} 可根据数值大小分为 7 级，如表 9-4 所示[44]。

根据珠江流域内重金属含量的土壤背景值（表 9-1），计算了各采样点悬浮物中重金属的 I_{geo}。结果显示，悬浮物 I_{geo} 与 EF 呈现出相似的污染 / 富集程度，I_{geo} 的排序为：Cd＞As＞Zn＞Mn＞Cr＞Cu≈Ni＞V≈Pb（图 9-3）。悬浮物中 Cd 和 As 仍然是污染程度最为严重的重金属，其 I_{geo} 平均值分别为 3.4 和 2.1，属于重度污染和中度至重度污染水平；Zn、Mn 和 Cr 的 I_{geo} 平均值分别为 0.5、0.3、0.1，为轻度污染；其余金属（Cu、Ni、V、Pb）的 I_{geo} 平均值均小于 0，为未污染（图 9-3）。本研究中所有采样点的悬浮物重金属 I_{geo} 始终低于珠江下游重要支流——北江的 I_{geo}，该支流流域范围内分布有多个金属矿山和金属冶炼企业，其悬浮物中 Cu、Zn、As、Cd、Pb 的 I_{geo} 平均值相对较高，分别为 2.1、2.7、3.1、7.0、1.5[8]。总体而言，珠江流域内不同的地貌景观和环境背景极大地缓解了悬浮物中重金属的污染强度，前文与受到严重污染的巴基斯坦索安河的对比分析也进一步证实了这一点[20]。

珠江悬浮物重金属的地累积指数（Igeo）彩图

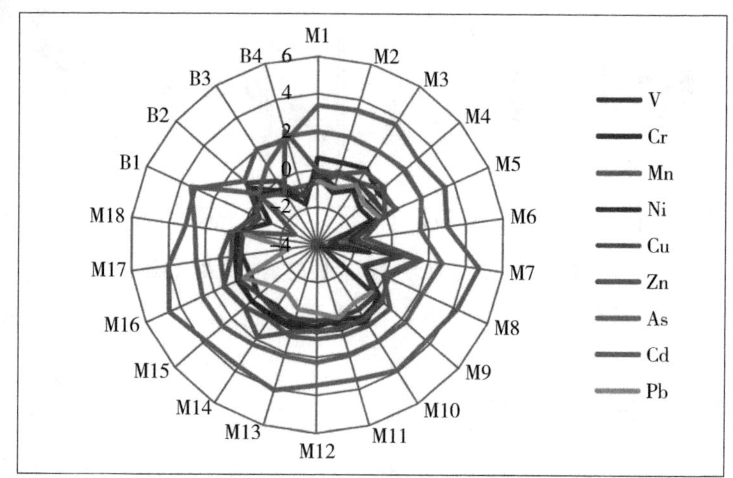

图 9-3　珠江悬浮物重金属的地累积指数（I_{geo}）

9.3　悬浮物重金属源解析

相关性分析和主成分分析（PCA）等统计方法是常用的定性源解析手段，主要通过对数据集进行描述性统计，进而探讨重金属的潜在来源。其中，主成分分析是最常用的多元统计方法，用于探索不同重金属间的相互关联和共同来源[46]，在保留原始数据间呈现的关系的同时，将标准化后的数据集维数降低为更少的几个因子[32, 47]，进一步使用最大旋转方差法减少主成分分析得到的因子贡献或显著性较小的变量[32]。主成分分析所得的因子载荷（各主成分与初始变量之间的相关系数）可按照因子载荷的绝对值大小（>0.75、0.75～0.50、0.50～0.30）分为强载荷、中载荷和弱载荷[48]。在主成分分析前，使用 Kaiser-Meyer-Olkin（KMO）检验和巴特利特球度检验（$p<0.001$）两种方法检验 PCA 对数据集的适用性[47]。

9.3.1　相关性分析

珠江流域悬浮物中 9 种重金属的皮尔逊相关系数如表 9-5 所示。一般而言，水生环境系统中相关系数高的重金属可能具有相似的潜在来源，经历了相似的迁移转化过程，表现出相似的环境地球化学行为[32, 49]。珠江流域悬浮物中 Cr、Mn、Ni、Cu、Pb 之间存在显著的正相关关系（$p<0.01$），表明这些金属可能来自共同的来源。As 与 Cd 之间也存在较强的正相关性（R=0.780），但与其余重金属的相关性较差，说明 As 和 Cd 有潜在的共同来源且与其余重金属的来源不同。悬浮物中 V 只与 Cr 呈显著的正相关（R=0.741），而 Zn 与任何金属均无显著相关性（表 9-5）。

表 9-5　珠江悬浮物重金属的相关性系数

	V	Cr	Mn	Ni	Cu	Zn	As	Cd	Pb
V	1								
Cr	**0.741****	1							
Mn	0.345	**0.719****	1						
Ni	0.513*	**0.841****	**0.694****	1					
Cu	0.342	**0.679****	0.492*	**0.697****	1				
Zn	−0.154	−0.182	0.089	−0.031	−0.160	1			
As	−0.013	−0.306	−0.310	−0.552**	−0.263	0.060	1		
Cd	−0.159	−0.282	−0.182	−0.457*	−0.136	0.037	**0.780****	1	
Pb	0.430*	**0.783****	**0.696****	**0.692****	**0.546****	−0.079	−0.153	−0.138	1

注：* 在 0.05 水平显著相关（双侧）；** 在 0.01 水平显著相关（双侧）。

9.3.2　主成分分析

珠江流域悬浮物重金属的主成分分析总共提取了三个特征值大于 1 的主成分（PC），如表 9-6 所示。其中，PC1 解释了总方差的 44.51%，主要载荷包括 V、Cr、Mn、Ni、Cu 和 Pb；PC2 中 As 和 Cd 表现出显著的正载荷，二者解释了总方差的 22.36%；PC3 仅有 Zn 呈现为显著的正载荷，解释了总方差的 12.33%。大多数的重金属在其所在的 PC 中均显示为强载荷（因子载荷绝对值>0.75）[48, 50]。特征值大于 1 的三个主成分共计解释了总方差的 79.19%，其在三维空间中的分布如图 9-4 所示。

表 9-6 珠江悬浮物重金属的 PCA 载荷矩阵

变量	PC1	PC2	PC3	共同度
V	**0.68**	0.05	−0.31	0.56
Cr	**0.94**	−0.17	−0.16	0.94
Mn	**0.80**	−0.16	0.29	0.75
Ni	**0.83**	−0.45	0.03	0.89
Cu	**0.74**	−0.14	−0.13	0.58
Zn	−0.06	0.04	**0.94**	0.89
As	−0.16	**0.94**	−0.01	0.91
Cd	−0.10	**0.92**	0.05	0.85
Pb	**0.86**	−0.02	0.05	0.75
特征值	4.01	2.01	1.11	
方差 /%	44.51	22.36	12.33	
累积方差 /%	44.51	66.86	79.19	

注：提取方法为主成分分析；旋转方法为最大方差旋转法；检验方法为 KMO 检验和巴特利特球度检验，$p<0.001$。

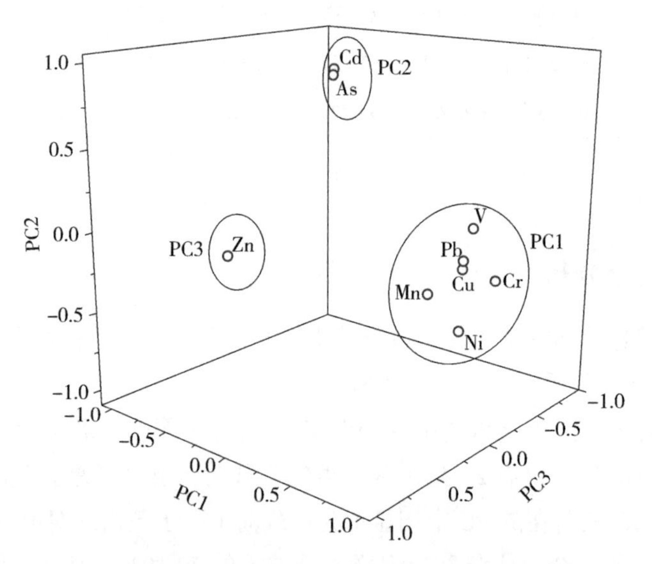

图 9-4 珠江悬浮物重金属 PCA 载荷

对于 PC1 而言，其中的 V 是一种亲石元素[51]，而 Mn、Ni、Cr 通常来源于岩石风化及其随后的成土过程等自然来源[24, 52]。尽管城市建设和工业活动，如采矿、金属冶炼和汽车尾气排放等也可能是 Cu 和 Pb 的重要来源[53]，但由于 Cu 和 Pb 的富集系数均较低（分别为 1.6 和 0.9，图 9-2），表明人为源对二者的贡献十分有限[7, 20]。因此，我们将 PC1 归因于受地质岩性控制的自然源。PC2 中 As 和 Cd 呈现出极高的正载荷，且相关性分析也表明 As 和 Cd 的来源与 PC1 中的重金属不同，考虑到这两种重金属既有很高的绝对含量，又有极高的 EF（分别为 11.0 和 23.3），这里将 As 和 Cd 归因于人为源的贡献[20, 54]。此外，Zn 作为 PC3 中的唯一的显著正载荷，且 Zn 与其他任何金属均无显著的相关性（表 9-5），同时 Zn 的富集程度（EF=3.2）为中等富集，可以认为 PC3 是自然源和人为源的混合成因。

9.4　悬浮物重金属风险评价

9.4.1　毒性风险指数

基于不同重金属的阈值效应水平（TEL）和可能效应水平（PEL），应用毒性风险指数（TRI）评价珠江悬浮物重金属的综合毒性风险（主要是对水生生物的潜在生态风险）。根据前人的研究，当负面效应在最小影响范围内小于 10% 时，TEL 是可靠的，而当负面效应超过可能影响范围的 65% 时，PEL 是可靠的[5, 34]。因此，结合 TEL 和 PEL 的 TRI 不仅考虑了重金属的急性毒性，还考虑了重金属的长期慢性毒性效应[24]。其中，TEL 和 PEL 的值取自 Macdonald 等的研究[34]，该值一直被使用，并成功在以往的研究中应用于评估水生系统重金属的潜在生态风险的参考值[5, 24]。悬浮物的 TRI 的计算公式如下[5]：

$$\mathrm{TRI}=\sum_{i=1}^{n}\mathrm{TRI}_i=\left\{\left[\left(C_S^i/C_{\mathrm{TEL}}^i\right)^2+\left(C_S^i/C_{\mathrm{PEL}}^i\right)^2\right]/2\right\}^{1/2} \tag{9-3}$$

式中，C_S^i 为 SPM 中金属 i 的浓度，mg/kg；C_{TEL}^i 和 C_{PEL}^i 分别为金属 i 的 TEL 和 PEL，mg/kg。

根据 TRI 计算结果，可将毒性风险等级分为 5 级（表 9-4）[5]。

按照式（9-3）和表9-1中TEL和PEL的参考值[34]，计算珠江流域悬浮物中7种重金属的TRI，以评价悬浮物重金属的急性和慢性毒性作用的总毒性风险。其中，V和Mn由于鲜有报道可靠的TEL和PEL而未纳入TRI的计算中。如图9-5所示，珠江流域内22个采样点悬浮物重金属的TRI变化范围为9.5（M6）～32.9（B1），TRI平均值为17.9，表明大多数采样点的悬浮物存在高毒性风险（15<TRI≤20）。此外，M7、M16和B1三个采样点的TRI>20，表现为极高的毒性风险，而M6（5<TRI≤10）则为低毒性风险（图9-5）。与悬浮物重金属的EF和I_{geo}不同，各重金属的毒性风险（TRI_i）排列顺序为：As（8.8）>Cd（2.8）>Cr（2.3）>Ni（1.3）>Zn（1.1）>Cu（1.0）>Pb（0.6）。悬浮物中各重金属对总毒性风险的贡献分别为48.3 ± 10.4%、15.6 ± 4.3%、13.0 ± 5.5%、7.7 ± 3.0%、6.3 ± 4.5%、5.8 ± 3.0%和3.3 ± 2.1%，表明As是悬浮物重金属毒性风险的最主要贡献者。As和Cd对TRI的高贡献主要是二者相对较低的TEL和较高的含量所致。总体而言，综合毒性风险评价凸显了珠江悬浮物重金属的潜在毒性，其中As和Cd两种重金属的毒性风险更值得关注。

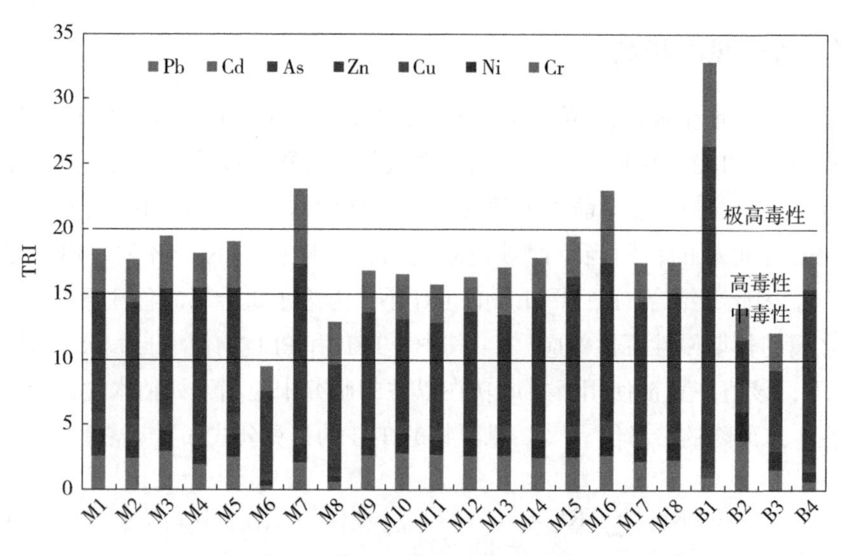

图9-5 珠江悬浮物重金属的毒性风险指数（TRI）

珠江悬浮物重金属的毒性风险指数（TRI）彩图

9.4.2 健康风险评价

参考美国国家环保局的方法，对珠江流域悬浮物重金属的人类暴露健康风险进行了评估[55]。该评估方法类似于溶解态重金属的健康风险评价，考虑了进入人体的重金属的绝对量和不良健康影响与参考剂量之间的关系。主要是通过危险熵值（HQ）和危险指数（HI）来计算和评估的。前文已经提到，直接摄入和皮肤吸收是人类暴露于水体重金属的两种主要途径[32, 56]，但由于人类很少直接饮用含有悬浮物的水（直接摄入），因此我们认为皮肤吸收是悬浮物中重金属的唯一暴露途径。HQ 是通过各种途径暴露的量与参考剂量（RfD）的比值。HI 是每种重金属直接摄入和皮肤吸收的 HQ 的总和，用于评估每种金属的总体潜在非致癌风险（在本部分，由于只有皮肤吸收这一种暴露途径，HI=HQ）。如果 HQ 或 HI 大于 1，对人体健康的非致癌风险 / 不良影响亟须关注，需要进一步研究。反之，当 HQ 或 HI 小于 1 时，则没有负面影响[32, 43]。HQ 和 HI 计算如下[43, 57]：

$$\mathrm{ADD}_{皮肤吸收} = (C \times \mathrm{EF} \times \mathrm{ED} \times \mathrm{SA} \times \mathrm{AF} \times \mathrm{ABS} \times 10^{-6})/(\mathrm{BW} \times \mathrm{AT}) \qquad (9\text{-}4)$$

$$\mathrm{HQ} = \mathrm{ADD}/\mathrm{RfD} \qquad (9\text{-}5)$$

式中，$\mathrm{ADD}_{皮肤吸收}$为皮肤吸收的每日平均剂量，mg/（kg·d）；RfD 是参考剂量，mg/（kg·d）[43, 58]。

式（9-4）～式（9-5）中的其他参数的物理含义及对应值如表 9-7 所示。

表 9-7 健康风险评价参数的物理含义及参考值

参数	物理含义	单位	儿童参考值	成人参考值
C	重金属浓度	mg/kg	—	—
EF	暴露频率	d/a	350	350
ED	暴露持续时间	a	6	30
SA	暴露皮肤面积	cm^2	1 800	5 000
AF	黏着因子	mg/（cm^2·d）	1	1
ABS	皮肤吸收因子	量纲一	As 取 0.03，其他金属取 0.001	As 取 0.03，其他金属取 0.001
BW	平均体重	kg	15	55.9
AT	平均时间	d	365 × ED	365 × ED

根据各金属的参考剂量（RfD）[43, 58, 59]，计算珠江流域悬浮物重金属的危害指数（HI）。HI的平均值如图9-6所示，各采样点的详细HI计算结果如表9-8所示。值得注意的是，无论是对于儿童还是成人，悬浮物中As的HI均大于1，分别为3.3个2.4，表明了As可能造成非致癌风险。此外，悬浮物中其他重金属的HI均小于1（图9-6和表9-8），表明这些重金属在珠江流域内通过皮肤吸收这唯一暴露途径的危害很小。一般而言，各重金属对儿童的HI始终是高于成人的（图9-6），反映了儿童相较于成人面临着更为严重的悬浮物重金属暴露风险。前人的研究结果也表明，当HI＞0.1时，即可能对儿童群体产生负面的健康影响[43, 60]。因此，珠江流域悬浮物中V和Cr的暴露风险（HI分别为0.24和0.25，表9-8）也是不可忽视的。以上指出的三种重金属经皮肤吸收进入人体后均会造成不同程度的损害，如As主要通过直接损伤毛细血管而破坏黏膜[43, 61]，Cr会通过降低生化过程的耗氧量而导致窒息[62]，V则表现出显著的肝毒性、肾毒性和生殖系统毒性[63]。因此，悬浮物中的As是珠江流域的主要健康风险，V和Cr是珠江流域的重要健康风险。

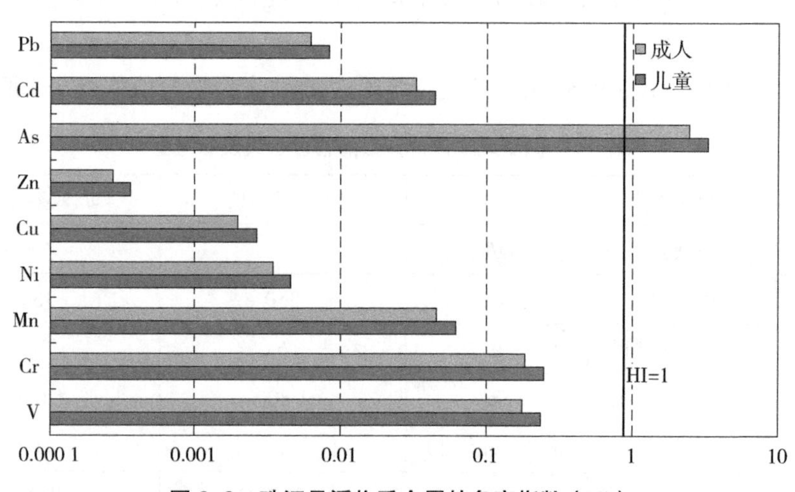

图9-6　珠江悬浮物重金属的危害指数（HI）

表 9-8　珠江各采样点悬浮物的危害指数（HI）及不同重金属的参考剂量

采样点	V	Cr	Mn	Ni	Cu	Zn	As	Cd	Pb
儿童									
M1	0.30	0.29	3.6×10^{-2}	6.8×10^{-3}	3.3×10^{-3}	2.5×10^{-4}	3.1	4.0×10^{-2}	8.7×10^{-3}
M2	0.18	0.28	5.4×10^{-2}	4.3×10^{-3}	4.4×10^{-3}	2.5×10^{-4}	3.1	4.1×10^{-2}	7.5×10^{-3}
M3	0.27	0.33	5.8×10^{-2}	5.4×10^{-3}	4.2×10^{-3}	4.1×10^{-4}	3.0	4.7×10^{-2}	1.2×10^{-2}
M4	0.19	0.22	8.4×10^{-2}	5.0×10^{-3}	3.7×10^{-3}	4.2×10^{-4}	3.4	3.0×10^{-2}	8.3×10^{-3}
M5	0.22	0.29	8.7×10^{-2}	5.8×10^{-3}	4.2×10^{-3}	2.4×10^{-4}	3.3	4.1×10^{-2}	1.0×10^{-2}
M6	3.9×10^{-2}	4.0×10^{-2}	9.6×10^{-3}	1.5×10^{-3}	1.0×10^{-3}	9.5×10^{-5}	2.3	3.0×10^{-2}	—
M7	0.10	0.24	9.3×10^{-2}	4.7×10^{-3}	2.8×10^{-3}	5.5×10^{-4}	4.1	7.4×10^{-2}	1.2×10^{-2}
M8	1.8×10^{-2}	7.6×10^{-2}	3.1×10^{-2}	1.5×10^{-3}	8.2×10^{-4}	2.0×10^{-4}	2.8	5.2×10^{-2}	—
M9	0.29	0.29	7.6×10^{-2}	4.7×10^{-3}	2.2×10^{-3}	2.6×10^{-4}	2.9	3.7×10^{-2}	8.7×10^{-3}
M10	0.44	0.31	7.3×10^{-2}	5.2×10^{-3}	2.2×10^{-3}	2.8×10^{-4}	2.6	4.2×10^{-2}	7.9×10^{-3}
M11	0.32	0.30	6.9×10^{-2}	3.9×10^{-3}	2.1×10^{-3}	2.7×10^{-4}	2.7	3.1×10^{-2}	1.0×10^{-2}
M12	0.25	0.29	6.9×10^{-2}	4.5×10^{-3}	2.1×10^{-3}	2.6×10^{-4}	3.0	3.1×10^{-2}	7.6×10^{-3}
M13	0.29	0.30	7.2×10^{-2}	4.8×10^{-3}	2.2×10^{-3}	3.2×10^{-4}	2.8	4.7×10^{-2}	7.4×10^{-3}
M14	0.22	0.28	5.6×10^{-2}	4.8×10^{-3}	2.3×10^{-3}	6.3×10^{-4}	3.1	3.6×10^{-2}	4.9×10^{-3}
M15	0.26	0.28	7.0×10^{-2}	5.4×10^{-3}	2.1×10^{-3}	3.8×10^{-4}	3.8	3.9×10^{-2}	6.2×10^{-3}
M16	0.22	0.30	8.9×10^{-2}	5.0×10^{-3}	3.0×10^{-3}	4.8×10^{-4}	4.0	7.0×10^{-2}	1.2×10^{-2}
M17	0.25	0.25	7.8×10^{-2}	3.9×10^{-3}	2.2×10^{-3}	2.7×10^{-4}	3.5	4.5×10^{-2}	1.8×10^{-3}
M18	0.33	0.26	5.4×10^{-2}	4.4×10^{-3}	2.0×10^{-3}	2.6×10^{-4}	3.7	2.4×10^{-2}	8.9×10^{-3}

续表

采样点	V	Cr	Mn	Ni	Cu	Zn	As	Cd	Pb
B1	0.28	0.12	1.2×10^{-2}	—	1.9×10^{-3}	2.2×10^{-4}	8.9	0.10	—
B2	0.38	0.42	8.9×10^{-2}	7.2×10^{-3}	5.8×10^{-3}	2.7×10^{-4}	9.4	2.5×10^{-2}	8.5×10^{-3}
B3	0.19	0.18	5.0×10^{-2}	4.8×10^{-3}	3.0×10^{-3}	1.7×10^{-4}	1.7	4.6×10^{-2}	—
B4	0.15	8.1×10^{-2}	4.3×10^{-2}	2.8×10^{-3}	1.2×10^{-3}	1.4×10^{-3}	3.4	4.0×10^{-2}	—
最小值	1.8×10^{-2}	4.0×10^{-2}	9.6×10^{-3}	1.5×10^{-3}	8.2×10^{-4}	9.5×10^{-5}	0.94	2.4×10^{-2}	1.8×10^{-3}
最大值	0.44	0.42	9.3×10^{-2}	7.2×10^{-3}	5.8×10^{-3}	1.4×10^{-3}	8.9	0.10	1.2×10^{-2}
平均值	**0.24**	**0.25**	6.1×10^{-2}	4.6×10^{-3}	2.7×10^{-3}	3.6×10^{-4}	**3.3**	4.4×10^{-2}	8.3×10^{-3}
成人									
M1	0.23	0.22	2.7×10^{-2}	5.1×10^{-3}	2.4×10^{-3}	1.9×10^{-4}	2.3	3.0×10^{-2}	6.5×10^{-3}
M2	0.13	0.21	4.0×10^{-2}	3.2×10^{-3}	3.3×10^{-3}	1.8×10^{-4}	2.3	3.0×10^{-2}	5.6×10^{-3}
M3	0.20	0.25	4.3×10^{-2}	4.0×10^{-3}	3.1×10^{-3}	3.0×10^{-4}	2.2	3.5×10^{-2}	8.6×10^{-3}
M4	0.14	0.17	6.3×10^{-2}	3.7×10^{-3}	2.7×10^{-3}	3.1×10^{-4}	2.6	2.3×10^{-2}	6.2×10^{-3}
M5	0.16	0.21	6.5×10^{-2}	4.3×10^{-3}	3.1×10^{-3}	1.8×10^{-4}	2.4	3.1×10^{-2}	7.5×10^{-3}
M6	2.9×10^{-2}	3.0×10^{-2}	7.1×10^{-3}	1.2×10^{-3}	7.7×10^{-4}	7.0×10^{-5}	1.7	2.2×10^{-2}	—
M7	7.8×10^{-2}	0.18	6.9×10^{-2}	3.5×10^{-3}	2.1×10^{-3}	4.1×10^{-4}	3.1	5.5×10^{-2}	8.8×10^{-3}
M8	1.3×10^{-2}	5.7×10^{-2}	2.3×10^{-2}	1.1×10^{-3}	6.1×10^{-4}	1.5×10^{-4}	2.1	3.9×10^{-2}	—
M9	0.21	0.22	5.6×10^{-2}	3.5×10^{-3}	1.6×10^{-3}	2.0×10^{-4}	2.2	2.8×10^{-2}	6.5×10^{-3}
M10	0.33	0.23	5.4×10^{-2}	3.9×10^{-3}	1.6×10^{-3}	2.1×10^{-4}	2.0	3.2×10^{-2}	5.9×10^{-3}
M11	0.24	0.22	5.1×10^{-2}	2.9×10^{-3}	1.6×10^{-3}	2.0×10^{-4}	2.0	2.3×10^{-2}	7.6×10^{-3}

续表

采样点	V	Cr	Mn	Ni	Cu	Zn	As	Cd	Pb
M12	0.18	0.22	5.1×10^{-2}	3.4×10^{-3}	1.6×10^{-3}	2.0×10^{-4}	2.2	2.3×10^{-2}	5.7×10^{-3}
M13	0.22	0.22	5.3×10^{-2}	3.6×10^{-3}	1.6×10^{-3}	2.3×10^{-4}	2.1	3.5×10^{-2}	5.5×10^{-3}
M14	0.17	0.21	4.2×10^{-2}	3.6×10^{-3}	1.7×10^{-3}	4.7×10^{-4}	2.3	2.7×10^{-2}	3.6×10^{-3}
M15	0.20	0.21	5.2×10^{-2}	4.0×10^{-3}	1.6×10^{-3}	2.8×10^{-4}	2.8	2.9×10^{-2}	4.6×10^{-3}
M16	0.17	0.22	6.6×10^{-2}	3.7×10^{-3}	2.2×10^{-3}	3.6×10^{-4}	3.0	5.2×10^{-2}	8.9×10^{-3}
M17	0.18	0.19	5.8×10^{-2}	2.9×10^{-3}	1.7×10^{-3}	2.0×10^{-4}	2.6	3.3×10^{-2}	1.3×10^{-3}
M18	0.24	0.20	4.0×10^{-2}	3.2×10^{-3}	1.5×10^{-3}	1.9×10^{-4}	2.8	1.8×10^{-2}	6.6×10^{-3}
B1	0.21	8.9×10^{-2}	8.6×10^{-3}	—	1.4×10^{-3}	1.6×10^{-4}	6.6	7.6×10^{-2}	—
B2	0.29	0.32	6.6×10^{-2}	5.4×10^{-3}	4.4×10^{-3}	2.0×10^{-4}	0.70	1.9×10^{-2}	6.3×10^{-3}
B3	0.14	0.13	3.8×10^{-2}	3.6×10^{-3}	2.2×10^{-3}	1.3×10^{-4}	1.2	3.4×10^{-2}	—
B4	0.11	6.1×10^{-2}	3.2×10^{-2}	2.1×10^{-3}	8.9×10^{-4}	1.0×10^{-3}	2.5	3.0×10^{-2}	—
最小值	1.3×10^{-2}	3.0×10^{-2}	7.1×10^{-3}	1.1×10^{-3}	6.1×10^{-4}	7.0×10^{-5}	0.70	1.8×10^{-2}	1.3×10^{-3}
最大值	0.33	0.32	6.9×10^{-2}	5.4×10^{-3}	4.4×10^{-3}	1.0×10^{-3}	6.6	7.6×10^{-2}	8.9×10^{-3}
平均值	0.18	0.18	4.6×10^{-2}	3.4×10^{-3}	2.0×10^{-3}	2.7×10^{-4}	**2.4**	3.3×10^{-2}	6.2×10^{-3}
RfD	7.0×10^{-5}	6.0×10^{-5}	1.8×10^{-3}	1.0×10^{-3}	1.9×10^{-3}	6.0×10^{-2}	1.2×10^{-4}	1.0×10^{-5}	5.3×10^{-4}

9.5 悬浮物重金属输出通量

根据珠江悬浮物中重金属的含量和雨季流量数据，估算了悬浮态重金属的通量为 38.6（Cd）～16 171（Mn）t（表 9-9）。尽管由于只有丰水期采集的样品，这里只计算了雨季的悬浮物重金属通量，结果可能会在一定程度上被高估。但考虑到枯水期的流量远远小于丰水期，高估的部分可以近似等于枯水期的悬浮物重金属通量。因此，我们的计算结果可以在一定程度上代表珠江悬浮物重金属的年输出通量。结合前文溶解态重金属的数据[36]，各重金属的总输出通量为 Mn＞V＞Cr＞Ni＞Cu＞Pb＞Cd（表 9-9）。考虑到在丰水期的雨季，强降雨事件之后，河流中各形态的重金属含量会发生显著的变化，为进一步消除重金属输出通量估算过程中的不确定性，更高频率的采样观测十分必要。

表 9-9 珠江悬浮物和溶解态重金属输出通量（t/a）及其占比

通量	V		Cr		Mn		Ni		Cu		Cd		Pb	
	通量	%	通量	%	通量	%	通量	%	通量	%	通量	%	通量	%
悬浮物通量	3 707	83	2 585	62	16 171	99	709	59	628	78	38.6	77	760.0	99
溶解态通量	736	17	1 561	38	106	1	498	41	174	22	11.3	23	8.6	1
总通量	4 443		4 146		16 277		1 207		802		49.9		768.6	

9.6 小结

本章系统分析了珠江流域悬浮物中的重金属含量，利用分配系数、富集系数（EF）、地累积指数（I_{geo}）、毒性风险指数（TRI）、危害指数（HI）等对重金属的富集水平和污染程度以及风险进行了评价，同时采用相关分析与主成分分析等统计分析手段对悬浮物重金属进行了潜在源解析。结果表明，悬浮物中 Cr、Mn、Zn、As 和 Cd 等多种重金属的含量均高于土壤背景值，且在水 / 粒交互作用过程中，表现出强力的重金属颗粒吸附作用。As 和 Cd 在悬浮物中的富集明显，EF 和 I_{geo} 均较高。悬浮物中 As 和 Cd 的主要来源是人为排放，而 V、Cr、Mn、Ni、

Cu 和 Pb 主要来自自然来源，Zn 则是人为源和自然源的混合成因控制。此外，悬浮物的 As 暴露可能构成潜在的非致癌效应，贡献了悬浮物重金属毒性风险 TRI 的绝大部分；V 和 Cr 的 HI 相对较高，其潜在风险也不容忽视。为进一步消除可能存在的不确定性和悬浮物中重金属地球化学组分的时间变化，并精确评估重金属的潜在风险，对珠江流域悬浮物重金属的地球化学循环及其环境效应还有待深入研究。

参考文献

[1] FARAHAT E，LINDERHOLM H W. The effect of long-term wastewater irrigation on accumulation and transfer of heavy metals in cupressus sempervirens leaves and adjacent soils[J]. Science of The Total Environment，2015，512-513：1-7.

[2] WILBERS G J，BECKER M，NGA L T，et al. Spatial and temporal variability of surface water pollution in the Mekong Delta，Vietnam[J]. Science of The Total Environment，2014，485-486：653-665.

[3] ZARIC N M，DELJANIN I，ILIJEVIĆ K，et al. Assessment of spatial and temporal variations in trace element concentrations using honeybees（Apis mellifera）as bioindicators[J]. PeerJ，2018，6：e5197.

[4] CHOUBA L，MZOUGHI N. Assessment of heavy metals in sediment and in suspended particles affected by multiple anthropogenic contributions in harbours[J]. International Journal of Environmental Science and Technology，2013，10（4）：779-788.

[5] GAO L，WANG Z，LI S，et al. Bioavailability and toxicity of trace metals（Cd，Cr，Cu，Ni，and Zn）in sediment cores from the Shima River，south China[J]. Chemosphere，2018，192：31-42.

[6] HAMAD S H，SCHAUER J J，SHAFER M M，et al. The distribution between the dissolved and the particulate forms of 49 metals across the Tigris River，Baghdad，Iraq[J]. Scientific World Journal，2012.

[7] ISLAM M S，AHMED M K，RAKNUZZAMAN M，et al. Heavy metal pollution in surface water and sediment：a preliminary assessment of an urban river in a developing country[J]. Ecological Indicators，2015，48（48）：282-291.

[8] LI R，TANG C，CAO Y，et al. The distribution and partitioning of trace metals（Pb，Cd，Cu，and Zn）and metalloid（As）in the Beijiang River[J]. Environmental Monitoring and Assessment，2018，190（7）：399.

[9] ZHANG N，ZANG S，SUN Q. Health risk assessment of heavy metals in the water environment of Zhalong Wetland，China[J]. Ecotoxicology，2014，23（4）：518-526.

[10] LIU C，FAN C，SHEN Q，et al. Effects of riverine suspended particulate matter on post-dredging metal re-contamination across the sediment-water interface[J]. Chemosphere，2016，144：2329-2335.

[11] VIERS J，DUPR B，GAILLARDET J. Chemical composition of suspended sediments in world rivers：new insights from a new database[J]. Science of The Total Environment，2009，407（2）：853-868.

[12] LIU Z，ZHAO Y，COLIN C，et al. Source-to-sink transport processes of fluvial sediments in the south China Sea[J]. Earth-Science Reviews，2016，153：238-273.

[13] ASSELMAN N E M. Fitting and interpretation of sediment rating curves[J]. Journal of Hydrology，2000，234（3）：228-248.

[14] ZHANG W，WEI X，JINHAI Z，et al. Estimating suspended sediment loads in the Pearl River Delta region using sediment rating curves[J]. Continental Shelf Research，2012，38：35-46.

[15] BELTRAME M O，DE MARCO S G，MARCOVECCHIO J E. Dissolved and particulate heavy metals distribution in coastal lagoons：a case study from Mar Chiquita Lagoon，Argentina[J]. Estuarine，Coastal and Shelf Science，2009，85（1）：45-56.

[16] AVILA-PEREZ P，ZARAZUA G，CARAPIA-MORALES L，et al. Evaluation of heavy metal and elemental composition of particles in suspended matter of the upper course of the Lerma River[J]. Journal of Radioanalytical and Nuclear Chemistry，2007，273（3）：625-633.

[17] BHOSALE U，SAHU K C. Heavy metal pollution around the island city of bombay，india. Part II：distribution of heavy metals between water，suspended particles and sediments in a polluted aquatic regime[J]. Chemical Geology，1991，90（3）：285-305.

[18] KASSIM T I，ALSAADI H A，ALLAMI A A，et al. Heavy metals in water，suspended particles，sediments and aquatic plants of the upper region of Euphrates River，Iraq[J]. Journal of Environmental Science and Health Part A—Environmental Science and Engineering & Toxic and Hazardous Substance Control，1997，32（9-10）：2497-2506.

[19] MATSUNAGA T，TSUDUKI K，YANASE N，et al. Temporal variations in metal enrichment in suspended particulate matter during rainfall events in a rural stream[J]. Limnology，2014，15（1）：13-25.

[20] NAZEER S，HASHMI M Z，MALIK R N. Heavy metals distribution，risk assessment and water quality characterization by water quality index of the River Soan，Pakistan[J]. Ecological Indicators，2014，43：262-270.

[21] LIU J，LI S L，CHEN J B，et al. Temporal transport of major and trace elements in the upper reaches of the Xijiang River，SW China[J]. Environmental Earth Sciences，2017，76（7）：299.

[22] NIE F H，LI T，YAO H F，et al. Characterization of suspended solids and particle-bound heavy metals in a first flush of highway runoff[J]. Journal of Zhejiang University-SCIENCE A，2008，9（11）：1567-1575.

[23] YAO Q Z，WANG X J，JIAN H M，et al. Characterization of the particle size fraction associated with heavy metals in suspended sediments of the Yellow River[J]. International Journal of Environmental Research and Public Health，2015，12（6）：6725-6744.

[24] LI W，GOU W，LI W，et al. Environmental applications of metal stable isotopes：silver，mercury and zinc[J]. Environmental Pollution，2019，252：1344-1356.

[25] HAN G，LV P，TANG Y，et al. Spatial and temporal variation of H and O isotopic compositions of the Xijiang River system，southwest China[J]. Isotopes in Environmental and Health Studies，2018，54（2）：137-146.

[26] LI C，LI S L，YUE F J，et al. Identification of sources and transformations of nitrate in the Xijiang River using nitrate isotopes and bayesian model[J]. Science of The Total Environment，2019，646：801-810.

[27] ZHEN G，LI Y，TONG Y，et al. Temporal variation and regional transfer of heavy metals in the Pearl（Zhujiang）River，China[J]. Environmental Science and

Pollution Research，2016，23（9）：8410-8420.

[28] NIU H，DENG W，WU Q，et al. Potential toxic risk of heavy metals from sediment of the Pearl River in south China[J]. J. Environ. Sci.，2009，21（8）：1053-1058.

[29] ZHANG J，YAN Q，JIANG J，et al. Distribution and risk assessment of heavy metals in river surface sediments of middle reach of Xijiang River basin，China[J]. Human and Ecological Risk Assessment，2018，24（2）：347-361.

[30] ZHANG C，WANG L. Multi-element geochemistry of sediments from the Pearl River system，China[J]. Applied Geochemistry，2001，16（9）：1251-1259.

[31] LIU S，WANG Z，ZHANG Y，et al. Distribution and partitioning of heavy metals in large anthropogenically impacted river，the Pearl River，China[J]. Acta Geochimica，2019.

[32] WANG J，LIU G，LIU H，et al. Multivariate statistical evaluation of dissolved trace elements and a water quality assessment in the middle reaches of Huaihe River，Anhui，China[J]. Science of The Total Environment，2017，583：421-431.

[33] CENTRE C N E M. Chinese soil element background value[J]. China Environmental Science Press：Beijing，1990.

[34] MACDONALD D D，INGERSOLL C G，BERGER T A. Development and evaluation of consensus-based sediment quality guidelines for freshwater ecosystems[J]. Archives of Environmental Contamination and Toxicology，2000，39（1）：20-31.

[35] NGUYEN H L，LEERMAKERS M，ELSKENS M，et al. Correlations，partitioning and bioaccumulation of heavy metals between different compartments of Lake Balaton[J]. Science of The Total Environment，2005，341（1）：211-226.

[36] ZENG J，HAN G，WU Q，et al. Geochemical characteristics of dissolved heavy metals in Zhujiang River，southwest China：spatial-temporal distribution，source，export flux estimation，and a water quality assessment[J]. PeerJ，2019，7：e6578.

[37] DRNDARSKI N，STOJIĆ D，ŽUPANČIĆ M，et al. Determination of partition coefficients of metals in the Sava River environment[J]. Journal of Radioanalytical and Nuclear Chemistry，1990，140（2）：341-348.

[38] DUC T A，LOI V D，THAO T T. Partition of heavy metals in a tropical river system impacted by municipal waste[J]. Environmental Monitoring and Assessment，

2013，185（2）：1907-1925.

[39] 霍文毅，陈静生．我国部分河流重金属水－固分配系数及在河流质量基准研究中的应用 [J]. 环境科学，1997，18（4）：10-13.

[40] ALLISON J D，ALLISON T L. Partition coefficients for metals in surface water，soil，and waste[R]. United States Environmental Protection Agency，Washington，DC，EPA/600/R-05/074，2005.

[41] AUDRY S，SCH FER J，BLANC G，et al. Fifty-year sedimentary record of heavy metal pollution（Cd，Zn，Cu，Pb）in the Lot River reservoirs（France）[J]. Environmental Pollution，2004，132（3）：413-426.

[42] TANG Y，HAN G. Characteristics of major elements and heavy metals in atmospheric dust in Beijing，China[J]. Journal of Geochemical Exploration，2017，176：114-119.

[43] WU T，BI X，LI Z，et al. Contaminations，sources，and health risks of trace metal（loid）s in street dust of a small city impacted by artisanal Zn smelting activities[J]. International Journal of Environmental Research and Public Health，2017，14（9）：961.

[44] M LLER G. Index of geoaccumulation in sediments of the Rhine River[J]. Geochemical Journal，1969，8（2）：108-118.

[45] GONG Q，DENG J，XIANG Y，et al. Calculating pollution indices by heavy metals in ecological geochemistry assessment and a case study in parks of Beijing[J]. Journal of China University of Geosciences，2008，19（3）：230-241.

[46] LOSKA K，WIECHULA D. Application of principal component analysis for the estimation of source of heavy metal contamination in surface sediments from the Rybnik Reservoir[J]. Chemosphere，2003，51（8）：723-733.

[47] LI S，LI J，ZHANG Q. Water quality assessment in the rivers along the water conveyance system of the Middle Route of the South to North Water Transfer Project（China）using multivariate statistical techniques and receptor modeling[J]. Journal of Hazardous Materials，2011，195：306-317.

[48] GAO L，WANG Z，SHAN J，et al. Distribution characteristics and sources of trace metals in sediment cores from a trans boundary watercourse：an example from the Shima River，Pearl River Delta[J]. Ecotoxicology and Environmental Safety，

2016，134：186-195.

[49] HELENA B，PARDO R，VEGA M，et al. Temporal evolution of groundwater composition in an alluvial aquifer（Pisuerga River，Spain）by principal component analysis[J]. Water Research，2000，34（3）：807-816.

[50] LIU C W，LIN K H，KUO Y M. Application of factor analysis in the assessment of groundwater quality in a blackfoot disease area in Taiwan[J]. Science of The Total Environment，2003，313（1）：77-89.

[51] KRISHNA A K，SATYANARAYANAN M，GOVIL P K. Assessment of heavy metal pollution in water using multivariate statistical techniques in an industrial area：a case study from Patancheru，Medak District，Andhra Pradesh，India[J]. Journal of Hazardous Materials，2009，167（1）：366-373.

[52] LI S，ZHANG Q. Spatial characterization of dissolved trace elements and heavy metals in the upper Han River（China）using multivariate statistical techniques[J]. Journal of Hazardous Materials，2010，176（1）：579-588.

[53] LI J，HE M，HAN W，et al. Analysis and assessment on heavy metal sources in the coastal soils developed from alluvial deposits using multivariate statistical methods[J]. Journal of Hazardous Materials，2009，164（2）：976-981.

[54] ZHANG H，SHAN B. Historical records of heavy metal accumulation in sediments and the relationship with agricultural intensification in the Yangtze-Huaihe region，China[J]. Science of The total Environment，2008，399（1）：113-120.

[55] EPA U S. Risk assessment："supplemental guidance for dermal risk assessment". Part E of risk assessment guidance for superfund，human health evaluation manual（Volume I）[R/OL]. [2004-08-16]. www.epa.gov/risk/risk-assessment-guidance-superfund-rags-part-e.

[56] LI S，ZHANG Q. Risk assessment and seasonal variations of dissolved trace elements and heavy metals in the Upper Han River，China[J]. Journal of Hazardous Materials，2010，181（1）：1051-1058.

[57] ZHENG N，LIU J，WANG Q，et al. Health risk assessment of heavy metal exposure to street dust in the zinc smelting district，northeast of China[J]. Science of The Total Environment，2010，408（4）：726-733.

[58] WAN D J，ZHAN C L，YANG G L，et al. Preliminary assessment of health risks

of potentially toxic elements in settled dust over Beijing Urban Area[J]. International Journal of Environmental Research and Public Health，2016，13（5）.

[59] FERREIRA-BAPTISTA L，DE MIGUEL E. Geochemistry and risk assessment of street dust in Luanda，Angola：A tropical urban environment[J]. Atmospheric Environment，2005，39（25）：4501-4512.

[60] DE MIGUEL E，IRIBARREN I，CHAC N E，et al. Risk-based evaluation of the exposure of children to trace elements in playgrounds in Madrid（Spain）[J]. Chemosphere，2007，66（3）：505-513.

[61] TANDA S，LICBINSKY R，HEGROVA J，et al. Arsenic speciation in aerosols of a respiratory therapeutic cave：a first approach to study arsenicals in ultrafine particles[J]. Science of The Total Environment，2019，651：1839-1848.

[62] ARCEGA-CABRERA F，FARGHER L，QUESADAS-ROJAS M，et al. Environmental exposure of children to toxic trace elements（Hg，Cr，As）in an urban area of Yucatan，Mexico：water，blood，and urine levels[J]. Bulletin of environmental contamination and toxicology，2018，100（5）：620-626.

[63] WILK A，SZYPULSKA-KOZIARSKA D，WISZNIEWSKA B. The toxicity of vanadium on gastrointestinal，urinary and reproductive system，and its influence on fertility and fetuses malformations[J]. Postepy Higieny I Medycyny Doswiadczalnej，2017，71：850-859.

第10章

珠江悬浮物稀土元素地球化学

河流系统、沿海水域和城市径流的稀土元素浓度、赋存形态、迁移转化过程等环境问题已经引起了人们的广泛关注[1-8]。稀土元素除了广泛地应用于肥料、造影剂、电子元件、绿色能源等行业[9-11]，还被用作岩石风化过程的环境示踪剂[12, 13]。岩石风化造成稀土元素从岩石迁移到河流的悬浮物和溶解物中。而且这两种稀土元素的赋存形态通过吸附、沉淀、溶解等地球化学过程相互转化[14, 15]。河流悬浮物携带的稀土元素通量远高于溶解态稀土元素通量，例如，巴西伊波茹卡河的悬浮物稀土元素通量占河流总稀土元素通量的95%以上[16]。土壤侵蚀和河底泥沙再悬浮是土壤悬浮物的主要来源[17, 18]。地质背景、岩石风化、迁移过程和水/粒相互作用对河流悬浮物中稀土元素的地球化学特征有重要影响[19]。此外，人为活动一方面可直接向河流系统输入稀土元素，另一方面通过改变河水的化学性质影响悬浮物中稀土元素的释放和积累[20]。因此，悬浮物中的稀土元素可以提供岩石风化、土壤侵蚀、水环境变化和人为活动等诸多信息[21, 22]。近些年来，为了获取悬浮物中与人为活动密切相关的生物活性粒子和化学有机聚合物微粒（<0.45 μm），已有研究者用0.22 μm孔径滤膜取代传统的0.45 μm孔径滤膜来区分溶解态和悬浮物[23]。河流、湖泊和其他水体悬浮物的稀土元素也是记录人类世以来水质环境综合变化的良好示踪剂[24, 25]。

中国作为全球最大的稀土资源国，出口的稀土矿占全球供应量的97%[6]。珠江中、上游地区广泛分布的煤层和岩溶型铝土矿床极有可能是悬浮物和河水的重要稀土元素来源。例如，美国怀俄明州波德河流域的粉煤灰的稀土元素含量高达156～590 mg/kg，甚至有可能成为潜在的稀土生产来源[26]。广西岩溶型铝土矿的稀土元素含量为 233～1 992 mg/kg（平均含量 176 mg/kg）[27]。珠江上游地区土壤的稀土元素含量范围是 145～352 mg/kg[28, 29]。这些含有富含稀土的矿床和土壤将导致河流悬浮物和溶解态稀土元素的背景值偏高。珠江中游地区的农业活动和下游地区的城市化建设可能通过施肥和城市污水等形式向河流系统输入更多的稀土元素[20]。自然过程和人为活动都是影响稀土元素地球化学特征的重要因素，辨识河流悬浮物稀土元素的自然背景和人为来源在寻找稀土资源和水质监测与管理等方面有重要意义。

本章对珠江悬浮物稀土元素进行了系统的调查，以期查明珠江悬浮物稀土元素的浓度分布和分馏特征；辨析影响稀土元素地球化学特征的环境因素；并探讨 2000—2014 年珠江悬浮物稀土元素浓度和分馏的变化。

10.1　悬浮物稀土元素的含量分布特征

珠江流域各采样点悬浮物的稀土元素的单一元素含量和总含量如表 10-1 所示。La 的含量为 7.94～88.50 mg/kg［均值（51.5 ± 21.6）mg/kg］，Ce 的含量为 13.85～158.30 mg/kg［均值（91.1 ± 38.7）mg/kg］，Pr 的含量为 1.65～18.60 mg/kg［均值（10.5 ± 4.4）mg/kg］，Nd 的含量为 6.75～74.49 mg/kg［均值（42.6 ± 17.8）mg/kg］，Sm 的含量为 1.40～15.20 mg/kg［均值（8.6 ± 3.6）mg/kg］，Eu 的含量为 0.32～3.27 mg/kg［均值（1.78 ± 0.73）mg/kg］，Gd 的含量为 1.34～13.67 mg/kg［均值（8.16 ± 3.33）mg/kg］，Tb 的含量为 0.18～1.77 mg/kg［均值（1.05 ± 0.43）mg/kg］，Dy 的含量为 0.96～9.63 mg/kg［均值（5.81 ± 2.36）mg/kg］，Ho 的含量为 0.19～1.83 mg/kg［均值（1.14 ± 0.46）mg/kg］，Er 的含量为 0.53～5.42 mg/kg［均值（3.41 ± 1.37）mg/kg］，Tm 的含量为 0.08～0.73 mg/kg［均值（0.46 ± 0.19）mg/kg］，Yb 的含量为 0.48～4.81 mg/kg［均值（2.99 ± 1.21）mg/kg］，Lu 的含量为 0.06～0.72 mg/kg［均值（0.43 ± 0.18）mg/kg］。悬浮物 ∑REE 的含量为 35.9～396.4 mg/kg［均值（229.6 ± 96.1）mg/kg］，高于大陆上地壳（146.37 mg/kg）、当地土壤（171.2 mg/kg）、世界河流悬浮物的平均值（174.8 mg/kg）和澳大利后太古代页岩（184.8 mg/kg）[30, 31]。

表 10-1　珠江河水悬浮物的采样点位置和稀土元素含量

单位：mg/kg

采样点	La	Ce	Pr	Nd	Sm	Eu	Gd	Tb	Dy	Ho	Er	Tm	Yb	Lu	Σ REE	Σ LREE	Σ MREE	Σ HREE
上游																		
M1	88.50	158.30	18.60	74.49	15.20	2.73	13.67	1.77	9.63	1.83	5.42	0.73	4.81	0.72	396.4	339.9	44.83	11.68
M2	46.07	83.08	9.90	41.25	8.51	1.97	8.47	1.10	6.03	1.18	3.49	0.46	3.03	0.41	215.0	180.3	27.27	7.39
M3	63.55	118.32	13.22	53.74	10.73	2.22	10.16	1.28	7.16	1.42	4.18	0.57	3.69	0.54	290.8	248.8	32.98	8.97
M4	48.28	82.90	9.58	39.23	7.57	1.49	7.23	0.93	5.08	1.03	3.11	0.42	2.67	0.40	209.9	180.0	23.32	6.61
M5	69.07	113.09	13.84	56.19	11.29	2.44	10.91	1.42	8.01	1.63	4.77	0.66	4.23	0.61	298.2	252.2	35.70	10.26
M6	8.08	13.85	1.65	6.75	1.40	0.32	1.34	0.18	0.96	0.19	0.57	0.08	0.50	0.07	35.9	30.3	4.38	1.22
B1	7.94	14.34	1.78	7.53	1.49	0.43	1.62	0.19	1.02	0.19	0.53	0.08	0.48	0.06	37.7	31.6	4.93	1.15
B2	72.91	138.19	15.96	66.22	13.27	3.27	12.63	1.55	8.33	1.56	4.51	0.59	3.79	0.52	343.3	293.3	40.60	9.41
B3	37.86	71.36	8.50	35.08	7.21	1.69	6.93	0.88	4.74	0.90	2.63	0.33	2.21	0.31	180.6	152.8	22.35	5.48
B4	10.74	19.26	2.28	9.39	2.04	0.47	1.92	0.26	1.39	0.28	0.83	0.11	0.71	0.10	49.8	41.7	6.36	1.75
中游																		
M7	50.64	84.59	10.14	42.16	8.37	1.67	7.67	0.98	5.57	1.12	3.24	0.47	2.92	0.43	220.0	187.5	25.38	7.05
M8	16.96	27.95	3.29	13.43	2.77	0.59	2.59	0.33	1.85	0.38	1.10	0.15	1.03	0.14	72.6	61.6	8.50	2.42
M9	64.18	111.91	12.90	51.96	10.62	2.09	9.93	1.29	7.33	1.43	4.30	0.58	3.81	0.56	282.9	241.0	32.69	9.25
M10	63.07	110.88	12.69	51.17	10.20	2.09	9.74	1.27	7.01	1.39	4.28	0.57	3.80	0.53	278.7	237.8	31.70	9.18
M11	59.26	106.30	12.05	47.48	9.51	1.90	9.38	1.19	6.66	1.31	3.97	0.55	3.59	0.52	263.6	225.1	29.94	8.63
M12	62.07	110.16	12.52	48.13	9.99	1.98	9.66	1.22	6.86	1.36	4.20	0.56	3.70	0.53	272.9	232.9	31.08	8.98
M13	62.40	109.78	12.42	49.54	9.89	1.97	9.54	1.24	6.82	1.36	4.12	0.57	3.64	0.53	273.8	234.1	30.83	8.85

续表

采样点	La	Ce	Pr	Nd	Sm	Eu	Gd	Tb	Dy	Ho	Er	Tm	Yb	Lu	Σ REE	Σ LREE	Σ MREE	Σ HREE
下游																		
M14	57.77	99.28	11.35	47.41	9.21	1.86	8.63	1.09	6.18	1.23	3.70	0.51	3.28	0.47	252.0	215.8	28.20	7.97
M15	62.41	110.28	12.31	48.55	9.99	1.99	9.55	1.21	6.87	1.37	4.16	0.56	3.57	0.53	273.3	233.5	30.98	8.81
M16	68.59	122.63	13.86	56.56	11.43	2.25	10.68	1.38	7.50	1.50	4.33	0.59	3.79	0.58	305.7	261.6	34.73	9.29
M17	58.52	104.03	11.78	47.23	9.73	1.98	9.12	1.18	6.73	1.32	4.01	0.54	3.45	0.49	260.1	221.6	30.06	8.49
M18	54.22	94.03	10.90	44.78	8.85	1.76	8.20	1.08	5.99	1.17	3.53	0.47	3.15	0.44	238.6	203.9	27.05	7.59

珠江悬浮物∑LREE、∑MREE和∑HREE的含量分别为30.3～339.9 mg/kg［均值（195.8±82.3）mg/kg］、4.38～44.83 mg/kg［均值（26.54±10.86）mg/kg］、1.15～11.68 mg/kg［均值（7.29±2.95）mg/kg］。上游、中游、下游悬浮物∑REE的含量平均值分别为205.8 mg/kg、237.8 mg/kg和265.9 mg/kg，悬浮物∑REE的含量沿流向呈现增加的趋势（图10-1）。悬浮物∑LREE、∑MREE、∑HREE的含量随河水流动方向也呈增加的趋势。另外，上游河水悬浮物总稀土元素浓度的变化程度远高于中游和下游。

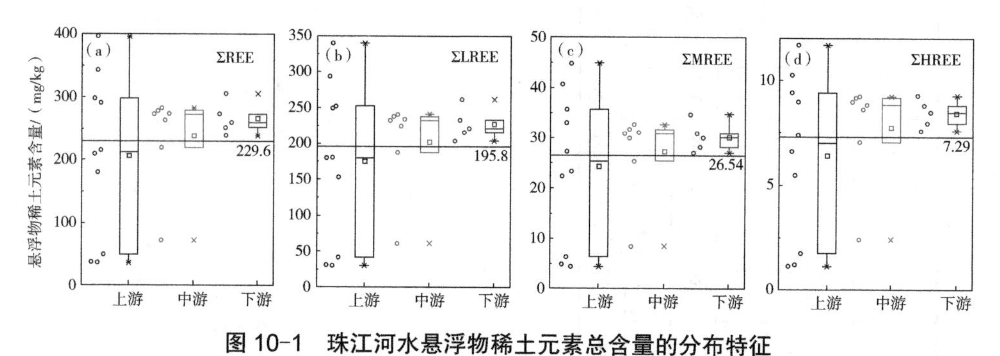

图10-1 珠江河水悬浮物稀土元素总含量的分布特征

10.2 澳大利亚后太古代页岩标准化的悬浮物REE组成模式

澳大利亚后太古代页岩（PAAS）标准化的悬浮物稀土元素组成模式如图10-2所示。珠江河水悬浮物的La_N范围是0.21～2.32（均值1.35±0.56），Ce_N范围是0.17～1.99（均值1.14±0.49），Pr_N范围是0.19～2.11（均值1.19±0.50），Nd_N范围是0.20～2.20（均值1.26±0.50），Sm_N范围是0.25～2.74（均值1.55±0.65），Eu_N范围是0.29～3.03（均值1.65±0.67），Gd_N范围是0.29～2.93（均值1.75±0.72），Tb_N范围是0.23～2.30（均值1.36±0.55），Dy_N范围是0.20～2.06（均值1.24±0.50），Ho_N范围是0.19～1.85（均值1.15±0.47），Er_N范围是0.19～1.90（均值1.20±0.48），Tm_N范围是0.18～1.78（均值1.12±0.46），Yb_N范围是0.17～1.71（均值1.06±0.43），Lu_N范围是0.14～1.67（均值1.00±0.41）。珠江上游、中游、下游的大多数采样点悬浮物的标准化REE_N均大于1，且标准化的REE组成模式呈现出轻稀土元素中的La富集而其他轻稀土元素亏损，中稀土元

素中的 Sm、Eu 和 Gd 富集而其他中稀土亏损，所有重稀土元素亏损的波浪形分布。另外上游和中游个别样点悬浮物的标准化 REE_N 低于 0.5，且标准化的 REE 组成模式趋于平缓分布。上游不同采样点间悬浮物标准化 REE_N 的差异较大，而中游和下游采样点间的差异很小。

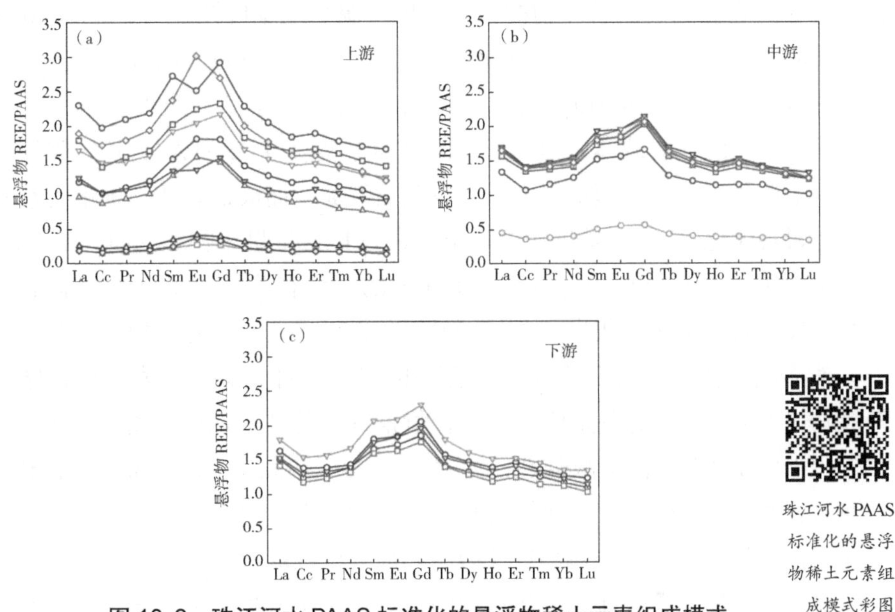

图 10-2　珠江河水 PAAS 标准化的悬浮物稀土元素组成模式

10.3　影响悬浮物稀土元素含量的因素

河水悬浮物稀土元素含量的分布特征除了受风化岩石的碎屑和再悬浮的河底沉积物的直接影响，水 / 粒相互作用造成的稀土元素吸附和解吸过程也会对其造成影响[32]。当河水的化学性质和化学发生变化时，如河水 pH、氧化还原电位、盐度、Fe 和 Mn 氧化物或氢氧化物和有机质的含量等，溶解态的稀土元素可以转化为颗粒态（悬浮物）稀土元素[33-38]。悬浮物的主量元素含量和组成与风化岩石的矿物组成密切相关。因此，悬浮物稀土元素含量和不同水化学指标与主量元素含量的相关关系可用于探讨岩石风化和水化学性质对悬浮物稀土元素含量分布的影响。

悬浮物稀土元素含量与主量元素（Al、Fe、Mn、Mg、Ca、K 和 Na）含量的皮尔逊相关系数如表 10-2 所示。悬浮物稀土元素浓度与 Al、Fe、K 含量呈显著正相关关系（$p<0.01$），而与 Ca 和 Na 含量呈显著负相关关系（$p<0.01$）。结果表明悬浮物的稀土元素含量随 Fe、Al、K 含量的增加而增加，而随 Ca、Na 含量的增加而降低。河流悬浮物的一个重要来源是土壤侵蚀[16]。珠江流域分布着大面积的（强）淋溶土，富含 Fe 和 Al 的黏土矿物是其重要组成。黏土矿物通过侵蚀进入河流系统，成为河水悬浮物的重要组成部分[39]。同时，黏土矿物也是其中稀土元素的主要载体。因此，悬浮物稀土元素与 Fe 和 Al 含量之间的相关关系与黏土矿物有关。土壤由岩石风化及其后续演变而成，悬浮物稀土元素的根本来源是岩石风化[40, 41]。悬浮物中稀土元素与 K 含量呈正相关，而与 Ca 和 Na 含量呈负相关，主要与碳酸盐岩和长英质岩的风化有关[8]。珠江上游有部分河段流经碳酸盐岩分布区，灰岩和白云岩的风化作用导致河流悬浮物中含有高含量的 Ca。然而碳酸盐岩中稀土元素的含量极低[29]。因此，碳酸盐岩风化将导致河流悬浮物中的 Ca 含量偏高而稀土元素含量偏低。此外，珠江上游河水的 pH 高达 7.3～8.4（均值 7.6），呈微碱性；溶解氧在 4.9～9.0 mg/L（均值 6.8 mg/L）。上游河水较高的 pH 和 DO 含量与碳酸盐岩风化有关。悬浮物中除 Eu 外的其他稀土元素含量与河水 pH、溶解氧（DO）含量呈显著负相关。该结果也表明悬浮物的稀土元素含量受碳酸盐岩风化过程的影响。花岗岩中稀土元素含量通常比碳酸盐岩高一个数量级。珠江上游河水悬浮物受碳酸盐岩风化和非碳酸盐岩（主要是花岗岩）风化共同影响，但影响有差异，这就导致了不同采样点间总稀土元素含量的差异巨大（图 10-1）。悬浮物的 ∑REE、∑LREE、∑MREE 和 ∑HREE 含量随河水流动方向呈增加趋势，与中下游大面积分布的花岗岩（主要是长石类矿物）风化有关[4]。在花岗岩地区，钾长石的风化造成大量的 K 进入土壤的黏土矿物中，再通过土壤侵蚀进入河流。因此，悬浮物中稀土元素含量与 K 含量呈正相关关系。另外，中上游的 M6、B1、B4 和 M8 号采样点的悬浮物的稀土元素含量明显低于其他采样点（表 10-1），与悬浮物中较多的石英矿物有关。一般来说，石英矿物几乎不含稀土元素。这 4 个采样点的悬浮物中 Al、Fe 和 K 含量显著低于其他采样点，而 Si 含量显著高于其他采样点。

表 10-2　珠江河水悬浮物 REE 含量与主量元素含量和水化学性质的皮尔逊相关系数

	La	Ce	Pr	Nd	Sm	Eu	Gd	Tb	Dy	Ho	Er	Tm	Yb	Lu
Fe	0.94**	0.95**	0.95**	0.95**	0.95**	0.98**	0.96**	0.95**	0.95**	0.94**	0.94**	0.92**	0.92**	0.91**
Mn	0.35	0.37	0.37	0.37	0.39	0.44*	0.4	0.39	0.39	0.39	0.38	0.37	0.37	0.35
Al	0.95**	0.93**	0.92**	0.92**	0.91**	0.84**	0.91**	0.92**	0.93**	0.94**	0.95**	0.95**	0.95**	0.95**
Ca	−0.92**	−0.90**	−0.89**	−0.89**	−0.88**	−0.82**	−0.88**	−0.89**	−0.90**	−0.91**	−0.92**	−0.93**	−0.92**	−0.92**
K	0.90**	0.87**	0.88**	0.87**	0.86**	0.76**	0.86**	0.87**	0.88**	0.89**	0.90**	0.90**	0.91**	0.92**
Mg	−0.29	−0.27	−0.24	−0.23	−0.23	−0.13	−0.22	−0.23	−0.25	−0.27	−0.29	−0.31	−0.31	−0.32
Na	−0.61**	−0.59**	−0.60**	−0.59**	−0.60**	−0.54**	−0.60**	−0.61**	−0.62**	−0.63**	−0.64**	−0.63**	−0.64**	−0.65**
pH	−0.59**	−0.57**	−0.54**	−0.53*	−0.52*	−0.38	−0.51*	−0.53*	−0.55**	−0.57**	−0.60**	−0.61**	−0.62**	−0.64**
T	0.06	0.03	0.01	−0.01	−0.02	−0.10	−0.02	−0.01	0.01	0.03	0.04	0.07	0.06	0.08
EC	−0.30	−0.30	−0.27	−0.25	−0.26	−0.12	−0.23	−0.24	−0.25	−0.24	−0.27	−0.27	−0.28	−0.30
DO	−0.53*	−0.51*	−0.49*	−0.48*	−0.47*	−0.35	−0.47*	−0.48*	−0.50*	−0.52*	−0.54*	−0.55*	−0.55**	−0.58**
HCO_3^-	−0.23	−0.23	−0.21	−0.18	−0.19	−0.06	−0.16	−0.17	−0.17	−0.16	−0.18	−0.19	−0.20	−0.22

注：* 在 $p<0.05$ 水平显著相关（双侧）；** 在 $p<0.01$ 水平显著相关（双侧）。

10.4 悬浮物稀土元素分馏及其影响因素

悬浮物中稀土元素的分馏特征除继承了风化岩石外，还与水环境和悬浮物的化学组成密切相关[42]。例如，Fe 和 Mn 氧化物或氢氧化物优先吸附 Ce 和中稀土元素，而黏土胶体优先吸附其他轻稀土元素[33, 36, 38, 43]。随着 pH 和 Eh 条件的变化，溶解态的 Ce^{3+} 可转化为颗粒态 CeO_2，三价 Eu^{3+} 可转化成二价 Eu^{2+}，转化后溶解性增强[44]。因此，悬浮物中稀土元素的分馏特征可以揭示岩石风化过程和水化学条件的变化。

珠江河水悬浮物 ∑LREE/∑HREE 比值的平均值是 26.6，低于全球平均值 29.8；∑MREE/∑HREE 的比值为 3.45～4.32（均值 3.66），与世界河流的平均水平（3.67）相当[31]。总体来看，珠江悬浮物中轻稀土元素与中稀土元素（或重稀土元素）之间的分馏程度低于全球其他大江大河。珠江河水悬浮物 Ce^* 为 0.84～0.94（均值 0.90），表明整条河流中的悬浮物 Ce 呈极微弱的负异常（图 10-3）。悬浮物的 Ce^* 沿河流流向变化不明显。悬浮物 Eu^* 为 0.89～1.29（均值 1.02），上游多数样点的悬浮物呈极微弱的 Eu 正异常（均值 1.08），中游（均值 0.97）和下游（均值 0.97）基本无 Eu 异常。

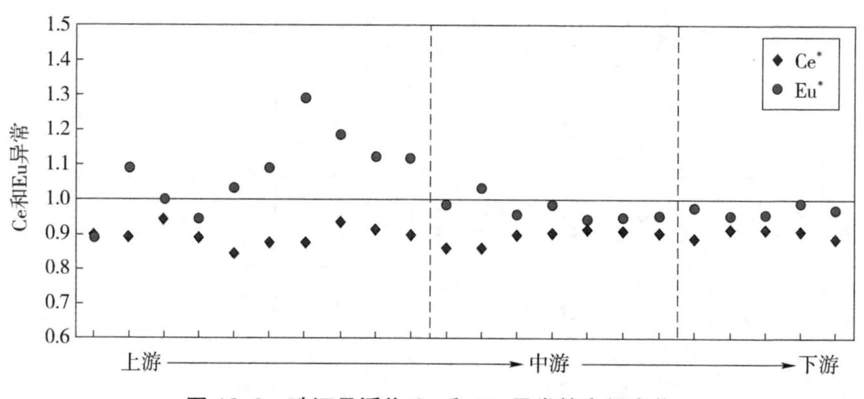

图 10-3 珠江悬浮物 Ce 和 Eu 异常的空间变化

为探讨悬浮物中稀土元素分馏的控制因素，分析了悬浮物 ∑LREE/∑HREE、∑MREE/∑HREE、Ce^*、Eu^* 与主量元素浓度、pH、DO 浓度的相关性，皮尔逊相关系数如表 10-3 所示。悬浮物的 ∑LREE/∑HREE 比值与 Fe 含量呈显著正相关关系（$p<0.01$），这可能是 Fe 的氧化物或氢氧化物优先吸附轻稀土元素所致[45]。

悬浮物 ∑MREE/∑HREE 比值与河水 pH 和 DO 含量呈显著正相关关系（$p<0.01$），这可能与河水 pH 和溶解氧对中稀土和重稀土元素溶解性的影响程度不同有关[34, 35, 37]。例如，随着河水酸度的增加，中稀土元素比重稀土元素优先地从悬浮物转移到溶解相中[37]。河水溶解态 Ce^* 的范围是 0.21～0.81（均值 0.37），显示出强烈的 Ce 负异常，而悬浮物仅是轻微的 Ce 负异常，这种差异主要与碳酸盐岩风化导致河水 pH 较高（7.3～8.4）有关[8]。当河水 pH 较低时溶解态的三价 Ce（Ce^{3+}）是稳定的，而在较高 pH 的河水中 Ce^{3+} 容易被氧化成颗粒态 CeO_2，即悬浮物的 Ce[16]。此外，悬浮物的 Ce^* 与 Fe 含量呈显著正相关关系（$p<0.05$），可能与铁的氧化物或氢氧化物对 Ce 的吸附有关[39]。珠江悬浮物 Eu 异常的主要原因与岩性特征和河水 pH 有关。悬浮物 Eu 浓度和 Eu^* 与 Fe、Mn、Al 和 K 含量呈负相关关系，而与 Ca、Mg 和 Na 含量呈正相关关系（表 10-2 和 10-3）。花岗岩中 Eu 负异常和碳酸岩盐中 Eu 正异常尤为常见[41]。另外，上游河水悬浮物 Eu 正异常的采样点位置与碳酸盐岩的分布范围高度吻合。这些结果表明珠江河水悬浮物 Eu 异常与岩石风化密切相关。悬浮物 Eu^* 与河水 pH 呈显著正相关关系，归因于高 pH 条件下溶解态 Eu 容易沉淀析出。

表 10-3　珠江河水悬浮物 REE 含量与主量元素含量、水化学性质的皮尔逊相关系数

	∑LREE/∑HREE	∑MREE/∑HREE	Ce^*	Eu^*
Fe	0.55**	0.02	0.54*	−0.43*
Mn	0.06	−0.04	0.41	−0.15
Al	0.33	−0.33	0.39	−0.74**
Ca	−0.38	0.27	−0.32	0.67**
K	0.25	−0.36	0.16	−0.75**
Mg	0.21	0.62**	−0.04	0.61**
Na	0.02	0.43*	−0.14	0.65**
pH	0.03	0.69**	−0.19	0.93**
T	−0.02	−0.30	−0.04	−0.31
EC	−0.19	0.16	−0.15	0.45*
DO	0.05	0.61**	−0.18	0.77**
HCO_3^-	−0.26	0.02	−0.14	0.31

注：* 在 $p<0.05$ 水平显著相关（双侧）；** 在 $p<0.01$ 水平显著相关（双侧）。

10.5 2000—2014年珠江悬浮物稀土元素含量和分馏特征的变化

2000—2014年，珠江PAAS标准化的悬浮物稀土元素组成模式的变化如图10-4所示。在15年间珠江上游河水悬浮物的稀土元素含量有明显减少，可能与土壤侵蚀减缓有关。随着生态文明建设的推进，2000—2014年滇黔两省（珠江上游）的水土流失面积和强度都有明显降低。土壤侵蚀减缓导致进入河流的黏土矿物减少，从而影响河流悬浮物的稀土元素含量[39]。珠江中、下游河水悬浮物中Gd含量出现明显的升高，而其他稀土元素含量没有显著变化。下游悬浮物中Gd含量的升高可能与城市污水和现代医疗废水造成的Gd污染有关[46]。

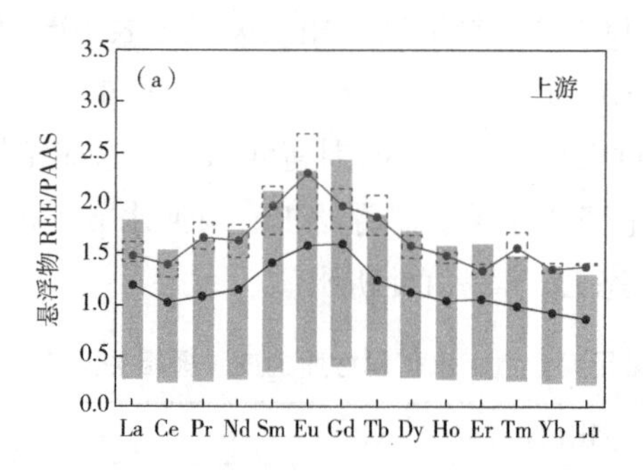

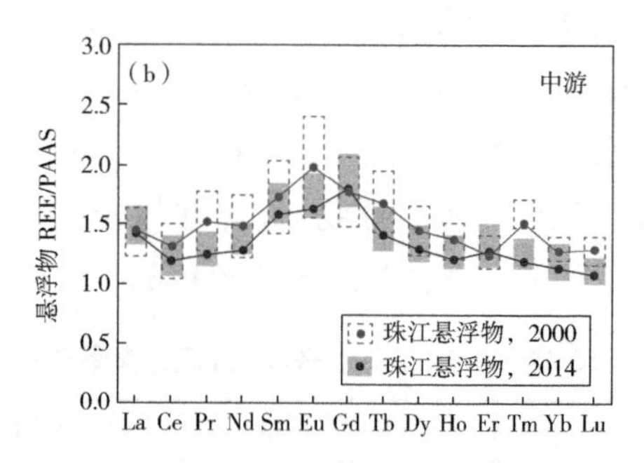

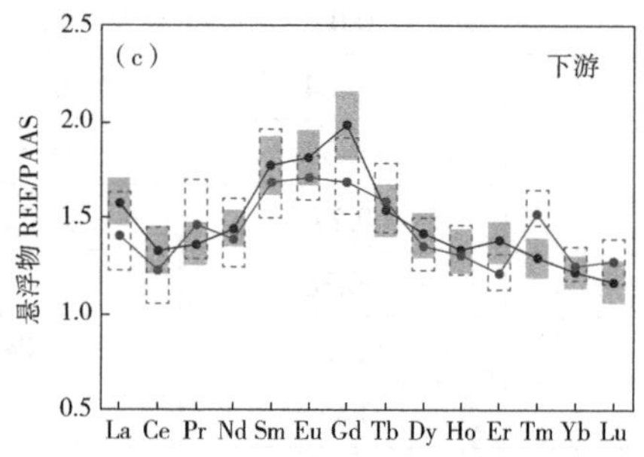

图10-4 2000—2014年珠江PAAS标准化的悬浮物稀土元素组成模式的变化

2000—2014年，珠江悬浮物$(La/Yb)_N$比值、Ce^*和Eu^*的变化如图10-5所示。悬浮物$(La/Yb)_N$比值增加可能与土壤侵蚀强度降低有关。高强度土壤侵蚀几乎是无选择性地搬运所有粒径大小的土壤颗粒，而轻度土壤侵蚀通常优先搬运细颗粒。在15年间土壤侵蚀强度降低将导致河流悬浮物中小粒径的黏土矿物占比增大。轻稀土元素更容易被黏土矿物吸附而以颗粒态存在，而重稀土元素更倾向于形成稳定的可溶性络合物[16]。与 2000 年相比，2014 年珠江河水悬浮物的 $(La/Yb)_N$ 比值偏高，表明轻稀土元素相对于重稀土元素的富集程度更高，该结果正好对应悬浮物中黏土矿物占比增加。在 15 年间珠江河水悬浮物的 Ce 负异常和 Eu 正异常呈减弱趋势，可能与河水 pH 有关。河水 pH 较高时悬浮物 Ce 一般呈现一定程度的负异常，而当 pH 降低时 Ce 负异常消失[8]。珠江河水 pH 与悬浮物的 Eu^* 呈现显著正相关关系（$p<0.01$）（表 10-3）。因此，当河水 pH 降低时，悬浮物的 Ce 负异常和 Eu 正异常将会减弱。与 2000 年相比，2014 年珠江上、中、下游河水 pH 分别下降了 0.3（从 8.1 下降至 7.8）、0.8（从 8.3 下降至 7.5）和 0.7（从 8.1 下降至 7.4）[8]。在 15 年间珠江水体 pH 的变化可能是影响悬浮物 Ce 和 Eu 异常的关键因素。

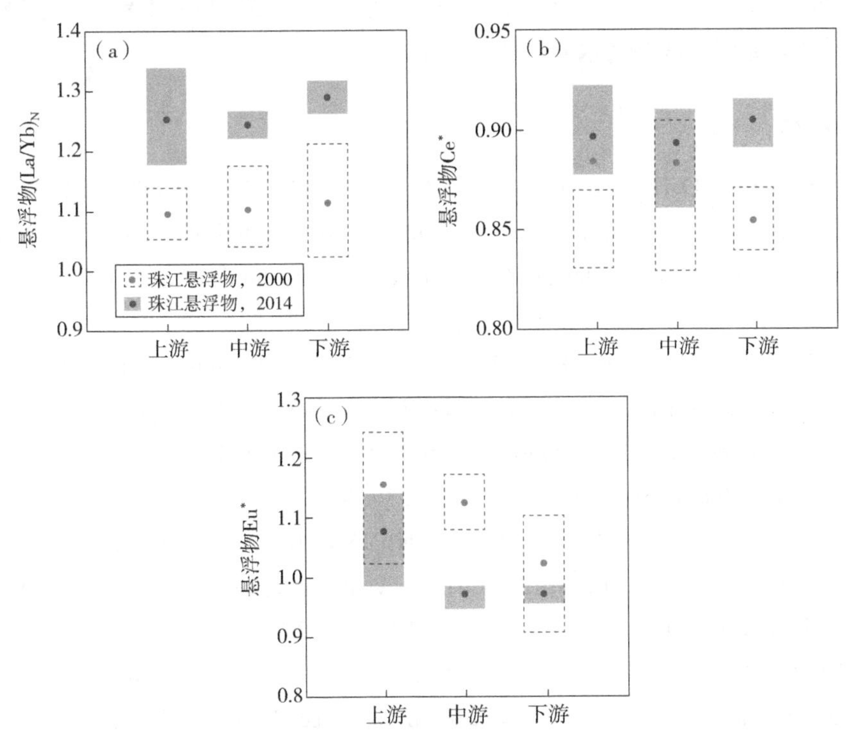

图 10-5　2000—2014 年珠江悬浮物 $(La/Yb)_N$ 比值、Ce^* 和 Eu^* 的变化

10.6 小结

本章研究了珠江不同河段悬浮物中稀土元素含量分布和分馏特征，并探讨了影响稀土元素地球化学特征的环境因素。悬浮物∑REE 含量的平均值为 229.6 mg/kg，高于世界河流（174.8 mg/kg）。悬浮物∑REE、∑LREE、∑MREE 和∑HREE 的含量沿河水流动方向呈增加趋势。PAAS 标准化的悬浮物 REE 模式显示 La 富集而其他轻稀土元素亏损，中稀土元素中的 Sm、Eu 和 Gd 富集而其他中稀土亏损，所有重稀土元素亏损的波浪形分布。悬浮物稀土元素浓度与 Al、Fe、K 含量呈显著正相关关系，而与 Ca 和 Na 含量呈显著负相关关系，主要与花岗岩和碳酸盐岩的风化过程有关。悬浮物 Ce 和 Eu 异常与河水 pH 密切相关。2000—2014 年的 15 年，珠江上游土壤侵蚀减缓可能是导致悬浮物稀土元素含量下降的主要原因。在 15 年间河水悬浮物的 Ce 负异常和 Eu 正异常均呈减弱趋势，其主要原因可能与河水 pH 的变化有关。

参考文献

[1] ELDERFIELD H，UPSTILL-GODDARD R，SHOLKOVITZ E R. The rare earth elements in rivers，estuaries，and coastal seas and their significance to the composition of ocean waters[J]. Geochimica et Cosmochimica Acta，1990，54（4）：971-991.

[2] PETELET-GIRAUD E，KLAVER G，NEGREL P. Natural versus anthropogenic sources in the surface-and groundwater dissolved load of the Dommel river（Meuse basin）：constraints by boron and strontium isotopes and gadolinium anomaly[J]. Journal of Hydrology，2009，369（3）：336-349.

[3] AMALAN K，RATNAYAKE A S，RATNAYAKE N P，et al. Influence of nearshore sediment dynamics on the distribution of heavy mineral placer deposits in Sri Lanka[J]. Environmental Earth Sciences，2018，77（21）：737.

[4] BAYON G，TOUCANNE S，SKONIECZNY C，et al. Rare earth elements and neodymium isotopes in world river sediments revisited[J]. Geochimica et Cosmochimica Acta，2015，170：17-38.

[5] MA L，DANG D H，WANG W，et al. Rare earth elements in the Pearl River Delta

of China: potential impacts of the REE industry on water, suspended particles and oysters[J]. Environmental Pollution, 2019, 244: 190-201.

[6] SHAJIB M T I, HANSEN H C B, LIANG T, et al. Rare earth elements in surface specific urban runoff in Northern Beijing[J]. Science of the Total Environment, 2020, 717: 136969.

[7] SUJA S, FERNANDES L L, RAO V P. Distribution and fractionation of rare earth elements and Yttrium in suspended and bottom sediments of the Kali estuary, western India[J]. Environmental Earth Sciences, 2017, 76 (4): 174.

[8] XU Z, HAN G. Rare earth elements (REE) of dissolved and suspended loads in the Xijiang River, south China[J]. Applied Geochemistry, 2009, 24 (9): 1803-1816.

[9] ALTOMARE A J, YOUNG N A, BEAZLEY M J. A preliminary survey of anthropogenic gadolinium in water and sediment of a constructed wetland[J]. Journal of Environmental Management, 2020, 255: 109897.

[10] DUSHYANTHA N, BATAPOLA N, ILANKOON I M S K, et al. The story of rare earth elements (REEs): occurrences, global distribution, genesis, geology, mineralogy and global production[J]. Ore Geology Reviews, 2020, 122: 103521.

[11] VOLOKH A A, GORBUNOV A V, GUNDORINA S F, et al. Phosphorus fertilizer production as a source of rare-earth elements pollution of the environment[J]. Science of the Total Environment, 1990, 95: 141-148.

[12] CHOLET C, STEINMANN M, CHARLIER J B, et al. Characterizing fluxes of trace metals related to dissolved and suspended matter during a storm event: application to a karst aquifer using trace metals and rare earth elements as provenance indicators[J]. Hydrogeology Journal, 2019, 27 (1): 305-319.

[13] SMITH C, LIU X M. Spatial and temporal distribution of rare earth elements in the Neuse River, north Carolina[J]. Chemical Geology, 2018, 488: 34-43.

[14] BROOKINS D G. Aqueous geochemistry of rare earth elements[J]. Reviews in Mineralogy and Geochemistry, 1989, 21 (1): 201-225.

[15] SHOLKOVITZ E R, LANDING W M, LEWIS B L. Ocean particle chemistry: the fractionation of rare earth elements between suspended particles and seawater[J]. Geochimica et Cosmochimica Acta, 1994, 58 (6): 1567-1579.

[16] DA SILVA Y J A B, DO NASCIMENTO C W A, DA SILVA Y J A B, et al. Bed

and suspended sediment-associated rare earth element concentrations and fluxes in a polluted Brazilian river system[J]. Environmental Science and Pollution Research, 2018, 25 (34): 34426-34437.

[17] ROUSSIEZ V, AUBERT D, HEUSSNER S. Continental sources of particles escaping the Gulf of Lion evidenced by rare earth elements: flood vs. normal conditions[J]. Marine Chemistry, 2013, 153: 31-38.

[18] VERCRUYSSE K, GRABOWSKI R C, RICKSON R J. Suspended sediment transport dynamics in rivers: multi-scale drivers of temporal variation[J]. Earth-Science Reviews, 2017, 166: 38-52.

[19] JONES A M, XUE Y, KINSELA A S, et al. Donnan membrane speciation of Al, Fe, trace metals and REEs in coastal lowland acid sulfate soil-impacted drainage waters[J]. Science of the Total Environment, 2016, 547: 104-113.

[20] NACCARATO A, TASSONE A, CAVALIERE F, et al. Agrochemical treatments as a source of heavy metals and rare earth elements in agricultural soils and bioaccumulation in ground beetles[J]. Science of the Total Environment, 2020, 749: 141438.

[21] ELIAS M S, IBRAHIM S, SAMUDING K, et al. Rare earth elements (REEs) as pollution indicator in sediment of Linggi River, Malaysia[J]. Applied Radiation and Isotopes, 2019, 151: 116-123.

[22] MICHAELIDES K, IBRAIM I, NORD G, et al. Tracing sediment redistribution across a break in slope using rare earth elements[J]. Earth Surface Processes and Landforms, 2010, 35 (5): 575-587.

[23] JACKSON G A, BURD A B. Simulating aggregate dynamics in ocean biogeochemical models[J]. Progress in Oceanography, 2015, 133: 55-65.

[24] LINDERS T, INFANTES E, JOYCE A, et al. Particle sources and transport in stratified Nordic coastal seas in the anthropocene[J]. Elementa: Science of the Anthropocene, 2018, 6.

[25] ROGERS K L, BOSMAN S H, WEBER S, et al. Sources of carbon to suspended particulate organic matter in the northern Gulf of Mexico[J]. Elementa: Science of the Anthropocene, 2019, 7.

[26] HUANG Z, FAN M, TIAN H. Rare earth elements of fly ash from Wyoming's

Powder River Basin coal[J]. Journal of Rare Earths，2020，38（2）：219-226.

[27] WANG Q，DENG J，LIU X，et al. Discovery of the REE minerals and its geological significance in the Quyang bauxite deposit，west Guangxi，China[J]. Journal of Asian Earth Sciences，2010，39（6）：701-712.

[28] MERYEM B，JI H，GAO Y，et al. Distribution of rare earth elements in agricultural soil and human body（scalp hair and urine）near smelting and mining areas of Hezhang，China[J]. Journal of Rare Earths，2016，34（11）：1156-1167.

[29] ZHANG Q，HAN G，LIU M，et al. Geochemical characteristics of rare earth elements in soils from puding karst critical zone observatory，southwest China[J]. Sustainability，2019，11（18）：4963.

[30] TAYLOR S R，MCLENNAN S M. The continental crust：its composition and evolution[J]. Journal of Geology，1985，94（4）：632-633.

[31] VIERS J，DUPR B，GAILLARDET J. Chemical composition of suspended sediments in world rivers：new insights from a new database[J]. Science of The Total Environment，2009，407（2）：853-868.

[32] STETZENBACH K J，HODGE V F，GUO C，et al. Geochemical and statistical evidence of deep carbonate groundwater within overlying volcanic rock aquifers/aquitards of southern Nevada，USA[J]. Journal of Hydrology，2001，243（3）：254-271.

[33] DAGG M，BENNER R，LOHRENZ S，et al. Transformation of dissolved and particulate materials on continental shelves influenced by large rivers：plume processes[J]. Continental Shelf Research，2004，24（7）：833-858.

[34] GOLDSTEIN S J，JACOBSEN S B. Rare earth elements in river waters[J]. Earth and Planetary Science Letters，1988，89（1）：35-47.

[35] JOHANNESSON K H，TANG J，DANIELS J M，et al. Rare earth element concentrations and speciation in organic-rich blackwaters of the Great Dismal Swamp，Virginia，USA[J]. Chemical Geology，2004，209（3）：271-294.

[36] KRICKOV I V，LIM A G，MANASYPOV R M，et al. Major and trace elements in suspended matter of western Siberian rivers：First assessment across permafrost zones and landscape parameters of watersheds[J]. Geochimica et Cosmochimica Acta，2020，269：429-450.

[37] MIGASZEWSKI Z M，GALUSZKA A，DOLĘGOWSKA S. Extreme enrichment

of arsenic and rare earth elements in acid mine drainage：case study of Wiśniówka mining area（south-central Poland）[J]. Environmental Pollution，2019，244：898-906.

[38] QUINN K A，BYRNE R H，SCHIJF J. Sorption of yttrium and rare earth elements by amorphous ferric hydroxide：influence of solution complexation with carbonate[J]. Geochimica et Cosmochimica Acta，2006，70（16）：4151-4165.

[39] MIGASZEWSKI Z M，GAŁUSZKA A. The characteristics，occurrence，and geochemical behavior of rare earth elements in the environment：a review[J]. Critical Reviews in Environmental Science and Technology，2015，45（5）：429-471.

[40] HAN G，XU Z，TANG Y，et al. Rare earth element patterns in the karst terrains of Guizhou Province，China：implication for water/particle interaction[J]. Aquatic Geochemistry，2009，15（4）：457.

[41] HAN G，YANG K，ZENG J. Distribution and fractionation of rare earth elements in suspended sediment of the Zhujiang River，southwest China[J]. Journal of Soils and Sediments，2021，21：2981-2993.

[42] LOUVAT P，AllPERL C J. Riverine erosion rates on sao miguel volcanic island，azores archipelago[J]. Chemical Geology，1998，148（3）：177-200.

[43] CHELNOKOV G A，BRAGIN I V，KHARITONOVA N A. Geochemistry of rare earth elements in the rivers and groundwaters of chistovodnoe thermal area（primorye，far east of Russia）[J]. IOP Conference Series：Earth and Environmental Science，2020，459：042065.

[44] ALDERTON D H M，PEARCE J A，POTTS P J. Rare earth element mobility during granite alteration：evidence from southwest England[J]. Earth and Planetary Science Letters，1980，49（1）：149-165.

[45] MARMOLEJO-RODRGUEZ A J，PREGO R，MEYER-WILLERER A，et al. Rare earth elements in iron oxyhydroxide rich sediments from the Marabasco river-estuary system（pacific coast of Mexico）. REE affinity with iron and aluminium[J]. Journal of Geochemical Exploration，2007，94（1）：43-51.

[46] NOZAKI Y，LERCHE D，ALIBO D S，et al. The estuarine geochemistry of rare earth elements and indium in the Chao Phraya River，Thailand[J]. Geochimica et Cosmochimica Acta，2000，64（23）：3983-3994.

第11章

珠江悬浮物黑炭同位素组成及其环境意义

黑炭（black carbon）是生物质与化石燃料不完全燃烧时产生的混合物[1,2]。这些热源分子在化学成分上是高度不均一的，我们通常认为黑炭包括低温时形成的烧焦物和气相冷凝产生的烟尘[3,4]。化石燃料和生物质燃烧是黑炭的主要来源，它们每年产生的黑炭可分别达到 2～29 Tg 和 114～383 Tg，约占每年燃烧产生碳素质量的 27%[1,5,6]。燃烧所产生的黑炭可以在土壤中积累、通过河流运输至海洋或通过颗粒物排放到大气中[7]。由于分解速度慢，黑炭可以在土壤中长期积累，目前黑炭约占土壤总有机碳的 14%[8]。最近的研究表明，森林火灾造成的黑炭产生速率甚至可以达到 0.1 Gt/a，这表明之前研究者可能严重低估了全球黑炭通量[9]。黑炭难以被降解的特性，加之森林火灾频发和化石燃料使用的日益增多，使得黑炭广泛地存在于表生环境如土壤、海洋沉积物、河流与大气气溶胶中[1,2,10-12]。黑炭在全球碳循环中的行为也是表生环境研究中的热点之一，因为黑炭的产生与运移过程通常与温室气体的行为密切相关，并影响了全球性气候变化[1,13,14]。

河流将大量的陆地生态系统中的物质输送到海洋中，是连接陆地与海洋的重要纽带[15]。被河流运移的黑炭可分为溶解态黑炭（DBC）和颗粒物黑炭（PBC）。每年由河流运输的 DBC 通量大约是 27 Tg，而 PBC 通量为 17～37 Tg，河流运送的黑炭约占河流运送的总碳通量的 5%，这一结果表明了河流是陆地难降解有机碳的碳汇[2]。目前，对河流中 PBC 的研究还很少[1,16-19]，河流中 PBC 变化的控制因素至今仍不清楚。Wagner 等发现，发生森林火灾的流域中，河流输送的 PBC 和 DBC 之间关联很小，火灾会使河流输送 PBC 在短时间尺度内增加，而对输送的 DBC 影响较小[17]。Wang 等研究了长江和黄河河水黑炭的 ^{13}C

和 ^{14}C 同位素，并指出化石燃料燃烧是 PBC 的主要来源，但河流 DBC 主要来源于土壤中黑炭的运移[18]。Roebuck 等指出河流中的 PBC 同时受水文条件和来源变化控制[16]。

同位素是研究有机质来源的主要手段之一。生物质和化石燃料之间的 ^{14}C 年龄通常被用来确定黑炭是来自生物质燃烧还是化石燃料燃烧[18]，但其相对较高的误差以及对仪器的要求，使 ^{14}C 测试难以被广泛应用。C_3 植物燃烧和化石燃料燃烧产生的黑炭的稳定碳同位素相近[8, 14, 18]，使得单纯使用稳定碳同位素难以对河流黑炭的来源进行准确的分析。在此条件下，我们结合了 C、N 稳定同位素和贝叶斯混合模型，定量分析了珠江流域内生物质与化石燃料燃烧对河流 PBC 的贡献。本章的主要目的是：①报道珠江流域河流 PBC 的浓度和同位素组成；②研究了 PBC 与河流碳通量的关系；③研究河流 PBC 的控制因素；④量化不同来源对 PBC 的贡献。

11.1 珠江悬浮物黑炭的浓度

如表 11-1 所示，珠江河水 PBC 浓度变化范围为 0.18～8.17 mg/L，PBC 浓度平均值为 1.85 mg/L。PBC 占悬浮物（SPM）的质量比例相对较小，PBC/SPM 范围为 0.46%～1.93%，平均值为 0.89%。河水 PBC 与 SPM 呈现显著正相关关系（r^2=0.87，p<0.01），表明 PBC 通量与 SPM 通量密切相关。通常河水的 SPM 受到流域内径流的物理侵蚀速率与河流沉积物的再循环过程影响[16]。河水中 PBC 与 SPM 的显著正相关关系也出现在全球其他河流的研究中[1, 17, 18]。作为河流中颗粒物有机碳（POC）的组成部分之一，河流中的 PBC 与 POC 之间的关系仍有很大的争议：Roebuck 等观察到，在阿尔塔马哈河 PBC 与 POC 变化趋势截然不同，这说明两者的来源与迁移途径可能存在很大的不同[12, 16, 20]；而 Wang 等观察到河水 PBC 和 POC 之间存在显著的正相关关系。此外，不同河流的 PBC/POC 比值变化很大：Masiello 和 Druffel 发现，圣克拉赫河中 PBC 占 POC 的 7.9%～17%[12]，而 Wang 等和 Xu 等分别测定了中国河流长江与黄河的 PBC 浓度，结果表明长江的 PBC/POC 比值在 12.2%～13%，而黄河 PBC/POC 比值在 9%～45.2%[18, 19]；Coppola 等测量了 18 条大型河流的 PBC，这些河流的 PBC/POC 比值的平均值为 15.8%[1]。

表 11-1　珠江水体 SPM、PBC、DOC、POC 浓度以及稳定 C、N 同位素组成

样品编号	SPM/（mg/L）	PBC/（mg/L）	DOC/（mg/L）	POC/（mg/L）	PBC/POC/%	PBC/SPM/%	$\delta^{13}C$/‰	$\delta^{15}N$/‰
B2	131	2.53	—	—	—	1.93	−24.33	−0.15
B3	75	0.42	3.84	1.78	23	0.55	−26.28	−0.13
M1	470	2.18	8.34	7.14	30	0.46	−26.65	−0.16
M2	152	2.24	8.24	2.92	77	1.47	−28.00	−0.17
M3	58	0.72	14.69	4.11	17	1.24	−27.59	−0.15
M5	189	1.33	10.41	5.78	23	0.70	−28.11	−0.16
M7	28	0.18	—	—	—	0.63	−27.47	−0.15
M8	57	0.45	—	—	—	0.79	−27.50	−0.14
M9	320	3.00	—	—	—	0.94	−25.92	−0.15
M10	251	1.78	—	—	—	0.71	−27.41	−0.15
M11	145	1.13	—	—	—	0.78	−27.50	−0.19
M12	239	1.65	—	—	—	0.69	−26.10	−0.35
M13	222	1.93	—	—	—	0.87	−27.25	−0.19
M15	122	0.92	—	—	—	0.75	−28.36	−0.17
M16	179	1.66	—	—	—	0.93	−27.64	−0.16
M17	944	8.17	—	—	—	0.87	−25.64	−0.16
M18	154	1.20	—	—	—	0.78	−27.43	−0.12

珠江河水的 SPM 与 PBC 的空间分布如图 11-1 所示。测试结果表明珠江河水的 PBC/POC 比值的平均值为 34.2%，这一结果高于世界河流的平均值。这可能与样品采集于丰水期有关，较强的降雨与径流量可能加大了流域内的物理侵蚀，而 PBC 比土壤有机碳的迁移性更强，这导致径流向河水中输送了更多的 PBC，因而提高了河水的 PBC/POC 比值[16, 20]。除此之外，化石燃料燃烧和汽车尾气产生的黑炭颗粒也可能是河流 PBC 的来源，因为此类黑炭颗粒较小，可以在空气中滞留更长时间，从而能够长途运输并通过干湿沉降进入河流[7, 13]。此外，河流内生生物作用和光降解过程可将 POC 转化为 DOC 或 DIC，而 PBC 很难被降解，这也可能是导致 PBC/POC 比值较高的原因[21, 22]。PBC 最终被输送

到海洋中，并保存在沉积物中。中国东南沿海沉积物中的黑炭 / 有机物的比值在 5%～41%，这与我们报道的珠江河水 PBC/POC 比值有很好的一致性[23, 24]。

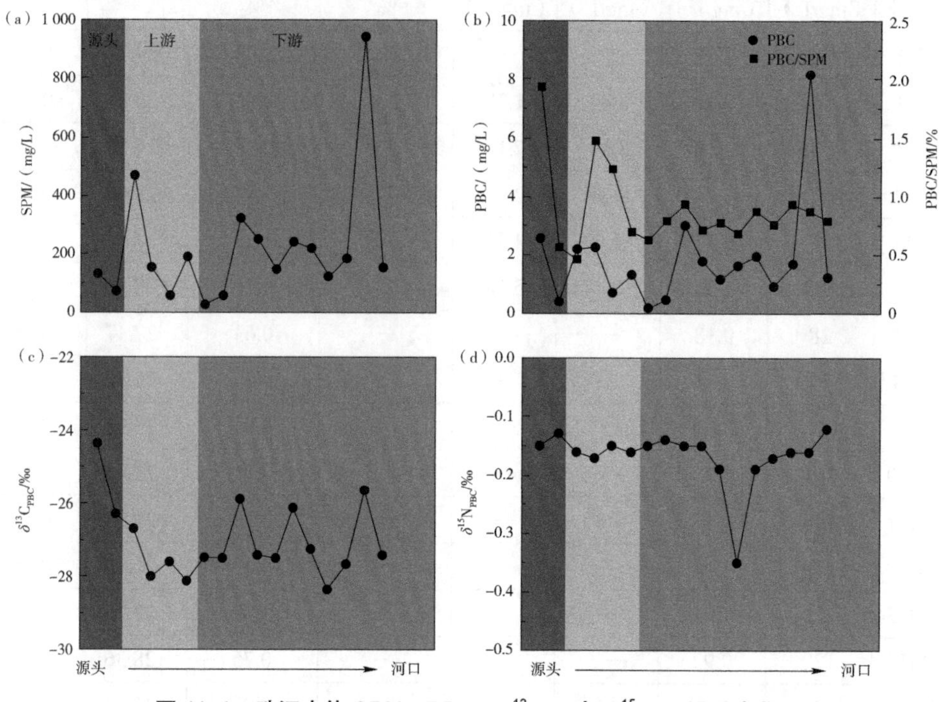

图 11-1 珠江水体 SPM、PBC、$\delta^{13}C_{PBC}$ 与 $\delta^{15}N_{PBC}$ 沿程变化

11.2 珠江悬浮物黑炭的稳定同位素组成

图 11-2 展示了珠江河水中不同形态碳同位素组成。$\delta^{13}C_{PBC}$ 的变化范围为 -28.7‰～-24.3‰，平均值为 -27.1‰。$\delta^{13}C_{PBC}$ 与 $\delta^{13}C_{POC}$、$\delta^{13}C_{DOC}$ 和 $\delta^{13}C_{DIC}$ 相比，$\delta^{13}C_{PBC}$ 富集 ^{12}C。珠江丰水期的 $\delta^{13}C_{POC}$ 变化范围为 -31.5‰～-19.5‰，平均值为 -24.4‰，$\delta^{13}C_{DOC}$ 变化范围为 -25.5‰～-20.0‰[25]。而河水中的溶解态无机碳（DIC）的 $\delta^{13}C_{DIC}$ 为 -19.8‰～-2.1‰，平均值为 -10.4‰，$\delta^{13}C_{DIC}$ 明显高于有机碳的同位素组成。珠江河水有机碳的碳同位素组成（$\delta^{13}C_{PBC}$、$\delta^{13}C_{POC}$、$\delta^{13}C_{DOC}$）基本在陆生 C_3 植物范围内（-30‰～-22‰），表明流域内 C_3 植物是河流有机碳库的主要控制因素[26]。珠江河水中的 $\delta^{13}C_{DIC}$ 受到碳酸盐风化和 CO_2 扩

散分馏的控制[27]。土壤呼吸产生的 CO_2 与植物和凋落物的 $\delta^{13}C$ 相似，CO_2 在土壤剖面中的扩散会导致土壤中 $\delta^{13}CCO_2$ 升高[28, 29]。河流中有机碳库的同位素值 $\delta^{13}C_{POC}$ 和 $\delta^{13}C_{DOC}$ 反映了土壤有机物汇入和河流内生生物活动[30, 31]。土壤中有机质的矿化过程会优先消耗 ^{12}C，导致土壤有机质的 $\delta^{13}C$ 比植物高出约 3‰，因此迁移进河流中的有机质的 $\delta^{13}C$ 略高于植物的 $\delta^{13}C$[32]。河流内生的光合作用会优先利用 DIC 中的 ^{12}C，植物光合作用会产生较大的分馏（约 20‰），生成 $\delta^{13}C$ 低的有机物[33, 34]。珠江河水的 $\delta^{13}C_{DIC}$ 的平均值为 -10.4‰。若河流有机质主要来源于河流内生的光合作用，则 $\delta^{13}C_{POC}$ 和 $\delta^{13}C_{DOC}$ 应该低于 -30‰，然而大部分样品的 $\delta^{13}C_{POC}$ 和 $\delta^{13}C_{DOC}$ 处于土壤有机质与 C_3 植物的范围内（明显高于 -30‰）。如图 11-2 所示，珠江河水的 $\delta^{13}C_{PBC}$ 略低于 $\delta^{13}C_{POC}$ 和 $\delta^{13}C_{DOC}$，河流内生生物作用无法产生 PBC，而光合作用会使河流中的 $\delta^{13}C_{POC}$ 和 $\delta^{13}C_{DOC}$ 大幅降低。若光合作用可以显著影响河流有机碳库，那么 $\delta^{13}C_{POC}$ 应低于 $\delta^{13}C_{PBC}$，这与观察到的结果相违背，说明珠江河水中的内生生物过程对河流有机碳库的影响很小。前人研究表明珠江河水中较高的悬浮物含量会阻碍光照，从而降低河水中的光合作用[34]。因此我们认为河流内生生物作用对珠江河水有机碳库的影响很小。

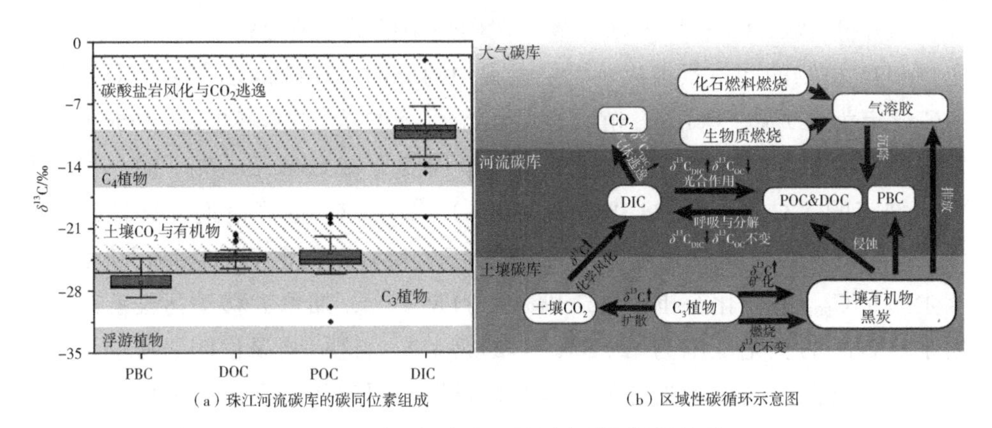

（a）珠江河流碳库的碳同位素组成　　（b）区域性碳循环示意图

图 11-2　珠江河水中不同形态碳同位素组成

$\delta^{13}C_{PBC}$、$\delta^{13}C_{POC}$ 和 $\delta^{13}C_{DOC}$ 之间的明显差异与当地的优势植物（C_3 植物或 C_4 植物）无关，因为若 C_4 植物对河流有机碳库有显著贡献，则 $\delta^{13}C_{PBC}$ 与 $\delta^{13}C_{POC}$ 应该同时上升。如上文所述，土壤中的矿化作用导致植物与土壤有机质的 $\delta^{13}C$ 产生差异（2‰～4‰），黑炭和 C_3 植物燃烧时的分馏一般小于 1‰[2, 35, 36]。因此，有机质矿化过程和黑炭形成过程中的分馏差异可能是河流中 $\delta^{13}C_{PBC}$、$\delta^{13}C_{POC}$ 和 $\delta^{13}C_{DOC}$ 不同的原因。此外，珠江河水较高的PBC/POC比值表明，化石燃料燃烧和汽车尾气等很可能也是PBC的重要来源[18]。为了进一步研究珠江河水中PBC的来源，我们结合了稳定同位素组成和贝叶斯混合模型，定量分析了珠江流域内生物质与化石燃料燃烧对河流PBC的贡献。

11.3 珠江悬浮物黑炭的源解析

我们将PBC可能的来源分为两大类：生物质燃烧与化石燃料燃烧。生物质燃烧源可进一步细分为：C_3 植物燃烧和 C_4 植物燃烧。化石燃料的燃烧可进一步细分为：固定污染源，包括燃料油和煤；移动污染源，包括汽油及柴油燃烧的产物。前人的研究表明，C_3 植物、燃油与煤在燃烧过程中，原始物质与产生的黑炭之间的碳同位素分馏很小，而 C_4 植物燃烧时产生的分馏取决于植物种类[35-37]。Chen等系统收集了中国 C_3 植物、C_4 植物、燃油、煤、柴油燃烧时产生的黑炭含量，并测定了燃烧过程中的碳同位素分馏，C_3 植物、柴油燃烧时分馏一般小于1‰，C_4 植物玉米（茎）在燃烧中的分馏在2‰左右[38]。结合 C_3 植物和 C_4 植物的同位素组成及燃烧过程中的分馏，我们将 C_3 植物燃烧的端元 $\delta^{13}C$ 设定为 −27‰ ± 3‰，C_4 植物燃烧的端元 $\delta^{13}C$ 为 −14‰ ± 2‰。Widory研究发现巴黎的固定污染物产生烟尘的 $\delta^{13}C$ 平均值为 −23.6‰ ± 0.6‰，这一结果与中国城市的 $\delta^{13}C$ 相似（−24.3‰～−23.2‰）[37, 39]。Chen等报道了柴油燃烧时产生黑炭的 $\delta^{13}C_{PBC}$ 的变化范围为 −25.6‰～−24.5‰，而巴黎的移动污染源产生烟尘中 $\delta^{13}C_{PBC}$ 的变化范围为 −27.1‰～−24.8‰[39]，加拿大移动污染源产生烟尘中 $\delta^{13}C_{PBC}$ 的变化范围为 −27.5‰～−26.5‰[40]。这一结果说明，移动污染源的 $\delta^{13}C_{PBC}$ 略低于固定污染源的。因此，我们将固定污染源的端元值 $\delta^{13}C$ 设定为 −24‰ ± 2‰，而移动污染源的端元值 $\delta^{13}C$ 设定为 −25.1‰ ± 3‰（图11-3）。目前，关于黑炭的碳同位素组成的报道较少，因此我们使用大气颗粒物的碳同位素近似代表黑炭的碳同位素组成。Widory研究表明固定污染源产生的颗粒物的 $\delta^{15}N$ 变化范围为 −19.4‰～1.5‰，而移动污染源产生的颗粒物的 $\delta^{15}N$ 介于3.9‰～5.4‰[39]。Pavuluri等发现植物燃烧产生的颗粒物的 $\delta^{15}N$ 变化范围很大，在0‰～25‰，这一结果可能与燃烧过程中发生的分馏有关[41]。氮同位素在燃

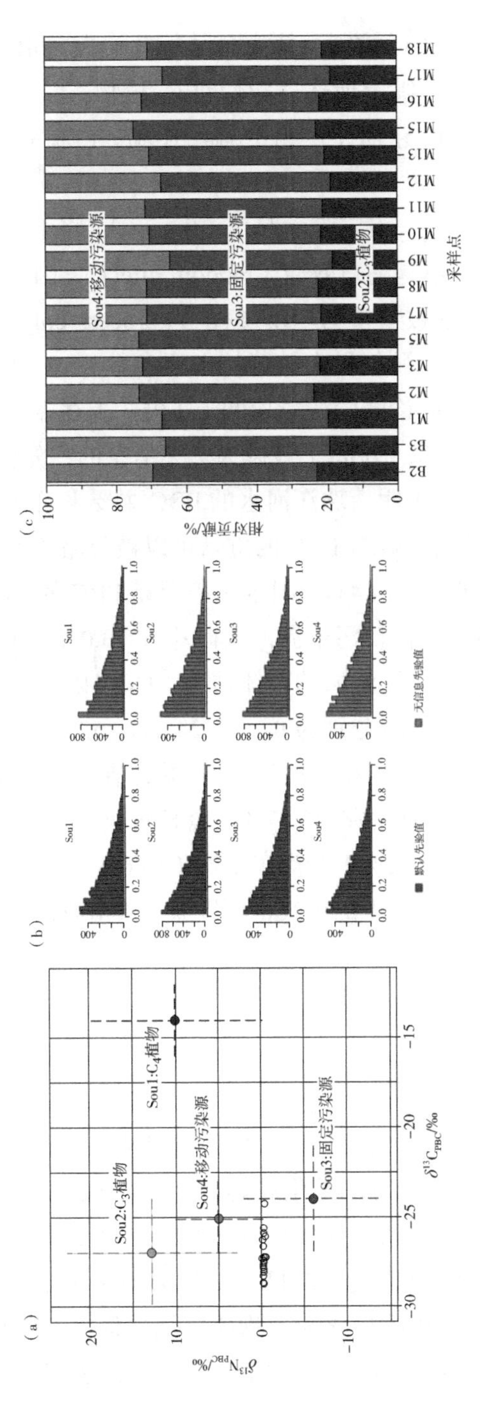

图 11-3　贝叶斯混合模型定量估算 PBC 的来源

烧中发生的分馏受燃烧条件的控制，其分馏程度远高于碳同位素分馏，氮同位素分馏与植物种类无关[31]。综上所述，我们将 C_4 植物、C_3 植物、固定污染源和移动污染源的 $\delta^{15}N$ 端元值分别设定为 10‰ ± 10‰、13‰ ± 10‰、-6‰ ± 8‰ 和 5‰ ± 5‰。

我们将 $\delta^{13}C_{PBC}$ 和 $\delta^{15}N_{PBC}$ 设定为示踪剂（tracers），将不同地点的样品作为固定效应（fixed effect）而不是随机效应（random effect），因为我们更关注每个点的来源。误差检验的选项被设置为“仅过程”（process only），因为每个采样点只有一个混合物（样本）。马尔科夫链蒙特卡罗参数（MCMC）选择“短步长”（short run length），Gelman 诊断的变量均低于 1.05。上述端元的数据以均值和标准差的方式载入。先验信息（prior）被设为“无信息的”先验：$\alpha=c$（1，1，1）。MixSIAR 模型的计算结果表明，珠江河水的 PBC 主要来自化石燃料的燃烧，而不是生物质燃烧。C_4 植物燃烧对 PBC 的贡献可以被忽略（＜1%），C_3 植物燃烧对 PBC 的贡献率在 18.0%～24.4%。固定污染源是 PBC 的主要来源，其相对贡献率为 46.3%～52.4%，而移动污染源的贡献率在 23.0%～35.2%。我们选取靠近河口的干流采样点代表珠江流域的整体情况，C_4 植物燃烧、C_3 植物燃烧、固定污染源和移动污染源的贡献分别为 0.2%、24.4%、52.4% 和 23.0%。这个结果与前人利用 ^{13}C 和 ^{14}C 分析长江和黄河 PBC 来源的结果相一致[18]。在我国，生物质燃烧产生的黑炭（草原火灾，0.07%；森林火灾，0.7%；农业废弃物燃烧 3.1%）显著低于煤炭燃烧（32%）和汽车尾气（15.6%）[42]。我们的研究说明燃料油、煤燃烧和移动污染源产生的黑炭也可以通过气溶胶运移至河流中并提高河流中的 PBC 含量。

11.4 小结

珠江流域的 PBC/POC 比值高于世界其他河流，主要是因为：①丰水期时，PBC 具有更强的迁移能力；②化石燃料燃烧产生的黑炭颗粒物通过干湿沉降进入河流；③河流内生生物作用消耗 POC。珠江河水 $\delta^{13}C_{PBC}$ 的变化范围为 -28.7‰～-24.3‰，平均值为 -27.1‰。$\delta^{13}C_{PBC}$ 较 $\delta^{13}C_{POC}$ 和 $\delta^{13}C_{DOC}$ 富集 ^{12}C，这一结果体现了在土壤有机质矿化和生物质燃烧过程中 C 同位素的分馏。土壤有机质的矿化导致土壤有机质的 $\delta^{13}C$ 比植物的高，而燃烧过程 C 同位素的分馏很小，产生的黑炭颗粒继承了植物的 $\delta^{13}C$。此外化石燃料燃烧产生的黑炭进入河流也是影响河流 $\delta^{13}C_{PBC}$ 的原因。我们使用贝叶斯混合模型定量解析了悬浮物中黑炭的来源贡献，结果表明化石燃料燃烧是珠江流域 PBC 的主要来源，而 C_4 植物燃烧对 PBC 的贡献有限。我们的研究表明燃油、煤炭燃烧和汽车尾气等化石燃料燃烧产生的颗粒物对河流 PBC 含量有显著的影响。表生环境中黑炭参与的地球化学过程是表生碳循环的重要组成部分，在将来的工作中我们需要进一步探讨黑炭与其他碳库之间的关系。

参考文献

[1] COPPOLA A I，WIEDEMEIER D B，GALY V，et al. Global-scale evidence for the refractory nature of riverine black carbon[J]. Nature Geoscience，2018，11（8）：584-588.

[2] BIRD M I，WYNN J G，SAIZ G，et al. The pyrogenic carbon cycle[J]. Annual Review of Earth and Planetary Sciences，2015，43（1）：273-298.

[3] HAMMES K，SCHMIDT M W I，SMERNIK R J，et al. Comparison of quantification methods to measure fire-derived（black/elemental）carbon in soils and sediments using reference materials from soil，water，sediment and the atmosphere[J]. Global Biogeochemical Cycles，2007，21（3）.

[4] LIM B，CACHIER H. Determination of black carbon by chemical oxidation and thermal treatment in recent marine and lake sediments and cretaceous-tertiary clays[J]. Chemical Geology，1996，131（1）：143-154.

[5] JAFF R，DING Y，NIGGEMANN J，et al. Global charcoal mobilization from soils via dissolution and riverine transport to the oceans[J]. Science，2013，340（6130）：345-347.

[6] PENNER J E，EDDLEMAN H，NOVAKOV T. Towards the development of a global inventory for black carbon emissions. Atmospheric environment. Part A[J]. General Topics，1993，27（8）：1277-1295.

[7] DING Y，YAMASHITA Y，JONES J，et al. Dissolved black carbon in boreal forest and glacial rivers of central Alaska：assessment of biomass burning versus anthropogenic sources[J]. Biogeochemistry，2015，123（1）：15-25.

[8] DRAKE T W，WAGNER S，STUBBINS A，et al. Du Feu à l'Eau：source and flux of dissolved black carbon From the Congo River[J]. Global Biogeochemical Cycles，2020，34（8）.
[9] SANT N C，DOERR S H，PRESTON C M，et al. Pyrogenic organic matter production from wildfires：a missing sink in the global carbon cycle[J]. Global Change Biology，2015，21（4）：1621-1633.
[10] COPPOLA A I，ZIOLKOWSKI L A，MASIELLO C A，et al. Aged black carbon in marine sediments and sinking particles[J]. Geophysical Research Letters，2014，41（7）：2427-2433.
[11] DITTMAR T. The molecular level determination of black carbon in marine dissolved organic matter[J]. Organic Geochemistry，2008，39（4）：396-407.
[12] MASIELLO C A，DRUFFEL E R M，CURRIE L A. Radiocarbon measurements of black carbon in aerosols and ocean sediments[J]. Geochimica et Cosmochimica Acta，2002，66（6）：1025-1036.
[13] DRUFFEL E R M. Comments on the importance of black carbon in the global carbon cycle[J]. Marine Chemistry，2004，92（1）：197-200.
[14] QI Y，FU W，TIAN J，et al. Dissolved black carbon is not likely a significant refractory organic carbon pool in rivers and oceans[J]. Nature Communications，2020，11（1）：5051.
[15] MEYBECK M. Global chemical weathering of surficial rocks estimated from river dissolved loads[J]. American Journal of Science，1987，287（5）：401-428.
[16] ROEBUCK J A，MEDEIROS P M，LETOURNEAU M L，et al. Hydrological controls on the seasonal variability of dissolved and particulate black carbon in the Altamaha River，GA[J]. Journal of Geophysical Research：Biogeosciences，2018，123（9）：3055-3071.
[17] WAGNER S，CAWLEY K M，ROSARIO-ORTIZ F L，et al. In-stream sources and links between particulate and dissolved black carbon following a wildfire[J]. Biogeochemistry，2015，124（1）：145-161.
[18] WANG X，XU C，DRUFFEL E M，et al. Two black carbon pools transported by the Changjiang and Huanghe Rivers in China[J]. Global Biogeochemical Cycles，2016，30（12）：1778-1790.

[19] XU C, XUE Y, QI Y, et al. Quantities and fluxes of dissolved and particulate black carbon in the Changjiang and Huanghe Rivers, China[J]. Estuaries and Coasts, 2016, 39 (6): 1617-1625.

[20] PYLE L A, MAGEE K L, GALLAGHER M E, et al. Short-term changes in physical and chemical properties of soil charcoal support enhanced landscape mobility[J]. Journal of Geophysical Research: Biogeosciences, 2017, 122 (11): 3098-3107.

[21] ALAN ROEBUCK J, PODGORSKI D C, WAGNER S, et al. Photodissolution of charcoal and fire-impacted soil as a potential source of dissolved black carbon in aquatic environments[J]. Organic Geochemistry, 2017, 112: 16-21.

[22] MAYER L M, THORNTON K R, SCHICK L L, et al. Photodissolution of soil organic matter[J]. Geoderma, 2012, 170: 314-321.

[23] KANG Y, WANG X, DAI M, et al. Black carbon and polycyclic aromatic hydrocarbons (PAHs) in surface sediments of China's marginal seas[J]. Chinese Journal of Oceanology and Limnology, 2009, 27 (2): 297.

[24] TAO S, EGLINTON T I, MONTLU ON D B, et al. Diverse origins and pre-depositional histories of organic matter in contemporary Chinese marginal sea sediments[J]. Geochimica et Cosmochimica Acta, 2016, 191: 70-88.

[25] ZOU J. Geochemical characteristics and organic carbon sources within the upper reaches of the Xi River, southwest China during high flow[J]. Journal of Earth System Science, 2017, 126 (1): 6.

[26] CAI Y, GUO L, WANG X, et al. Abundance, stable isotopic composition, and export fluxes of DOC, POC, and DIC from the Lower Mississippi River during 2006–2008[J]. Journal of Geophysical Research: Biogeosciences, 2015, 120 (11): 2273-2288.

[27] LIU J, HAN G. Effects of chemical weathering and CO_2 outgassing on $\delta^{13}C_{DIC}$ signals in a karst watershed[J]. Journal of Hydrology, 2020, 589: 125192.

[28] CERLING T E, SOLOMON D K, QUADE J, et al. On the isotopic composition of carbon in soil carbon dioxide[J]. Geochimica et Cosmochimica Acta, 1991, 55 (11): 3403-3405.

[29] SOLOMON D K, CERLING T E. The annual carbon dioxide cycle in a montane

soil: observations, modeling, and implications for weathering. Water Resources Research, 1987, 23 (12): 2257-2265.

[30] BARTH J A C, CRONIN A A, DUNLOP J, et al. Influence of carbonates on the riverine carbon cycle in an anthropogenically dominated catchment basin: evidence from major elements and stable carbon isotopes in the Lagan River (N. Ireland) [J]. Chemical Geology, 2003, 200 (3): 203-216.

[31] MARTINELLI L A, CAMARGO P B, LARA L B L S, et al. Stable carbon and nitrogen isotopic composition of bulk aerosol particles in a C4 plant landscape of southeast Brazil[J]. Atmospheric Environment, 2002, 36 (14): 2427-2432.

[32] WYNN J G, HARDEN J W, FRIES T L. Stable carbon isotope depth profiles and soil organic carbon dynamics in the lower Mississippi Basin[J]. Geoderma, 2006, 131 (1): 89-109.

[33] SUN H, HAN J, ZHANG S, et al. Carbon isotopic evidence for transformation of DIC to POC in the lower Xijiang River, SE China[J]. Quaternary International, 2015, 380-381: 288-296.

[34] YANG M, LIU Z, SUN H, et al. Organic carbon source tracing and DIC fertilization effect in the Pearl River: insights from lipid biomarker and geochemical analysis[J]. Applied Geochemistry, 2016, 73: 132-141.

[35] DAS O, WANG Y, HSIEH Y P. Chemical and carbon isotopic characteristics of ash and smoke derived from burning of C3 and C4 grasses[J]. Organic Geochemistry, 2010, 41 (3): 263-269.

[36] TUREKIAN V C, MACKO S, BALLENTINE D, et al. Causes of bulk carbon and nitrogen isotopic fractionations in the products of vegetation burns: laboratory studies[J]. Chemical Geology, 1998, 152 (1): 181-192.

[37] CAO J J, CHOW J C, TAO J, et al. Stable carbon isotopes in aerosols from Chinese cities: influence of fossil fuels[J]. Atmospheric Environment, 2011, 45 (6): 1359-1363.

[38] 陈颖军，蔡伟伟，黄国培，等. 典型排放源黑炭的稳定碳同位素组成研究 [J]. 环境科学，2012，33（3）：673-678.

[39] WIDORY D. Nitrogen isotopes: tracers of origin and processes affecting PM10 in the atmosphere of Paris[J]. Atmospheric Environment, 2007, 41 (11): 2382-2390.

[40] HUANG L, BROOK J R, ZHANG W, et al. Stable isotope measurements of carbon fractions (OC/EC) in airborne particulate: a new dimension for source characterization and apportionment[J]. Atmospheric Environment, 2006, 40 (15): 2690-2705.

[41] PAVULURI C M, KAWAMURA K, TACHIBANA E, et al. Elevated nitrogen isotope ratios of tropical Indian aerosols from Chennai: implication for the origins of aerosol nitrogen in south and southeast Asia[J]. Atmospheric Environment, 2010, 44 (29): 3597-3604.

[42] WANG R, TAO S, WANG W, et al. Black carbon emissions in China from 1949 to 2050[J]. Environmental science & technology, 2012, 46 (14): 7595-7603.

第12章

珠江悬浮物铜同位素地球化学

铜（Cu）广泛存在于水圈、大气圈、岩石圈、土壤圈和生物圈等地表各圈层的自然环境中，在无机过程和生物过程中发挥着重要的作用，也是人体和其他生物体维持生命活动所必需的微量金属元素之一[1]。然而，当环境中的Cu含量超过一定阈值时，Cu就会成为一种潜在的有毒污染物危害健康[2]。Cu几乎参与了所有重要的生理反应过程，其可以通过食物摄入、饮用水、呼吸和其他潜在的暴露途径（如皮肤吸收）进入人体并造成危害[3]。人为活动引发的环境变化是环境中Cu含量超标的一个重要因素。得益于近年来多接收电感耦合等离子体质谱技术的发展，如今已能够准确地测定铁、铜、锌等金属元素的稳定同位素组成，并将其应用于环境重金属元素循环、污染物源解析和迁移转化过程的研究中。尤其在大气沉降[4]、河流系统[5]、污染土壤[6]等重点领域受到了广泛的关注。迄今为止，对于河流生态系统中悬浮物（SPM）中的Cu同位素组成及Cu来源的研究仍较为匮乏。悬浮物主要来源于流域内的土壤侵蚀过程以及由水流搅动引起的河床沉积物的再悬浮[7]。由于其性质较为活跃且比表面积较大，河流系统中的悬浮物更易吸收溶解态的Cu，因此成为河流Cu的一个重要运输载体。前文已经提到，悬浮物能够携带超过90%的陆地固体物质通过河流输送而进入海洋[8, 9]。此外，在人口稠密和高度工业化的地区，河流悬浮物往往暴露在具有大量污染物的水环境中，重金属污染物极易在悬浮物中富集，进而对人类和水生生物构成潜在威胁。因此，开展河流悬浮物中Cu含量和来源的研究至关重要[10-12]。

为了系统地分析珠江流域悬浮物的 Cu 同位素组成及其控制因素，进一步认识流域内人为因素对悬浮物中 Cu 的地球化学行为影响，本章通过 Cu 同位素方法和质谱分析技术对珠江流域悬浮物中 Cu 同位素和含量进行了深入研究，主要目的包括：①明确珠江悬浮物中 Cu 含量及其同位素组成；②识别河流悬浮物中 Cu 和溶解态 Cu 之间的联系；③对河流悬浮物中 Cu 进行源解析，并探讨其潜在环境效应。这将提供珠江流域内悬浮态 Cu 的重要源信息，对于示踪流域内 Cu 污染源有着重要意义，有助于提高珠江流域河流 Cu 污染防治和管理效率。

12.1　悬浮物中 Cu 含量及同位素组成

12.1.1　Cu 含量和富集程度

如图 12-1 和表 12-1 所示，珠江流域河流悬浮物样品中的 Cu 含量在 14 mg/kg（M8）和 96 mg/kg（B2）之间波动，且上游（M1～M6，B1～B4）样品中的 Cu 含量整体高于下游（M7～M18）样品。此外，第 9 章已对悬浮物中重金属（包括 Cu）的富集系数（EF）进行了计算，可以很好地反映悬浮物重金属的富集程度，能够在悬浮物样品中 Cu 的绝对含量差异较大的情况下，更好地进行横纵向比较，同时避免稀释效应的影响。在不同地貌和岩石风化条件的情况下，土壤（风化产物）是河流悬浮物直接的自然来源。结合各省已有的土壤背景值及相关数据，以流域内不同河段土壤背景值和 Al 元素为参比元素的计算结果显示，珠江流域几乎所有的悬浮物样品均呈一定程度的 Cu 富集，EF 平均值为 1.6。所有 EF 均小于 3（除 B1 采样点，EFB1=5.0），且大多接近 1（表 12-1）。这与珠江悬浮物的月际尺度观测结果相当（EF_{Cu}=1.8）[13]，但珠江流域悬浮物中 Cu 富集程度远低于重污染河流，如巴基斯坦 Soan 河，其 EF_{Cu}=10.0[14]，表明珠江流域的人为输入源对珠江悬浮物 Cu 的贡献可能比较有限。

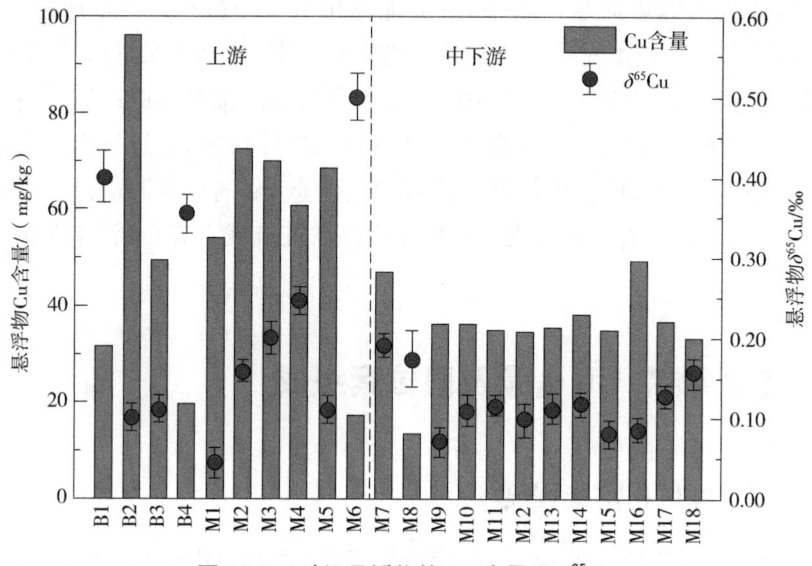

图 12-1 珠江悬浮物的 Cu 含量及 δ^{65}Cu

表 12-1 珠江悬浮物中 Cu 的含量、富集系数、同位素组成、Al 含量及悬浮物浓度

采样点	SPM/（mg/L）	Al/%	Cu/（mg/kg）	EF	δ^{65}Cu/‰
M1	470	11.8	54	0.9	0.04
M2	152	7.1	72	1.9	0.16
M3	58	9.5	70	1.4	0.20
M4	15	8.8	61	1.3	0.25
M5	189	9.4	69	1.4	0.11
M6	18	1.5	17	2.1	0.50
M7	28	6.3	47	2.3	0.19
M8	57	2.2	14	1.9	0.17
M9	320	10.1	36	1.1	0.07
M10	251	10.4	36	1.1	0.11
M11	145	10.1	35	1.1	0.12

续表

采样点	SPM/ (mg/L)	Al/ %	Cu/ (mg/kg)	EF	δ^{65}Cu/ ‰
M12	239	9.9	35	1.1	0.10
M13	222	10.2	36	1.1	0.11
M14	122	10.7	38	1.1	0.12
M15	179	10.3	35	1.0	0.08
M16	944	10.2	49	1.5	0.09
M17	154	8.8	37	1.3	0.13
M18	109	10.3	34	1.0	0.16
B1	8	1.1	32	5.0	0.40
B2	131	8.6	96	2.0	0.10
B3	75	5.2	49	1.7	0.11
B4	12	2.0	20	1.7	0.35
最小值	8	1.1	14	0.9	0.04
最大值	944	11.8	96	5.0	0.50
平均值	177	7.9	44	1.6	0.17

12.1.2　悬浮物中 Cu 同位素组成

珠江流域悬浮物样品的 δ^{65}Cu 在 0.04‰～0.50‰，平均值为 0.17‰（表 12-1 和图 12-1）。上游 M1～M6 和 B1～B4 采样点悬浮物的 δ^{65}Cu 波动较大，分别为 0.04‰～0.50‰ 和 0.10‰～0.40‰，下游 M7～M18 采样点悬浮物的 δ^{65}Cu 变化较为平稳，变化范围为 0.07‰～0.19‰。相较于其他天然地表储库的 Cu 同位素组成（图 12-2），珠江悬浮物的 δ^{65}Cu 完全落在了前人研究所得河流悬浮物和沉积物的 δ^{65}Cu 范围内[15, 16]，但明显低于冶炼尾矿和城市污泥的 δ^{65}Cu[6, 16-18]。相比之下，地表土壤、风化剖面、岩石和矿物、海水和内陆河水（即溶解态 Cu）的 Cu 同位素组成范围则较为广泛[2, 5, 19-21]。

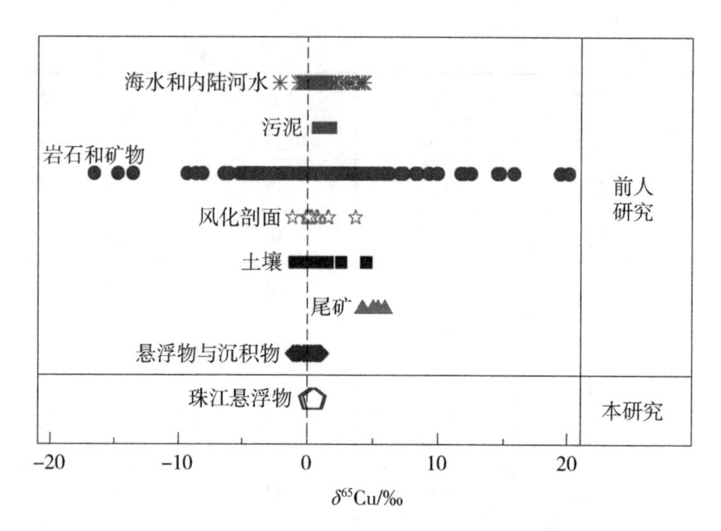

图 12-2 珠江悬浮物和各自然储库的 δ^{65}Cu

注：各自然储库的 δ^{65}Cu 数据来自参考文献[2, 5, 6, 15-21]。

12.2 悬浮物与溶解态 Cu

第 3 章已对珠江流域河水中溶解态 Cu 含量进行了研究。结合悬浮态和溶解态 Cu 含量，这里计算了珠江流域以悬浮物形式进行迁移的 Cu 所占比例 f（单位为 %），计算公式如下：

$$f = \frac{\text{SPM} \times C_{\text{particulate}}}{\text{SPM} \times C_{\text{particulate}} + C_{\text{dissolved}}} \times 100 \tag{12-1}$$

式中，SPM 代表悬浮物的质量浓度，g/L；$C_{\text{particulate}}$ 和 $C_{\text{dissolved}}$ 分别代表悬浮物中 Cu 含量（mg/kg）和河水中溶解态 Cu 浓度（μg/L）。

计算结果显示，珠江流域 Cu 以悬浮态迁移的占比从 5%（M7）到 98%（M16）不等（图 12-3）。一般而言，溶解态 Cu 往往表现出与其他溶解态离子（如 Na、K）相似的化学行为，即溶解态的 Cu 浓度随河水流量的增加而降低[22]。因此，在丰水期，由于溶解态 Cu 的浓度较低而悬浮物含量相对较高，河流中的 Cu 优先以悬浮物的形式迁移[9, 23, 24]。珠江河水溶解态 Cu 浓度和悬浮物 Cu 含量的平均值分别为 5.2 μg/L 和 44 mg/kg，而悬浮物的平均质量浓度为 177 mg/L，由此可以得出珠江流域以悬浮物形式迁移运输的 Cu 约占 60%。此外，前文计算的悬浮物和溶解态 Cu 的分配系数显示，Cu 的 lg K_d 的范围为 2.9～5.3，平均值为 4.6[12]，与我国长江、嘉陵江等河流 Cu 的 lg K_d 相当[25]，反映了悬浮物对 Cu 有较强的亲和力和吸附性。

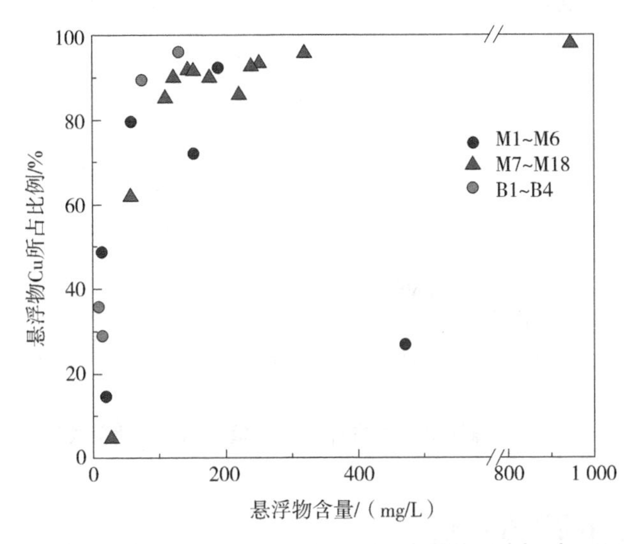

图 12-3　珠江流域颗粒态 Cu 运移比例与悬浮物含量关系（相对于总 Cu 运移量）

12.3　矿物溶解和有机质对悬浮物 Cu 同位素组成的潜在影响

12.3.1　矿物溶解过程

矿物组成是河流悬浮物表面反应活性的一个重要控制因素，对悬浮物所吸附的 Cu 等重金属的含量和同位素组成可产生显著影响。悬浮物中的主要矿物（包括黏土矿物、碳酸盐矿物等）的相对丰度可用 Al/Ca 比值来进行表征[24, 26]。珠江悬浮物的 Cu/Ca 比值与 Al/Ca 比值的关系如图 12-4 所示。尽管珠江上游和中下游的 Al/Ca 比值存在显著差异，但所有样品都反映出一定程度的 Cu/Ca 和 Al/Ca 耦合增强。此外，珠江悬浮物样品的 Al/Cu 比值平均值（1 916）高于全球河流的悬浮物的平均值（Al/Cu=1 149）[27]，但远低于上地壳（UCC）的组成（Al/Cu=2 911）。这些结果表明，在矿物溶解 / 风化过程中发生了元素分馏，而潜在

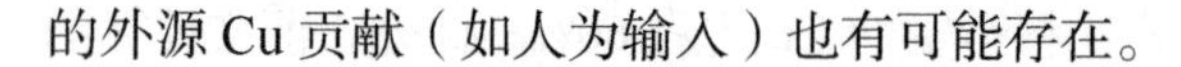
的外源 Cu 贡献（如人为输入）也有可能存在。

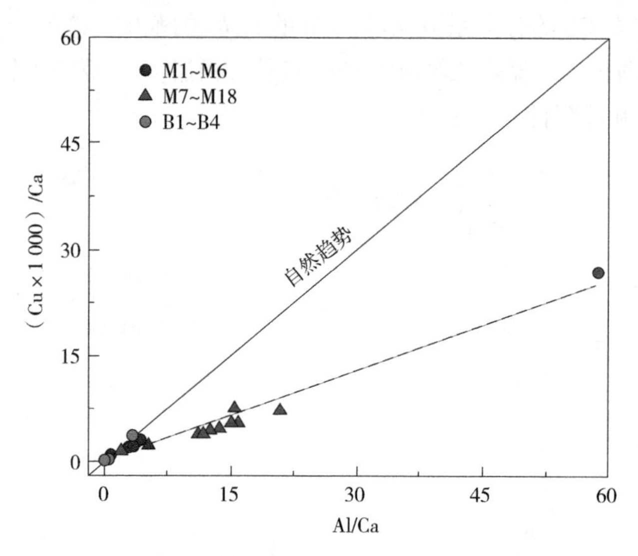

图 12-4　珠江悬浮物的 Cu/Ca 比值与 Al/Ca 比值关系

12.3.2　有机质的潜在影响

在河流环境系统中，来自水生生物、人为输入和土壤中的有机质（OC）往往会导致高有机质含量的悬浮物（POC）的产生，使得其对重金属元素等具有更强的有机质亲和力，极易吸附 Cu 等微量金属元素[28-30]。结合珠江上游 M1～M5 和 B1～B3 采样点悬浮物的 POC 含量数据（表 12-1）[31]，悬浮物中 Cu 含量及 δ^{65}Cu 与 POC 含量关系如图 12-5 所示。其中，珠江上游悬浮物的 POC 含量与 Cu 含量呈弱负相关［图 12-5（a）］，说明悬浮物中的有机质含量的变化对河水中溶解态 Cu 的吸附影响较弱。在同位素组成方面，前人研究表明，有机质吸附通常导致重 Cu 同位素（^{65}Cu）优先被吸附到富有机质的悬浮物的表面，导致 ^{65}Cu 在溶液中相对富集[5, 32]，进而使得 Cu 的吸附过程发生同位素分馏，具体表现为悬浮物的有机碳含量与 δ^{65}Cu 呈正相关关系。珠江上游悬浮物中有机碳含量与 δ^{65}Cu 的关系也支持了这一点，即悬浮物的 δ^{65}Cu 随着 POC 浓度的增加呈增加的趋势［图 12-5（b）］。因此，有机质相关的吸附过程是造成珠江悬浮物 δ^{65}Cu 相对偏高的一种潜在驱动因素。

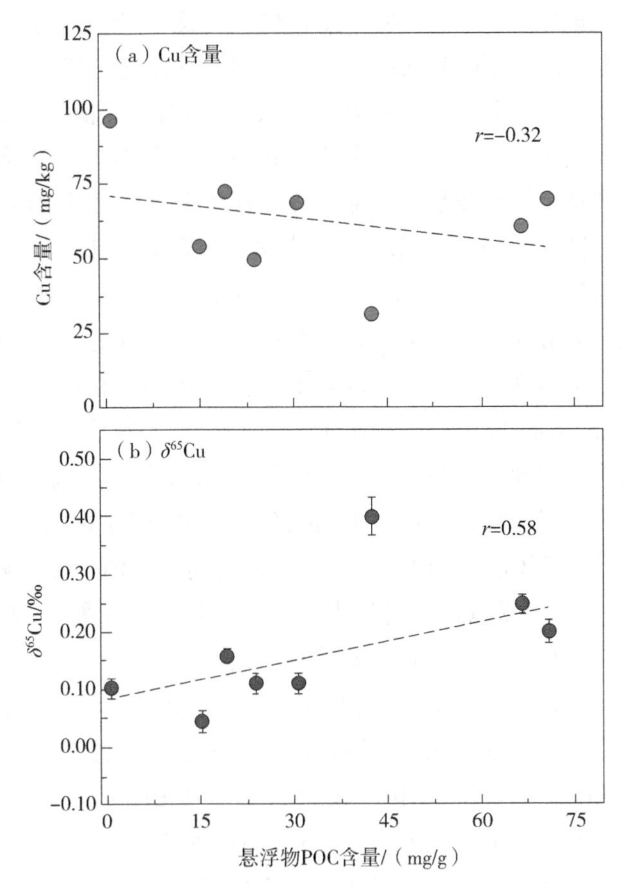

图 12-5　珠江上游悬浮物中 Cu 含量和 δ^{65}Cu 与 POC 含量关系

12.4　悬浮物 Cu 的来源解析

12.4.1　潜在端元的识别

一般来说，岩石风化等自然源和大气沉降、农业活动、城市污泥和冶炼固体废物等人为排放源都是河流悬浮物中 Cu 的潜在来源[12, 33, 34]。对于自然源而言，由于风化过程的固有特性，尽管在矿物溶解或风化过程中会发生元素分馏，但岩石风化来源的悬浮物，其EF通常接近1，且与可能的风化矿物，如黄铜矿、辉铜矿、蓝铜矿和黄铁矿等具有相似的Cu同位素组成（δ^{65}Cu约为0‰）[16, 18, 19, 35]。相较之下，受人为因素影响较大的悬浮物通常具有较宽的δ^{65}Cu范围。大气沉降对河流悬浮物的Cu含量可能有一定的贡献，进而对悬浮物同位素产生影响，但迄今为止大气沉降相关的Cu同位素研究较少[4]，其对河流悬浮物的贡献也未见报道。考虑到整个珠江流域中，能够直接接收大气沉降的水域面积占比极低，（<1%），大气沉降对河流悬浮物Cu的直接贡献和同位素的影响十分有限。因此，大气输入对河流悬浮物Cu的贡献可以忽略不计[36]。此外，尽管以往的研究表明未污染土壤的δ^{65}Cu集中在0‰左右，污染土壤的δ^{65}Cu集中在0.2‰左右，而农业污染（猪粪）土壤剖面的δ^{65}Cu在-0.95‰～0.44‰[37]，但农业排放源的Cu主要以溶解态的形式进入河流，对悬浮物中Cu含量和同位素组成的影响也相对有限。考虑到Cu是城市污水和污泥的重要组分，前人也对污泥样品的Cu同位素开展了研究[38]，结果表明污泥样品呈一定程度的Cu富集（Cu浓度和EF相对较高），且δ^{65}Cu为0.81‰～1.81‰，远高于炉渣（0.05‰）和固体废物（0.16‰）等[6]。矿产资源开采过程中产生的冶炼尾矿通常表现为较高的δ^{65}Cu（4.2‰～5.8‰），且Cu含量极高，富集程度最强[16-18]。

为进一步识别端元混合过程，这里结合上述潜在来源的Cu同位素组成和EF特征，以及δ^{65}Cu与EF的关系（图12-6），确定了珠江流域悬浮物的三个潜在端元，分别为EF =～1、δ^{65}Cu相对较低的岩石风化端元，EF相对较高、δ^{65}Cu相对较高的城市污泥端元，EF极高、δ^{65}Cu相对较高的冶炼尾矿端元。进一步将M1（EF_{min}=0.9，$\delta^{65}Cu_{min}$=0.04‰）、M6（EF=2.1，δ^{65}Cu=0.50‰）和B1（EF_{max}=5.0，$\delta^{65}Cu_{max}$=0.40‰）三个具有典型端元特征的样品分别定义岩石风化、城市污泥和冶炼尾矿的相对端元组成（图12-6）。这些代表相对端元的样品也与采样点周边的环境一致，即M1位于反映自然过程的珠江源区，M6是受城市污泥影响的城区采样点，而B1则是位于矿产资源丰富、有潜在冶炼废物排放的北盘江地区。因此，尽管对珠江流域内的岩石、城市污泥和冶炼尾矿等端元样品的Cu同位素组成研究较少，其在迁移转化过程中的分馏程度也不甚明朗，但珠江悬浮物样品中的M1、M6和B1仍可用于计算各潜在端元的相对源贡献率。

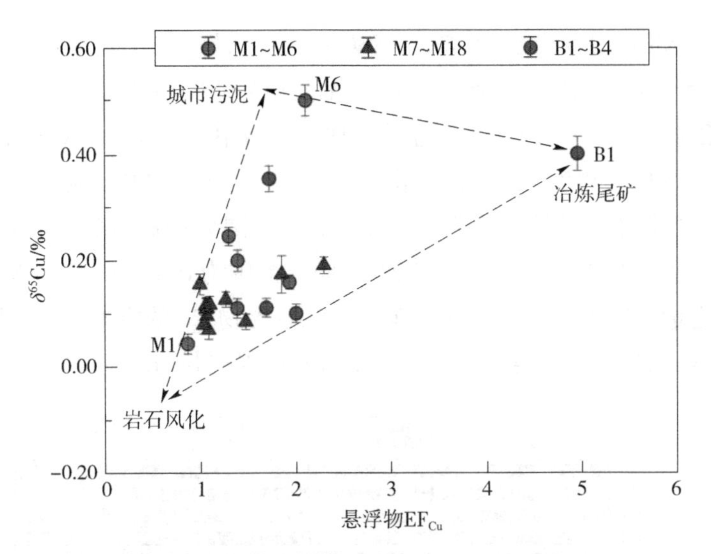

图 12-6　珠江流域悬浮物的 δ^{65}Cu 与 Cu 的富集系数（EF_{Cu}）关系

12.4.2　相对源贡献

如前文所述，M1、M6 和 B1 采样点的悬浮物 δ^{65}Cu 和 EF 可定义为端元的组成，而悬浮物样品的 δ^{65}Cu 则可以通过不同端元的 δ^{65}Cu 及其相对源贡献率的乘积之和来计算[24, 39]。结合端元的 δ^{65}Cu 的 EF，可以列出如下三元混合模型（质量平衡方程）：

$$\delta^{65}Cu_{SPM}=\delta^{65}Cu_{rock}\times F_{rock}+\delta^{65}Cu_{sludge}\times F_{sludge}+\delta^{65}Cu_{tailings}\times F_{tailings} \quad (12\text{-}2)$$

$$EF_{SPM}=EF_{rock}\times F_{rock}+EF_{sludge}\times F_{sludge}+EF_{tailings}\times F_{tailings} \quad (12\text{-}3)$$

$$1=F_{rock}+F_{sludge}+F_{tailings} \quad (12\text{-}4)$$

式中，$\delta^{65}Cu_{SPM}$、$\delta^{65}Cu_{rock}$、$\delta^{65}Cu_{sludge}$ 和 $\delta^{65}Cu_{tailings}$ 分别代表悬浮物样品中的 δ^{65}Cu 和岩石风化、城市污泥、冶炼尾矿等端元的 δ^{65}Cu；EF_{SPM}、EF_{rock}、EF_{sludge} 和 $EF_{tailings}$ 分别表示悬浮物样品的 EF 和岩石风化、城市污泥、冶炼尾矿等端元的 EF；F_{rock}、F_{sludge} 和 $F_{tailings}$ 分别表示岩石风化、城市污泥和冶炼尾矿对悬浮物中 Cu 的相对源贡献率。

基于上述 3 个方程和端元组成（岩石风化，M1：EF=0.9，δ^{65}Cu = 0.04‰；

城市污泥，M6：EF = 2.1，$\delta^{65}Cu$ = 0.50‰；冶炼尾矿，B1：EF = 5.0，$\delta^{65}Cu$ = 0.40‰），计算了珠江各采样点悬浮物（M1、M6 和 B1 除外）中不同来源对悬浮物 Cu 的相对贡献率（图 12-7）。显然，珠江流域中悬浮物中的 Cu 以岩石风化源贡献为主，贡献率约为 76.4%，变化范围为 32.0%～93.1%。城市污泥是悬浮物中 Cu 的次要来源，贡献率约为 15.4%，变化范围为 0%～67.4%（B4 采样点）。冶炼尾矿对悬浮物的贡献率仅为 8.2%，变化范围为 0%～33.1%（M7 采样点）。以上结果定量地给出了不同潜在来源对珠江悬浮物 Cu 的贡献大小，同时也进一步验证了第 9 章关于珠江悬浮物中 Cu 受自然成因控制的结论[12]。

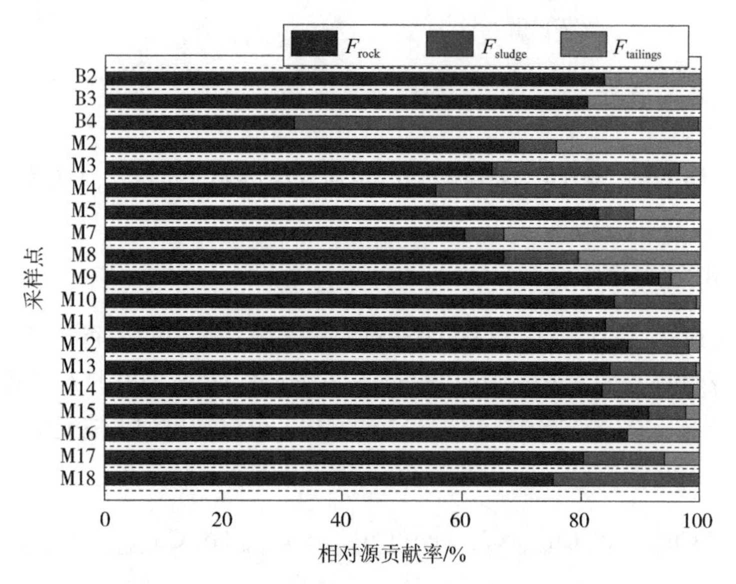

图 12-7 珠江流域悬浮物中 Cu 的相对贡献率

12.5 小结

本章对珠江流域丰水期悬浮物的 Cu 含量进行了分析，随后应用非传统稳定同位素技术（$\delta^{65}Cu$）初步确定了悬浮物中 Cu 的潜在来源并估算了相应的贡献率。结果表明，富集系数和同位素组成能够有效量化悬浮物中 Cu 的相对源贡献率，即悬浮物中 Cu 主要来源于岩石风化（76.4%），而城市污泥（15.4%）和冶炼尾矿（8.2%）的贡献相对较低。珠江流域 Cu 主要以悬浮物的形式迁移运输，在研究期内约占 6 成。非传统稳定同位素在悬浮态 Cu 源解析中的初步应用也进一步表明其可以作为河流及其他环境系统中污染物的良好示踪剂。

参考文献

[1] BULLEN T D，WALCZYK T. Environmental and biomedical applications of natural metal stable isotope variations[J]. Elements，2009，5（6）：381-385.

[2] BIGALKE M，WEYER S，WILCKE W. Stable Cu isotope fractionation in soils during oxic weathering and podzolization[J]. Geochimica et Cosmochimica Acta，2011，75（11）：3119-3134.

[3] ZENG J，HAN G，WU Q，et al. Geochemical characteristics of dissolved heavy metals in Zhujiang River，southwest China：spatial-temporal distribution，source，export flux estimation，and a water quality assessment[J]. PeerJ，2019，7：e6578.

[4] NOVAK M，SIPKOVA A，CHRASTNY V，et al. Cu-Zn isotope constraints on the provenance of air pollution in Central Europe：using soluble and insoluble particles in snow and rime[J]. Environmental Pollution，2016，218：1135-1146.

[5] KIMBALL B E，MATHUR R，DOHNALKOVA A C，et al. Copper isotope fractionation in acid mine drainage[J]. Geochimica et Cosmochimica Acta，2009，73（5）：1247-1263.

[6] BIGALKE M，WEYER S，KOBZA J，et al. Stable Cu and Zn isotope ratios as tracers of sources and transport of Cu and Zn in contaminated soil[J]. Geochimica et Cosmochimica Acta，2010，74（23）：6801-6813.

[7] LIU C，FAN C，SHEN Q，et al. Effects of riverine suspended particulate matter on post-dredging metal re-contamination across the sediment–water interface[J]. Chemosphere，2016，144：2329-2335.

[8] ASSELMAN N E M. Fitting and interpretation of sediment rating curves[J]. Journal of Hydrology，2000，234（3）：228-248.

[9] ZHANG W，WEI X，JINHAI Z，et al. Estimating suspended sediment loads in the Pearl River Delta region using sediment rating curves[J]. Continental Shelf Research，2012，38：35-46.

[10] AVILA-PEREZ P, ZARAZUA G, CARAPIA-MORALES L, et al. Evaluation of heavy metal and elemental composition of particles in suspended matter of the Upper Course of the Lerma River[J]. Journal of Radioanalytical and Nuclear Chemistry, 2007, 273 (3): 625-633.
[11] CHOUBA L, MZOUGHI N. Assessment of heavy metals in sediment and in suspended particles affected by multiple anthropogenic contributions in harbours[J]. International Journal of Environmental Science and Technology, 2013, 10 (4): 779-788.
[12] ZENG J, HAN G, WU Q, et al. Heavy metals in suspended particulate matter of the Zhujiang River, southwest China: contents, sources, and health risks[J]. International Journal of Environmental Research and Public Health, 2019, 16 (10): 1843.
[13] LIU J, LI S L, CHEN J B, et al. Temporal transport of major and trace elements in the upper reaches of the Xijiang River, SW China[J]. Environmental Earth Sciences, 2017, 76 (7): 299.
[14] NAZEER S, HASHMI M Z, MALIK R N. Heavy metals distribution, risk assessment and water quality characterization by water quality index of the River Soan, Pakistan[J]. Ecological Indicators, 2014, 43: 262-270.
[15] THAPALIA A, BORROK D M, VAN METRE P C, et al. Zn and Cu isotopes as tracers of anthropogenic contamination in a sediment core from an Urban Lake[J]. Environmental science & technology, 2010, 44 (5): 1544-1550.
[16] WANG Z, CHEN J, ZHANG T. Cu Isotopic composition in surface environments and in biological systems: a critical review[J]. International Journal of Environmental Research and Public Health, 2017, 14 (5): 538.
[17] RodrERLIN N P, Engström E, Rodushkin I RODUSHKIN I, et al. Copper and iron isotope fractionation in mine tailings at the Laver and Kristineberg mines, northern Sweden[J]. Applied Geochemistry, 2013, 32: 204-215.
[18] SONG S, MATHUR R, RUIZ J, et al. Fingerprinting two metal contaminants in streams with Cu isotopes near the Dexing Mine, China[J]. Science of the Total Environment, 2016, 544: 677-685.
[19] LI W, JACKSON S E, PEARSON N J, et al. The Cu isotopic signature of granites

from the Lachlan Fold Belt，SE Australia[J]. Chemical Geology，2009，258（1）：38-49.

[20] LIU S A，TENG F Z，LI S，et al. Copper and iron isotope fractionation during weathering and pedogenesis：insights from saprolite profiles[J]. Geochimica et Cosmochimica Acta，2014，146：59-75.

[21] MOYNIER F，VANCE D，FUJII T，et al. The Isotope Geochemistry of Zinc and Copper[J]. Non-Traditional Stable Isotopes，2017，82，543-600.

[22] LI S，ZHANG Q. Spatial characterization of dissolved trace elements and heavy metals in the upper Han River（China）using multivariate statistical techniques[J]. Journal of Hazardous Materials，2010，176（1）：579-588.

[23] CHEN J，GAILLARDET J，LOUVAT P. Multi-isotopic（Zn，Cu）approach for anthropogenic contamination of suspended sediments of the Seine River，France[J]. Geochimica Et Cosmochimica Acta，2008，72（12）：A155-A155.

[24] CHEN J，GAILLARDET J，LOUVAT P，et al. Zn isotopes in the suspended load of the Seine River，France：isotopic variations and source determination[J]. Geochimica et Cosmochimica Acta，2009，73（14）：4060-4076.

[25] 霍文毅，陈静生．我国部分河流重金属水－固分配系数及在河流质量基准研究中的应用 [J]. 环境科学，1997，18（4）：10-13.

[26] LIU J，HAN G. Major ions and $\delta^{34}S_{SO_4}$ in Jiulongjiang River water：investigating the relationships between natural chemical weathering and human perturbations[J]. Science of the Total Environment，2020，724：138208.

[27] VIERS J，DUPR B，GAILLARDET J. Chemical composition of suspended sediments in world rivers：new insights from a new database[J]. Science of the Total Environment，2009，407（2）：853-868.

[28] LIN J G，CHEN S Y. The relationship between adsorption of heavy metal and organic matter in river sediments[J]. Environment International，1998，24（3）：345-352.

[29] HUANG G，ZHANG M，LIU C，et al. Heavy metal（loid）s and organic contaminants in groundwater in the Pearl River Delta that has undergone three decades of urbanization and industrialization：Distributions，sources，and driving forces[J]. Science of the Total Environment，2018，635：913-925.

[30] LIU M，HAN G，ZHANG Q. Effects of agricultural abandonment on soil aggregation，soil organic carbon storage and stabilization：results from observation in a small karst catchment，southwest China[J]. Agriculture，Ecosystems & Environment，2020，288：106719.

[31] ZOU J. Geochemical characteristics and organic carbon sources within the upper reaches of the Xi River，southwest China during high flow[J]. Journal of Earth System Science，2017，126（1）：6.

[32] VANCE D，ARCHER C，BERMIN J，et al. The copper isotope geochemistry of rivers and the oceans[J]. Earth and Planetary Science Letters，2008，274（1）：204-213.

[33] JIN R，LIU G，ZHENG M，et al. Secondary copper smelters as sources of chlorinated and brominated polycyclic aromatic hydrocarbons[J]. Environmental Science & Technology，2017，51（14）：7945-7953.

[34] ALVES D D，RIEGEL R P，KLAUCK C R，et al. Source apportionment of metallic elements in urban atmospheric particulate matter and assessment of its water-soluble fraction toxicity[J]. Environmental Science and Pollution Research，2020.

[35] MATHUR R，SCHLITT W J. Identification of the dominant Cu ore minerals providing soluble copper at Cañariaco，Peru through Cu isotope analyses of batch leach experiments[J]. Hydrometallurgy，2010，101（1）：15-19.

[36] LI C，LI S L，YUE F J，et al. Identification of sources and transformations of nitrate in the Xijiang River using nitrate isotopes and Bayesian model[J]. Science of the Total Environment，2019，646：801-810.

[37] FEKIACOVA Z，CORNU S，PICHAT S. Tracing contamination sources in soils with Cu and Zn isotopic ratios[J]. Science of the Total Environment，2015，517：96-105.

[38] HU H，LI X，HUANG P，et al. Efficient removal of copper from wastewater by using mechanically activated calcium carbonate[J]. Journal of Environmental Management，2017，203：1-7.

[39] WIEDERHOLD J G. Metal stable isotope signatures as tracers in environmental geochemistry[J]. Environmental Science & Technology，2015，49（5）：2606-2624.

第13章

珠江悬浮物锌同位素地球化学

锌（Zn）是自然界重要的重金属元素之一，其以各种赋存形态广泛存在于地表环境介质中[1]。一旦环境中的Zn浓度达到某一特定限度时，就会表现出极强的毒性，因此环境中的Zn污染引起了学界的广泛关注。与此同时，Zn作为一种维持生命正常功能所必需的微量营养元素，在诸多的生化过程中起到了重要作用。Zn可通过食物摄入、呼吸、饮水、皮肤吸收等多种途径进入人体[2, 3]，而当人体摄入过量的Zn时，将会出现不同程度的负面影响乃至中毒[4]。前文已提到，随着MC-ICP-MS技术的发展，金属稳定同位素（即非传统稳定同位素）得以精确测量[5]，这为研究不同生态环境系统中的金属元素循环提供了新手段和新机会。例如，钙同位素被成功地应用于大气气溶胶的季节性源解析中[6, 7]，铅同位素可作为示踪剂来辅助识别铊和铅污染的来源[8]，铁同位素被用于示踪钢铁厂污染物的迁移过程[9]，其他的典型重金属，如银、汞、镉和铜的同位素也因其环境行为的独特性而广受关注[10-13]。值得一提的是，大气颗粒物Zn同位素[14]、河流系统溶解态Zn同位素[15, 16]、表层土壤和土壤剖面的Zn同位素[17, 18]也得到了一定的研究，并应用于识别和量化Zn污染物的来源。然而，迄今为止有关河流悬浮物中锌同位素及其示踪作用研究却少有报道。

河流悬浮物主要来源于降雨驱动的土壤侵蚀过程和沉积物的再悬浮过程[19]，且90%以上的陆地物质是以悬浮物的形式输入海洋的[20]。受人为活动影响的河流，其悬浮物往往反映了人为输入和自然过程的综合影响[21]。作为河流中Zn等重金属的重要载体，悬浮物极易富集这些金属元素，进而对水生生物等造成毒性风险或负面效应[19, 22, 23]。因此，识别河流悬浮物中锌的富集程度并辨析其来源具有重要意义。本章对珠江流域悬浮物中的 Zn 同位素和含量进行了系统研究，以期量化悬浮物中 Zn 的来源及其与溶解态 Zn 之间的关系，进而助力河流环境重金属污染的防治。

13.1 悬浮物中 Zn 含量及同位素组成

13.1.1 悬浮物中 Zn 含量

珠江流域悬浮物样品中 Zn 的含量变化范围在 49 mg/kg（M6）至 733 mg/kg（M4）之间，从上游至下游无明显变化规律（图 13-1 和表 13-1）。此外，从富集程度方面而言，几乎所有的悬浮物样品相对于流域内土壤背景值都呈现出 Zn 富集的现象，从轻度富集到中度至严重富集均有分布。例如，B3 采样点的 EF 为 1，EF 大于 5 的采样点有 M7、M8、B1，B4 甚至达到了 20.8（表 13-1）。这也表明了珠江流域的悬浮物存在显著的非自然源的 Zn 输入，即人为输入。相较于前人在珠江流域内基于时间序列的悬浮物研究结果，我们悬浮物样品的 EF 平均值（2.4，排除 Zn 极度富集的 B4 采样点）与时间序列的样品相当（EF=2.4）[24]。与受严重污染的河流悬浮物（其 EF 平均值往往大于 5）[25] 横向对比，珠江流域内悬浮物的 Zn 富集程度又相对较轻。

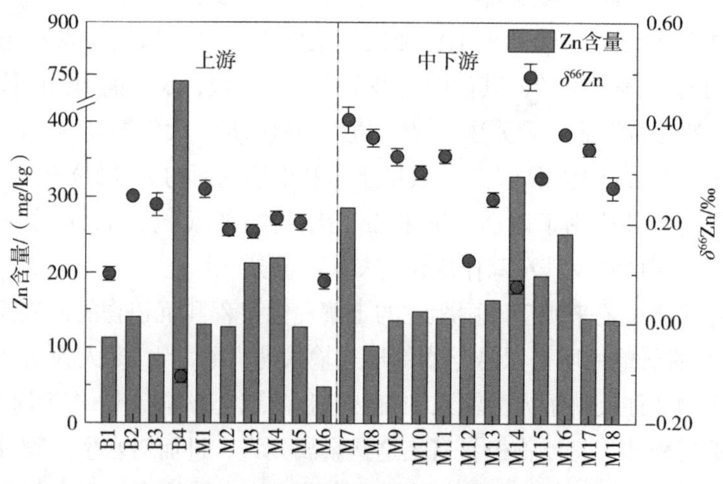

图 13-1 珠江悬浮物的 Zn 含量及 δ^{66}Zn

表 13-1　珠江悬浮物的质量浓度、颗粒物有机碳、Al、Ca、Zn 的含量、富集系数及 Zn 同位素组成

采样点	SPM/（mg/L）	POC/（mg/g）	Al/%	Ca/%	Zn/（mg/g）	EF_{Zn}	$\delta^{66}Zn$/‰
M1	470	15.2	11.8	0.2	131	1.1	0.27
M2	152	19.2	7.1	8.3	128	1.8	0.19
M3	58	70.9	9.5	3.2	212	2.2	0.18
M4	15	66.7	8.8	2.1	220	2.4	0.21
M5	189	30.6	9.4	2.5	128	1.3	0.20
M6	18	n.a	1.5	19.4	49	3.1	0.08
M7	28	n.a	6.3	3.2	286	5.1	0.41
M8	57	n.a	2.2	18.3	103	5.1	0.37
M9	320	n.a	10.1	0.6	138	1.5	0.33
M10	251	n.a	10.4	0.8	149	1.6	0.30
M11	145	n.a	10.1	0.9	140	1.5	0.33
M12	239	n.a	9.9	0.9	138	1.6	0.13
M13	222	n.a	10.2	0.8	164	1.8	0.25
M14	122	n.a	10.7	0.7	327	3.4	0.07
M15	179	n.a	10.3	0.5	197	2.1	0.29
M16	944	n.a	10.2	0.7	251	2.8	0.38
M17	154	n.a	8.8	1.7	138	1.8	0.35
M18	109	n.a	10.3	0.9	136	1.5	0.27
B1	8	42.5	1.1	15.1	113	5.7	0.10
B2	131	0.7	8.6	2.7	140	0.9	0.25
B3	75	23.7	5.2	13.0	89	1.0	0.24
B4	12	n.a	2.0	21.4	733	20.8	−0.11
最小值	8	0.7	1.1	0.2	49	0.9	−0.11
最大值	944	70.9	11.8	21.4	733	20.8	0.41
平均值	177	33.7	7.9	5.4	187	2.4d	0.23

注：SPM 为悬浮物浓度；POC 为悬浮物有机碳的含量；EF_{Zn} 为悬浮物中 Zn 的富集系数；n.a. 表示无数据；EF_{Zn} 平均值的计算不包括 Zn 极度富集的 B4 采样点；POC 和 EF_{Zn} 数据来自参考文献[26, 27]。

13.1.2 悬浮物 Zn 同位素组成

如表 13-1 和图 13-1 所示，珠江流域内的悬浮物 δ^{66}Zn 的变化范围为 -0.11‰～0.41‰，平均值为 0.23‰。其中，南盘江河段的 M1～M6、西江河段的 M7～M18 和北盘江河段的 B1～B4 采样点的悬浮物 δ^{66}Zn 分别为 0.08‰～0.27‰、0.07‰～0.41‰ 和 -0.11‰～0.25‰。总的来说，珠江流域悬浮物的 δ^{66}Zn 与法国塞纳河的 δ^{66}Zn（0.08‰～0.27‰）基本相当[28]。对比地表各圈层的环境样品（图 13-2），珠江流域悬浮物 δ^{66}Zn 波动范围相对于沉积物和全球河水的变化范围

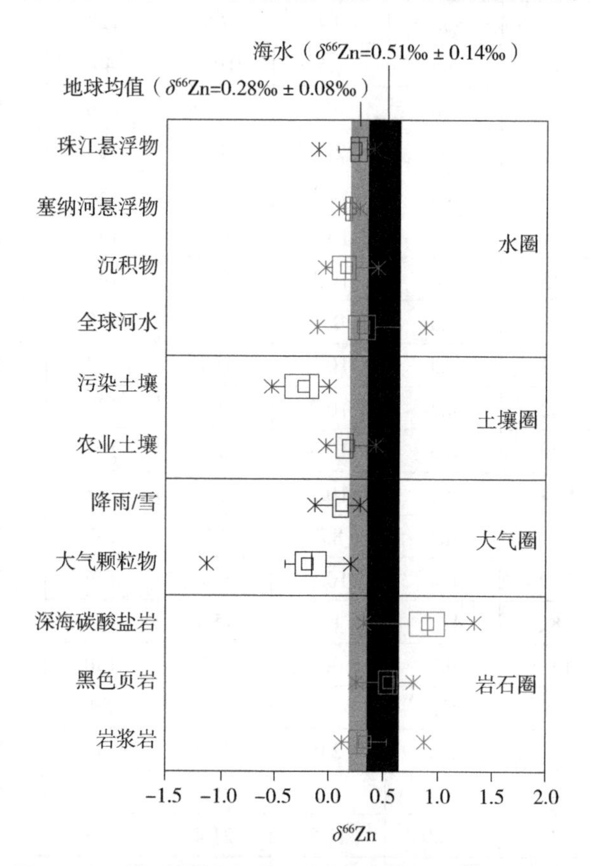

图 13-2 珠江悬浮物和各地表圈层储库的 δ^{66}Zn 箱形图

数据来源：塞纳河的悬浮物[28]、沉积物[29]、全球河水[30, 31]、污染土壤[33]、农业土壤[32]；降雨 / 雪[14, 31]、大气颗粒物[14, 34]、深海碳酸盐岩[35]、黑色页岩[36]；岩浆岩[37]、地球均值[38]、海水[11, 18]。

更为狭窄，且在水圈中往往是溶解态 δ^{66}Zn 变化区间最大[29-31]。与受污染的土壤和其他可能受到人类活动影响的环境样品（如农业土壤、降雨 / 降雪、大气颗粒物等）相比[14, 29, 31-33]，珠江悬浮物 δ^{66}Zn 更为偏正。但珠江悬浮物 δ^{66}Zn 却低于碳酸盐岩、黑色页岩和岩浆岩等岩石圈样品 δ^{66}Zn（图 13-2）。

13.2　碳酸盐岩溶解和有机质对悬浮物中 Zn 的影响

13.2.1　碳酸盐岩溶解

悬浮物的矿物学组成是影响其重金属含量和同位素组成的重要因素。通过易变的表面活性和比表面积，影响悬浮物对 Zn 等重金属的吸附和解吸过程，进而改变其含量和同位素组成。前文已经提到，悬浮物中的主要矿物，包括黏土矿物、碳酸盐矿物等的相对丰度可用 Al/Ca 比值来进行表征[28]。因此，图 13-3 中给出了珠江悬浮物 Al/Ca 比值和 Zn/Ca 比值之间的关系。南盘江河段 M1～M6 和北盘江河段 B1～B4 采样点悬浮物的 Al/Ca 和 Zn/Ca 比值呈耦合增强趋势。鉴于南盘江和北盘江河段所在的珠江中上游地区广泛分布有碳酸盐岩，其悬浮物样品 Al/Ca 和 Zn/Ca 比值的耦合增强趋势可以认为是“碳酸盐岩稀释”线，主要反映了黏土矿物和碳酸盐矿物风化过程产物的 Al 和 Ca。珠江悬浮物的 Al/Zn 平均比值为 468，明显低于亚马孙流域悬浮物样品的平均比值（750，原始风化产物）[39]，也远低于上地壳的 Al/Zn 比值（1132）[40]。这表明该趋势与全球自然背景趋势之间尚存在一定的差异。相较之下，在发育有岩浆岩、变质岩和碎屑沉积岩的珠江下游悬浮物样品中（M7～M18），Zn/Ca 比相对于 Al/Ca 比表现出更为“陡峭”的趋势（图 13-3），表明珠江下游地区有着潜在的外源 Zn 输入的贡献，如农业活动强度高的广西壮族自治区和人口密集的近河口地区的人为活动排放等[41, 42]。

珠江悬浮物 Zn/Ca 比值与 Al/Ca 比值关系彩图

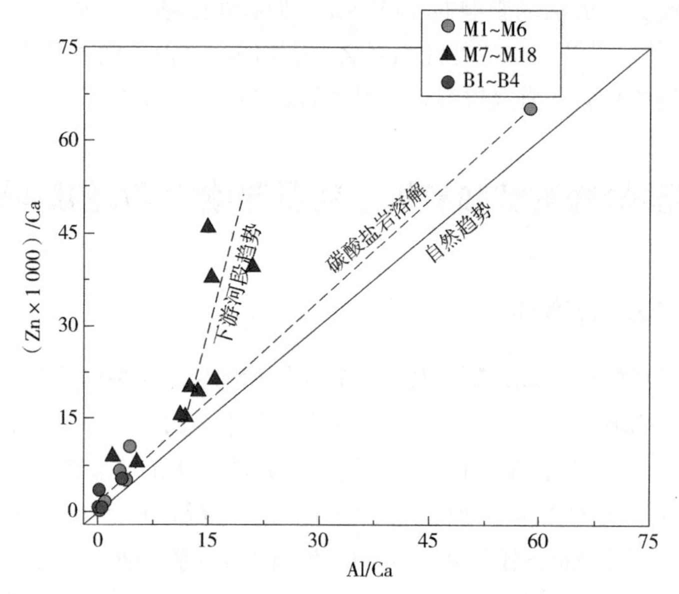

图 13-3 珠江悬浮物 Zn/Ca 比值与 Al/Ca 比值关系

13.2.2 有机质的影响

受人为输入、水生生物活动、土壤输入的影响，河流悬浮物中的有机质含量并不低，其中的颗粒态有机碳（POC）表现出对 Zn 等重金属的较强亲和力，会促进悬浮物对金属元素的吸附过程[42]，进而对悬浮物的 Zn 含量和 Zn 同位素组成产生影响。结合可获得的悬浮物样品的颗粒态有机碳含量数据（主要是珠江上游），在这里分析了悬浮物 Zn 含量、Zn 同位素与 POC 含量间的关系。如图 13-4 所示，珠江上游的悬浮物 POC 含量与 Zn 含量呈显著的正相关关系［r=0.74，$p<0.05$，图 13-4（a）］，表明 POC 的存在对 Zn 的影响明显，即悬浮物的 Zn 含量随着颗粒态有机碳含量的增高而增高。而在吸附过程中，重的 Zn 同位素（^{66}Zn）通常优先被悬浮物中的有机质所吸附，相对较轻的 Zn 同位素（^{64}Zn）则倾向于留在溶液中[43, 44]。因此，悬浮物的吸附过程中存在一定程度的同位素分馏，进而使得悬浮物的 POC 含量与 δ^{66}Zn 呈正相关关系。然而，在珠江上游的悬浮物样品中，POC 含量和 Zn 同位素组成并不支持这一观点，而是表

现为 δ^{66}Zn 随着 POC 含量的增加呈下降趋势 [r=−0.49，p<0.05，图 13-4（b）]。因此，与悬浮物有机质相关的吸附过程并不是控制其低 δ^{66}Zn 的主要原因。

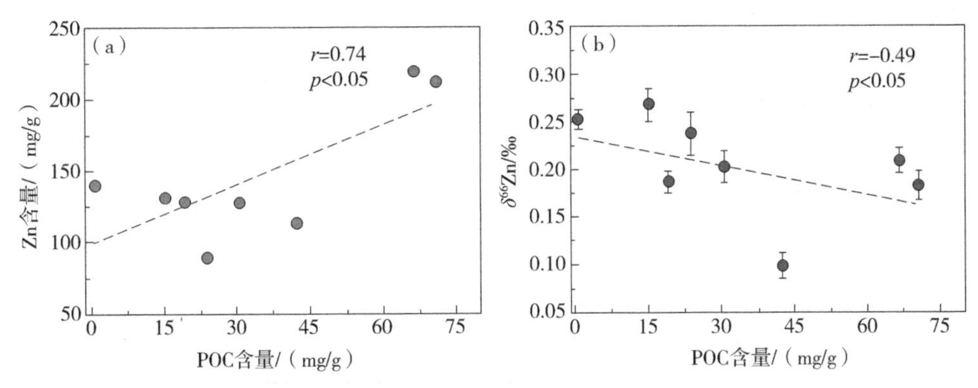

图 13-4　珠江上游悬浮物样品的 Zn 含量（a）和 δ^{66}Zn（b）与 POC 含量关系

13.2.3　悬浮物与溶解态 Zn

根据第 3 章中的珠江河水溶解态 Zn 的浓度数据[45]，按照式（12-1），计算珠江流域以悬浮物形式进行迁移的 Zn 所占的比例（单位为 %）。结果显示，珠江流域颗粒态 Zn 的运移的比例变化较大，从最低的 M6 采样点的 9% 到 M16 采样点的 97% 不等（图 13-5）。前文已提及，河流中溶解态的金属元素浓度通常随着河水流量的增加而降低[46]，进而使得在流量充沛的丰水期，河水溶解态 Zn 浓度较低，而悬浮物的含量又相对较高，所以 Zn 更倾向于以悬浮物的形式运移。按照珠江流域悬浮物的平均质量浓度（177 mg/L）、Zn 的平均含量（187 mg/kg）和相应采样点的河水溶解态 Zn 平均质量浓度（6.6 μg/L），计算得出珠江流域以悬浮物形式进行迁移的 Zn 所占的平均比例为 83%。此外悬浮态与溶解态 Zn 的分配系数（lg K_d）介于 3.7～5.0，均值为 4.4。该值与污染土壤中 Zn 的固液分配系数十分接近[47]，反映了潜在的外源 Zn 的输入（主要是人为活动排放）。尽管由于缺乏溶解态 δ^{66}Zn，吸附过程中造成的 Zn 同位素分馏程度无法量化，但图 13-4（b）已清晰地显示了吸附过程并不能主导悬浮物的 Zn 同位素组成，而不同端元组成的源混合过程才是悬浮物 Zn 同位素变化的合理解释[28]。

珠江流域悬浮物 Zn 运移比例与悬浮物含量关系（相对于总 Zn 运移量）彩图

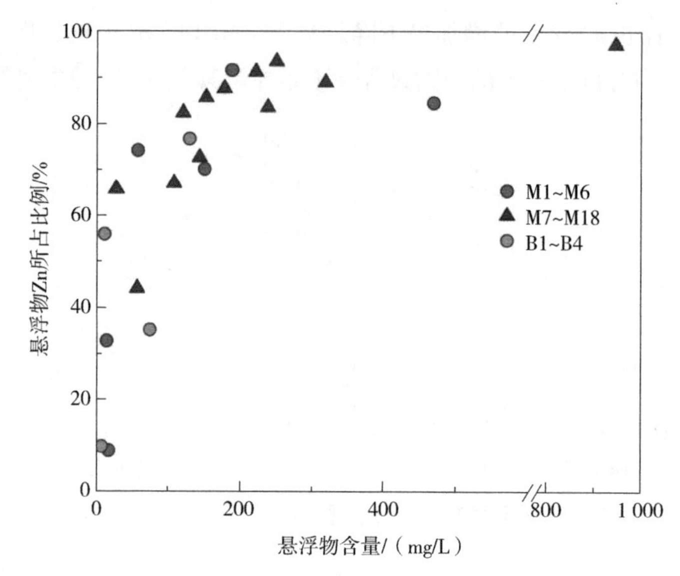

图 13-5 珠江流域悬浮物 Zn 运移比例与悬浮物含量关系（相对于总 Zn 运移量）

13.3 悬浮物 Zn 的相对源贡献

如图 13-6 所示，珠江流域悬浮物 δ^{66}Zn 与 Zn 富集系数 EF_{Zn} 之间呈一定程度的负相关关系，反映了两种具有独特 δ^{66}Zn 特征的潜在端元的混合过程。考虑到悬浮物的主要形成途径（岩石风化产物）及其固有属性，其中一个端元应该是“自然源”[31]。前人的研究显示碳酸盐岩的溶解过程并不影响自然形成的河流悬浮物的 δ^{66}Zn 特征，但可能会对悬浮物的 Zn 含量产生影响（主要体现为降低）[28]。由于缺乏流域内完全未受污染的悬浮物或河床沉积物样品，难以直接测定并获得全面反映自然源或自然背景的端元 δ^{66}Zn，但是前人的研究表明，流域尺度内的自然端元的 δ^{66}Zn 与流域内广泛分布的基岩样品的 δ^{66}Zn 相似[16, 31]。因此，具有代表性的岩石类型——沉积岩的 δ^{66}Zn（0.40‰）以及其富集系数特征值（EF_{Zn}=1）[48]，可作为沉积岩（碳酸盐岩）广泛分布的珠江流域内悬浮物 Zn 的自然端元指标（图 13-6）。此外，悬浮物样品的 δ^{66}Zn 普遍比自然端元的 δ^{66}Zn 低，且 EF_{Zn} 大于 1，这通常被认为是人为输入所致。珠江流域内悬浮物的 Zn 存在多种潜在的人为源，主要包括大气输入、农业活动、工业生产和城市废水排放等。尽管前人研究已表明大气沉降物质的 δ^{66}Zn 特征足够明显，其变化范围为 -1.13‰～-0.07‰，是一种偏负的 Zn 同位素端元[34]。但由于珠江流域内能够直接接受大气沉降输入的水域面积极小（<1%），因此大气输入对河流悬浮物 Zn 的贡献非常有限。此外，由于农业活动所释放的污染物主要直接作用于土壤，化肥、动物粪肥、农药等来源的 Zn 通常是在被土壤黏土 / 氧化物矿物吸附后，通过壤中流以溶解态的形式进入河流系统中，进而对河流悬浮物的锌同位素产生潜在的影响。因此，农业活动排放不是主要的悬浮物 Zn 的直接来源，前人的研究也支持了这一点[28]。而城市污水等则可直接通过下水管道溢流或污水处理厂排入河流系统。在没有准确地获取城市污泥等样品并对其 Zn 同位素组成进行测定的情况下，该来源的 δ^{66}Zn 难以量化。但可以通过混合样品中高富集系数和低 δ^{66}Zn 组合特征来推测相对端元组成，这一点已得到了前人研究的证实[28]。因此，按照珠江流域悬浮物样品的 δ^{66}Zn 和 EF_{Zn} 组合特征，我们可以合理地认为 EF_{Zn} 最高（20.8）且 δ^{66}Zn 最低（-0.11‰）的 B4 采样点样品可以代表流域内的人为输入端元（图 13-6）。

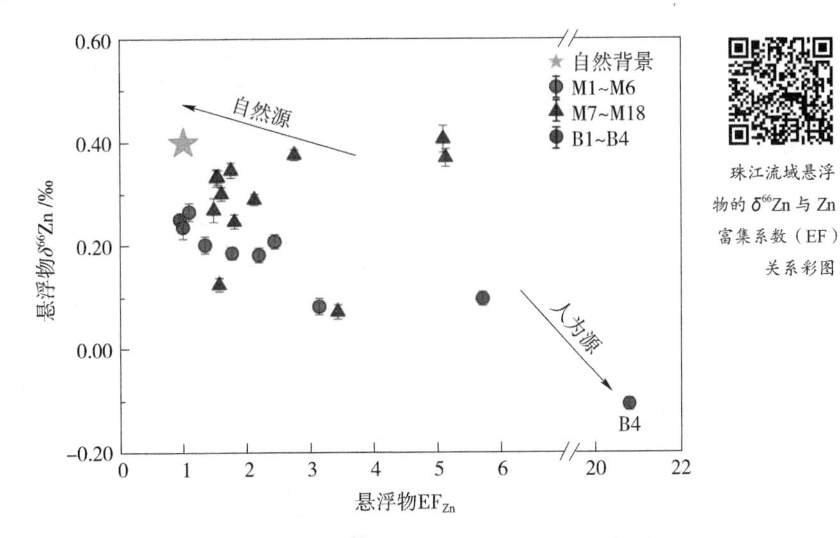

图 13-6　珠江流域悬浮物的 δ^{66}Zn 与 Zn 富集系数（EF）关系

基于上述讨论，可以建立珠江悬浮物 Zn 自然源输入（$F_{自然源}$）和人为源输入（$F_{人为源}$）相对贡献的二元混合方程：

$$\delta^{66}Zn_{SPM}=\delta^{66}Zn_{自然源}\times F_{自然源}+\delta^{66}Zn_{人为源}\times F_{人为源} \quad (13\text{-}1)$$

$$1 = F_{自然源} + F_{人为源} \tag{13-2}$$

式中，自然源和人为源的端元组成分别为：$\delta^{66}Zn_{自然源}$=0.40‰，$\delta^{66}Zn_{人为源}$=−0.11‰。

珠江流域自然源和人为源对悬浮物样品 Zn 的相对贡献率计算结果如图 13-7 所示。显然，人为源贡献了珠江悬浮物中 Zn 比较大的比例，平均贡献率为 30.2%，其中 M14 采样点高达 64.5%。此外，自然源对悬浮物 Zn 的平均贡献率为 69.2%，最低贡献率为 35.5%。这一量化结果进一步支撑了第 9 章中通过主成分分析得到的定性结论，即珠江悬浮物中的 Zn 受控于自然源和人为源的混合过程。在欧洲发达国家，如法国塞纳河，其河流悬浮物的 Zn 人为源平均贡献率为 62.0%，最高可达 86.0%[28]。相较之下，珠江流域悬浮物中 Zn 的人为输入占比相对较少。根据珠江历年平均输沙量（2.5×10^7 t/a）及悬浮物 Zn 平均含量（187 mg/kg），估算出每年珠江悬浮物 Zn 的输出通量为 4.68×10^3 t/a，其中人为源贡献的悬浮物 Zn 输出通量约为 1.41×10^3 t/a，这也与前人的研究结果相吻合[49, 50]。

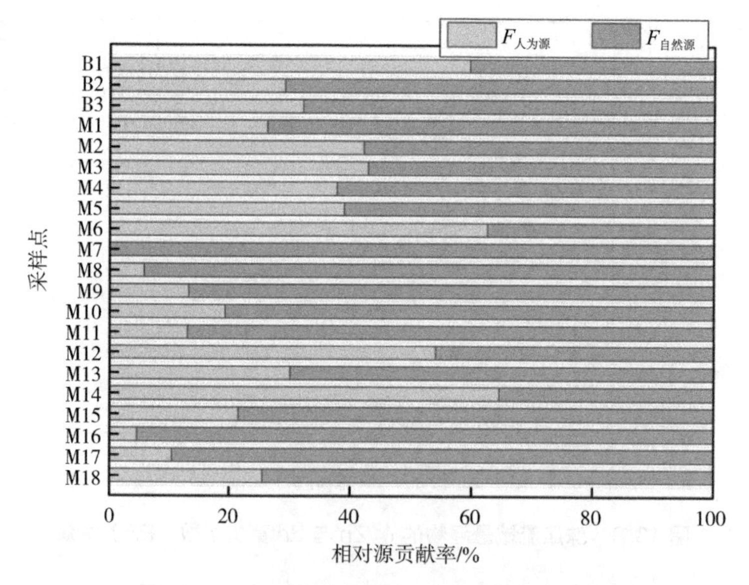

图 13-7 珠江流域悬浮物中 Zn 的相对贡献率

13.4 小结

本章初步报道了珠江悬浮物锌同位素组成（$\delta^{66}Zn$）及其与 Zn 含量、颗粒态有机碳含量之间的关系。结果表明，悬浮物样品 Zn 含量（49～733 mg/kg）和 $\delta^{66}Zn$（-0.11‰～0.41‰）均呈现出较为明显的变化。珠江悬浮物样品都表现出不同程度的 Zn 富集（EF_{Zn}=0.9～20.8），且河流中高达 83% 的 Zn 以悬浮态的形式运移。结合 Zn 同位素及其富集系数可以有效地识别悬浮物中 Zn 的来源，量化结果显示，珠江流域悬浮物中人为输入和自然源输入的 Zn 占比分别为 30.2% 和 69.8%。这进一步为河流环境中 Zn 相关的重金属环境污染控制与管理提供了支撑，有助于规避水生环境中 Zn 的生物毒性。

参考文献

[1] BULLEN T D，EISENHAUER A. Metal stable isotopes in low-temperature systems：a primer[J]. Elements，2009，5（6）：349-352.

[2] GOKALP Z，MOHAMMED D. Assessment of heavy metal pollution in Heshkaro stream of Duhok city，Iraq[J]. Journal of Cleaner Production，2019，237：117681.

[3] ZHANG J，YANG R，LI Y C，et al. Distribution，accumulation，and potential risks of heavy metals in soil and tea leaves from geologically different plantations[J]. Ecotoxicology and Environmental Safety，2020，195：110475.

[4] NATH B K，CHALIHA C，BHUYAN B，et al. GIS mapping-based impact assessment of groundwater contamination by arsenic and other heavy metal contaminants in the Brahmaputra River valley：a water quality assessment study[J]. Journal of Cleaner Production，2018，201：1001-1011.

[5] WIEDERHOLD J G. Metal stable isotope signatures as tracers in environmental geochemistry[J]. Environmental science & technology，2015，49（5）：2606-2624.

[6] HAN G，SONG Z，TANG Y，et al. Ca and Sr isotope compositions of rainwater from Guiyang city，southwest China：implication for the sources of atmospheric aerosols and their seasonal variations[J]. Atmospheric Environment，2019，214：116854.

[7] ZENG J，HAN G，WU Q，et al. Effects of agricultural alkaline substances on reducing the rainwater acidification：insight from chemical compositions and calcium isotopes in a karst forests area[J]. Agriculture，Ecosystems & Environment，2020，290：106782.

[8] LIU J，YIN M，LUO X，et al. The mobility of thallium in sediments and source apportionment by lead isotopes[J]. Chemosphere，2019，219：864-874.

[9] KURISU M，ADACHI K，SAKATA K，et al. Stable isotope ratios of combustion iron produced by evaporation in a steel plant[J]. ACS Earth and Space Chemistry，2019，3（4）：588-598.

[10] POKROVSKY O S，VIERS J，EMNOVA E E，et al. Copper isotope fractionation during its interaction with soil and aquatic microorganisms and metal oxy（hydr）oxides：possible structural control[J]. Geochimica Et Cosmochimica Acta，2008，72（7）：1742-1757.

[11] LI W，GOU W，LI W，et al. Environmental applications of metal stable isotopes：silver，mercury and zinc[J]. Environmental Pollution，2019，252：1344-1356.

[12] WANG Q，ZHOU L，LITTLE S H，et al. The geochemical behavior of Cu and its isotopes in the Yangtze River[J]. Science of the Total Environment，2020，728：138428.

[13] ZENG J，HAN G. Preliminary copper isotope study on particulate matter in Zhujiang River，southwest China：application for source identification[J]. Ecotoxicology and Environmental Safety，2020，198：110663.

[14] NOVAK M，SIPKOVA A，CHRASTNY V，et al. Cu-Zn isotope constraints on the provenance of air pollution in Central Europe：using soluble and insoluble particles in snow and rime[J]. Environmental Pollution，2016，218：1135-1146.

[15] XIA Y，GAO T，LIU Y，et al. Zinc isotope revealing zinc’s sources and transport processes in karst region[J]. Science of the Total Environment，2020，724：138191.

[16] ZIMMERMANN T，MOHAMED A F，REESE A，et al. Zinc isotopic variation of water and surface sediments from the German Elbe River[J]. Science of the Total Environment，2020，707：135219.

[17] JUILLOT F，MAR CHAL C，MORIN G，et al. Contrasting isotopic signatures between anthropogenic and geogenic Zn and evidence for post-depositional

fractionation processes in smelter-impacted soils from Northern France[J]. Geochimica et Cosmochimica Acta，2011，75（9）：2295-2308.

[18] VANCE D，MATTHEWS A，KEECH A，et al. The behaviour of Cu and Zn isotopes during soil development：controls on the dissolved load of rivers[J]. Chemical Geology，2016，445：36-53.

[19] LIU C，FAN C，SHEN Q，et al. Effects of riverine suspended particulate matter on post-dredging metal re-contamination across the sediment-water interface[J]. Chemosphere，2016，144：2329-2335.

[20] ZHANG W，WEI X，JINHAI Z，et al. Estimating suspended sediment loads in the Pearl River Delta region using sediment rating curves[J]. Continental Shelf Research，2012，38：35-46.

[21] SHIL S，SINGH U K. Health risk assessment and spatial variations of dissolved heavy metals and metalloids in a tropical river basin system[J]. Ecological Indicators，2019，106：105455.

[22] AVILA-PEREZ P，ZARAZUA G，CARAPIA-MORALES L，et al. Evaluation of heavy metal and elemental composition of particles in suspended matter of the Upper Course of the Lerma River[J]. Journal of Radioanalytical and Nuclear Chemistry，2007，273（3）：625-633.

[23] CHOUBA L，MZOUGHI N. Assessment of heavy metals in sediment and in suspended particles affected by multiple anthropogenic contributions in harbours[J]. International Journal of Environmental Science and Technology，2013，10（4）：779-788.

[24] LIU J，LI S L，CHEN J B，et al. Temporal transport of major and trace elements in the upper reaches of the Xijiang River，SW China[J]. Environmental Earth Sciences，2017，76（7）：299.

[25] NAZEER S，HASHMI M Z，MALIK R N. Heavy metals distribution，risk assessment and water quality characterization by water quality index of the River Soan，Pakistan[J]. Ecological Indicators，2014，43：262-270.

[26] ZOU J. Geochemical characteristics and organic carbon sources within the upper reaches of the Xi River，southwest China during high flow[J]. Journal of Earth System Science，2017，126（1）：6.

[27] ZHENG X，TENG Y，SONG L. Iron isotopic composition of suspended particulate matter in Hongfeng Lake[J]. Water，2019，11（2）：396.

[28] CHEN J，GAILLARDET J，LOUVAT P，et al. Zn isotopes in the suspended load of the Seine River，France：isotopic variations and source determination[J]. Geochimica et Cosmochimica Acta，2009，73（14）：4060-4076.

[29] THAPALIA A，BORROK D M，VAN METRE P C，et al. Zn and Cu Isotopes as tracers of anthropogenic contamination in a sediment core from an urban lake[J]. Environmental Science & Technology，2010，44（5）：1544-1550.

[30] LITTLE S H，VANCE D，WALKER-BROWN C，et al. The oceanic mass balance of copper and zinc isotopes，investigated by analysis of their inputs，and outputs to ferromanganese oxide sediments[J]. Geochimica et Cosmochimica Acta，2014，125：673-693.

[31] CHEN J，GAILLARDET J，LOUVAT P. Zinc isotopes in the Seine River waters，France：a probe of anthropogenic contamination[J]. Environmental Science & Technology，2008，42（17）：6494-6501.

[32] FEKIACOVA Z，CORNU S，PICHAT S. Tracing contamination sources in soils with Cu and Zn isotopic ratios[J]. Science of the Total Environment，2015，517：96-105.

[33] BIGALKE M，WEYER S，KOBZA J，et al. Stable Cu and Zn isotope ratios as tracers of sources and transport of Cu and Zn in contaminated soil[J]. Geochimica et Cosmochimica Acta，2010，74（23）：6801-6813.

[34] GIOIA S，WEISS D，COLES B，et al. Accurate and precise Zinc isotope ratio measurements in urban aerosols[J]. Analytical Chemistry，2008，80（24）：9776-9780.

[35] PICHAT S，DOUCHET C，ALBAR DE F. Zinc isotope variations in deep-sea carbonates from the eastern equatorial Pacific over the last 175 ka[J]. Earth and Planetary Science Letters，2003，210（1）：167-178.

[36] LV Y，LIU S A，ZHU J M，et al. Copper and zinc isotope fractionation during deposition and weathering of highly metalliferous black shales in central China[J]. Chemical Geology，2016，445：24-35.

[37] TELUS M，DAUPHAS N，MOYNIER F，et al. Iron，zinc，magnesium and

uranium isotopic fractionation during continental crust differentiation: The tale from migmatites, granitoids, and pegmatites[J]. Geochimica et Cosmochimica Acta, 2012, 97: 247-265.

[38] CHEN H, SAVAGE P S, TENG F Z, et al. Zinc isotope fractionation during magmatic differentiation and the isotopic composition of the bulk Earth[J]. Earth and Planetary Science Letters, 2013, 369-370: 34-42.

[39] BOUCHEZ J, GAILLARDET J, FRANCE-LANORD C, et al. Weathering over a large range of erosion solid products: insights from Amazon river depth-samplings[J]. Geochimica et Cosmochimica Acta, 2007, 71 (15): A112-A112.

[40] TAYLOR S R, MCLENNAN S M. The continental crust: its composition and evolution[J]. Journal of Geology, 1985, 94 (4): 632-633.

[41] LI C, LI S L, YUE F J, et al. Identification of sources and transformations of nitrate in the Xijiang River using nitrate isotopes and bayesian model[J]. Science of the Total Environment, 2019, 646: 801-810.

[42] HAN G, LV P, TANG Y, et al. Spatial and temporal variation of H and O isotopic compositions of the Xijiang River system, southwest China[J]. Isotopes in Environmental and Health Studies, 2018, 54 (2): 137-146.

[43] JOHN S G, GEIS R W, SAITO M A, et al. Zinc isotope fractionation during high-affinity and low-affinity zinc transport by the marine diatom Thalassiosira oceanica[J]. Limnology and Oceanography, 2007, 52 (6): 2710-2714.

[44] POKROVSKY O S, VIERS J, et al. Interaction between zinc and freshwater and marine diatom species: surface complexation and Zn isotope fractionation[J]. Geochimica et Cosmochimica Acta, 2006, 70 (4): 839-857.

[45] ZENG J, HAN G, WU Q, et al. Geochemical characteristics of dissolved heavy metals in Zhujiang River, southwest China: spatial-temporal distribution, source, export flux estimation, and a water quality assessment[J]. PeerJ, 2019, 7: e6578.

[46] LI S, ZHANG Q. Spatial characterization of dissolved trace elements and heavy metals in the upper Han River (China) using multivariate statistical techniques[J]. Journal of Hazardous Materials, 2010, 176 (1): 579-588.

[47] SAUV S, HENDERSHOT W, ALLEN H E. Solid-solution partitioning of metals in contaminated soils: dependence on pH, total metal burden, and organic matter[J].

Environmental Science & Technology，2000，34（7）：1125-1131.

[48] CLOQUET C，CARIGNAN J，LEHMANN M F，et al. Variation in the isotopic composition of zinc in the natural environment and the use of zinc isotopes in biogeosciences：a review[J]. Analytical and Bioanalytical Chemistry，2008，390（2）：451-63.

[49] VIERS J，DUPR B，GAILLARDET J. Chemical composition of suspended sediments in world rivers：new insights from a new database[J]. Science of the Total Environment，2009，407（2）：853-868.

[50] LIU Z，ZHAO Y，COLIN C，et al. Source-to-sink transport processes of fluvial sediments in the south China Sea[J]. Earth-Science Reviews，2016，153：238-273.